U0009426

街頭巷尾民間滋味

hong kong wei dao

香港味道

歐陽應霽 著

home 08

香港味道2
hong kong wei dao
街頭巷尾民間滋味

著者
歐陽應霽

策劃統籌
黃美蘭

攝影
黃錦華、陳廸新、梁柏立

美術設計
歐陽應霽、朱偉昇

設計製作
李舒韻、陳廸新、嚴梓迅

責任編輯
李惠貞

法律顧問
全理法律事務所董安丹律師

出版者
大塊文化出版股份有限公司
台北市105南京東路四段25號11樓
www.locuspublishing.com

讀者服務專線：0800-006689
TEL：(02)87123898 FAX：(02)87123897
郵撥帳號：18955675 戶名：大塊文化出版股份有限公司

總經銷：大和書報圖書股份有限公司 地址：台北縣五股工業區五工五路2號（五股工業區）
TEL：(02)8990-2588　8990-2568（代表號）FAX：(02)2290-1658 2990-1628
製版：源耕印刷事業有限公司
初版一刷：2007年5月

定價：新台幣380元
Printed in Taiwan

未來的味道

【香港味道】總序

總是一直不斷地問自己，是什麼驅使我要在此時此刻花了好些時間和精神，不自量力地去完成這個關於食物關於味道關於香港的寫作項目？

不是懷舊，這個我倒很清楚。因為一切過去了的，意義都只在提醒我們生活原來曾經可以有這樣的選擇那樣的決定。來龍去脈，本來有根有據，也許是我們的匆忙疏忽，好端端的活生生的都散失遺忘七零八落。僅剩的二三分，說不定就藏在這一隻蝦餃一碗雲吞麵那一杯奶茶一口蛋塔當中。

味道是一種神奇而又實在的東西，香港也是。也正因為不是什麼東西，很難科學地、準確地說得清楚，介乎一種感情與理智之間，十分個人。所以我的香港味道跟你的香港味道不盡相同，其實也肯定不一樣，這才有趣。

甜酸苦鹹鮮，就是因為壓陣的一個鮮字，讓味道不是一種結論，而是一種開放的詮釋，一種活的方法，活在現在的危機裡，活在未來的想像冀盼中。

如此說來，味道也是一種載體一個平台，一次個人與集體、過去與未來的溝通對話的機會。要參與投入，很容易，只要你願意保持一個愉快的心境一個年輕的胃口，只要你肯吃。

更好的，或者更壞的味道，在前面。

應霽
零七年四月

序
歲月雜貨

走進去，有如走進一檔連美術指導張叔平也沒法仿製再現的電影佈景，歲月磨人且磨出濃重顏色，叫來人染得一身一心，心多的更一腳踏進魔幻歷史現實。

日日路過這幢樓齡一百一十九年的「危樓」，就是下不定決心走進去，也好像找不著藉口跟經常一臉笑容的老闆打交道——其實簡單不過，從半打農場雞蛋、兩斤絲苗白米、一元幾角麵豉醬開始，我們的祖父母輩就是在當年街頭巷尾成行成市的糧油雜貨舖，貨真價實地購得日常生活所需。只是輾轉到了我們這一代，捧著超級兩個大字當寶，所謂市場是必然燈火通明且有空調的，supermarket大軍一朝壓境，淘汰走多少幾十年刻苦經營的雜貨老舖，砸破了多少敬業樂業的老闆老伙計的飯碗。時代進步了，歷史沒有了，面對碩果僅存的現實，我們竟又怯生生的成為過門不入的路人。

老店招牌金漆大字「永和」，分明是源遠流長良好願望。不難想像自開舖七十五年來在這高樓底木作橫樑底下，人來人往鼎盛熱鬧的一盤生意又豈止是斤斤計較的營生——家和萬事興，一切都必須從柴米油鹽醬醋開始。此間精挑細選的好貨最得坊眾信賴，升斗小民終日營役，為的也是一餐半餐安樂茶飯，走進來，從日常花的一元幾角到年節時候辦貨用的一千幾百塊，得到的是信心和安心。

爽朗健談的釗叔是「永和」的第二代傳人，上世紀四〇年代釗叔的父親及叔叔從廣東新會來港，入股這家在中環威靈頓街唯一的糧油雜貨店。當年十四

歲的釗叔自49年來港後一直留守駐店，太子爺也就是小伙計，日夕浸淫沾身的是油鹽醬醋麵粉白米，晚上就睡在收銀櫃台，外面風風雨雨時局變化，釗叔身處店堂，卻也清楚旁觀洞悉──

「這些紅豆綠豆眉豆花生在六〇年代時期經常賣斷市，當年家家戶戶都喜歡煲糖水──」

「這些口感較硬的增城絲苗和天字絲苗當年十分流行，現在的人都慣食超市口感軟滑的貨色──」

「這些孟加拉來的生插入鹽的馬友鹹魚，魚味濃香又不會過鹹，用手剁鹹魚肉餅或者直接放在飯面蒸熟，最最和味──」

看來細眉細眼的生活瑣碎，偏偏就有釗叔這些守門大將為街坊打點，作為零售店舖，如何與批發供應商優質老牌建立起穩實的伙伴關係，當中包括鹹魚欄永興、鉅利、同德典、余均益的醬油和麵豉，增城的蔗糖，甚至釗叔老弟在新會自家曬存的陳皮……保證來源安全可靠，當中有的是一輩子累積的人際關係經營學問。依然神清氣爽的釗叔堅持每早八時就開舖營業，與老伴兩口子守住這一所由父親傳下來的老店。當年全盛期雇有十四個伙計，門口常排長龍，一天到晚忙得不可開交的風光不再，生意也大不如前，笑言捱打吊命。在子女都勸退的情況下釗叔卻還是有一日做一日，抬頭看著在幽黯中偶爾還閃亮的金漆大字，未能永續卻有緣永和，該是無悔一生。

應霽
零七年四月

目錄

香港味道

吃，力。

後記

延伸閱讀

目錄

一杯好喝的奶茶跟一杯不好喝的奶茶有什麼差別？
差，也差在喝茶的你的心情與狀態——
其實能夠偷空喝杯茶，
已經算是不錯已經可以笑笑口。

001

戀戀掛杯

奶茶全天候

三點三，奶茶時間。

可是得提醒一下，今回不是下午三點三，是凌晨三點三，不是在你家附近熟悉的茶餐廳人牌檔，而是在旺角在砵蘭街，當作自己拍戲也好，是主角是配角都無所謂，甚至企圖臨時加入某某社團以求突破一貫乖仔形象也ok，坐下來，既然睡眼惺忪不如氣定神閒，喝一杯奶茶，對，加一聲「茶走」。

茶自己不會走，走的是糖，三更半夜也堅持不下糖，真健康。環顧四周，三山五嶽以及五湖四海，各有各的要事不要事交易進行中，其實與下午三點三無異，都是一個「樂在此，愛在此」的市井道地動感之都。而水滾茶靚奶滑之外，剛出爐（！）的菠蘿包還是一樣夾進厚切牛油放進口，水準保持全天候。

一杯好喝的奶茶跟一杯不好喝的奶茶有什麼差別？一般人會在意茶的香濃度，奶的香滑

香港中環結志街2號 電話：2544 3895
營業時間：0800am-0800pm

蘭芳園

奶茶處處有，且各有濃淡輕重口味，但來到港式絲襪奶茶的創始地蘭芳園，親眼看著師傅提起手壺和茶袋來回對沖，一嚐茶濃奶香的正宗口味，飲茶同時是一種學養。

一　一杯熱、香、醇、滑的奶茶，當年出世的時候怎樣也想不到自己有朝一日會得到香港市民的認同成為七百萬人的集體回憶。

二、三、四、五、六
　　見證一杯正宗絲襪奶茶的誕生；首先按自家冰室茶餐廳的要求比例，將茶葉配搭好，俗稱「溝茶」。一般會用一至兩種雜茶作膽以取茶色茶味，再配入較高級的紅茶取其茶香，這個溝茶的動作可以加強茶的整體層次。茶葉溝好放進用棉布縫成的茶袋中，置於取名「手壺」的壺裡，沖進近攝氏100度的熱水，然後蓋上壺蓋焗約五分鐘（用舊的茶袋像絲襪，故得絲襪奶茶之名）。茶焗出第一泡後得倒入空壺中，又由空壺撞回盛有茶葉的壺裡，來回撞擊八九次，沖出一壺合格的茶膽。客人光顧時，先將濃淡得宜的淡奶置於杯中，再沖進一直在壺中爐上預熱中的絲襪奶茶膽，一杯正宗絲襪奶茶就成功面世。

七　絲襪奶茶發源地蘭芳園本來是街頭大排檔，現已有兩家遷入室內的固定店舖。

八　店內牌匾見證小店發迹歷史。

九　午後的蘭芳園，高朋滿座人氣鼎盛。

十　奶茶以外，還有同樣有身份地位、以同樣製法混合奶茶和咖啡的鴛鴦奶茶。

度，刁鑽的會八卦一下師傅如何把幾種粗幼不同牌子不同茶葉「溝」在一起，也會看一下師傅用的是什麼奶，平價的就明顯的不夠香滑且有羶味。再來就是用白棉布「絲襪」沖茶焗茶撞茶的步驟和手勢，最後就是奶和茶的一比三比例，以及用厚瓷杯碟還是用坑紋玻璃杯盛茶。當這些製作動作已經成為港式絲襪奶茶的既定，十家中有六七家的水準其實都差不多，差就差在時間差，奶茶要趁熱，或者趁冰凍，涼了都變味都不香不滑不好親近，差，也差在喝茶的你的心情與狀態——其實能夠偷空喝杯茶，已經算是不錯已經可以笑笑口。

有人大條道理把港式絲襪奶茶視作香港一大演繹發明，是本地意識定位的一大代表象徵，我看這倒是言重了，難道喝完一口香濃奶茶，杯內出現奶茶在內壁「掛杯」的情況，又代表香港人對殖民地時代的依依眷戀？

—　有說港式大排檔絲襪奶茶源起自殖民地時代英式下午茶，加糖加奶有別於傳統中國茶的飲法。此種說法表面成立，但細想一下，英式喝茶並沒有如大排檔奶茶般把幾種茶按各自喜好比例混合使用，亦沒有在泡開焗好茶後用手壺和手製茶袋來回撞茶沖好茶膽，然後再加淡奶成奶茶。可見這些招式都是在大排檔營生過程中自發衍生的，做出一杯香濃撲鼻幼滑如絲的奶茶，既解決了生計技術面，又提昇了口舌享受度，香港製造的精神旨意盡在此。

—　不同時間不同人等到茶餐廳有不同目的，偷閒喝杯奶茶；匆匆解決早、午、晚三餐；談生意、談情、談判、無所事事；或者可以看看伙計白唐裝上衣兩個口袋上的原子筆痕，留意誰一進門就上了樓上雅座（如果有的話），抬頭看看有沒有吊扇，牆上有沒有警告隨地吐痰的告示，還有坐的是不是火車卡位一樣的硬板梳廂座，牆身和地板鋪的是不是絕版紙皮石，還有面前那個茶杯，是不是又肥又矮又厚，保溫力強散香快，飲茶不會燙傷嘴唇的版本。

金鳳茶餐廳

香港灣仔春園街41號　電話：2572 0526
營業時間：0645am-0700pm

即使灣仔區有數不清的茶餐廳，但每次到金鳳還是水洩不通，為了喝到這裡嚴謹製作的一杯奶茶，細想一下當中有的是原則態度諸如比例、協調、先後順序、層次、取捨、時間差等等大道理，一杯茶不只是一杯茶。

十一、十二、十三、十四
開業超過半世紀的上環海安冰室，狹小的店堂內火紅的卡座和圖案是眾多老店中最大膽奔放的。

十五、十六、十七
幾代中環上班族的偷閒加油站，暱稱「蛇竇」的樂香園咖啡室是「蛇王」現身處。

十八、十九、二十
隱身屋邨民居的鑽石冰室亦有四十年以上的歷史，以其口碑載道的「掛杯」被奶茶痴癡奉為朝聖地。戀戀掛杯，可會是對生活的某種冀盼某種遺憾？

十一	十二	十三	十四
十五	十六	十七	
十八	十九		二十

茶走歲月

資料搜集撰稿員 謝家驥

當KK的老爸開始轉飲醇滑普洱，並且提醒兒子少喝一點又甜又濃的奶茶，他只能笑著回應：二十年前不就是你教我喝奶茶的嗎？

世易時移，說不定再過幾十年，KK也會跟兒子孫子說同樣的話，也正因如此，奶茶以及其親戚鴛鴦竟就成了我對青春無悔的一種公開的密碼。好趁青春還可以，就再來一杯，熱的，還是冰的？

跟KK認識是因為當年替電視台拍攝一系列有關香港道地食物的節目，他是資料搜集撰稿員，自然要對這類食材那種食物要有認識有研究。拍攝到奶茶這一輯，對這位奶茶癡來說根本沒難度——看來他已經走遍嚐遍港九新界值得推介的精彩奶茶檔，公私兩忙的喝過了一杯又一杯「茶走」。

老一輩認為奶茶裡放的砂糖惹痰動風，對身體沒益處，改下一點煉乳然後再放茶和淡奶，這個絕對香港道地的奶茶調製方法喚作「茶走」，望文生義自行聯想，一走便走到當年他學懂喝奶茶而且漸漸上癮的日子。

在元朗長大的KK，打從小學二三年級就跟著在紗廠工作的爸爸每個早上去茶餐廳吃早餐，本來只准喝好立克和鮮奶的他，總是好奇為什麼父親每早都要喝那黃黃啡啡的一杯奶茶。終於有一天父親拿個杯子給他倒了一點奶茶試著喝，果然自此一發不可收拾。如果早上不來一杯，午飯後的兩節課簡直就魂遊太虛，平日睡晚了來不及在午餐時分喝一杯奶茶，整天都不自在。工作需要出差外地，沒有道地港式奶茶支持，真比翻山越嶺取景還要辛苦一萬倍。

路上芸芸一眾有緩走的有疾走的，唉，這一杯茶走，怎樣走也走不過它。

樂香園咖啡室

香港中環威靈頓街15號C地下　電話：2522 1377
營業時間：0630am-0615pm（周日休息）

身邊友人堅持每回經過中環都到樂香園，甚至坦言不是因為那杯其實不俗的奶茶，而是因為這裡有著「蛇竇」的大名。三點三以及其他可以躲一躲懶的時候，在這個匆匆忙忙的都市，我們著實需要更多可以蛇一下的「竇」。

一 沒有人會刻意去計算在家裡跟在外頭喝阿華田的價錢分別，太謹慎太執著，生活也就沒有什麼趣味。

不知是否因為她的焦慮煩躁磁場微波實在厲害，
我正在喝的那杯熱好立克捧在手中好像
一直都是那麼滾燙，簡直無法小喝一口。

淨飲男女

華田立克滾水蛋

002

她把面前剛叫來的一杯凍檸檬水中的三片厚切檸檬用幼長不鏽鋼匙羹戳呀戳得面目模糊，叫我差點要開口提提看來心神恍惚的她不要再繼續這個無意識的猛烈動作，否則那個看來本就磨損得有點殘舊的塑料杯子說不定不勝刺激爆裂當場。也不知是否因為她的焦慮煩躁磁場微波實在厲害（說來真的很不科學），我正在喝的那杯熱好立克捧在手中好像一直都是那麼滾燙，簡直無法小喝一口。

終於等到她那杯凍檸檬可樂喝了一大半，冰塊也溶得差不多，我的那杯熱好立克也回暖些許可以紓緩入口，她才幽幽地告訴我她決定要跟她同居七載的男友也是我的中學大學舊同學分手，這位同學現在是廣告行內叱吒風雲有口皆碑的創意總監，他的花名外號叫阿華田。

為什麼他叫阿華田？典故看來只有我們這些相識於微時的老同學才知曉，原因其實也很

澳洲牛奶公司

九龍佐敦寶靈街47-49號（白加士街交界） 電話：2730 1356
營業時間：0730am-1100pm
因為這裡的燉蛋、燉蛋白、煎雙蛋和雞蛋三明治都是那麼有名，所以簡單如滾水蛋都一定有水準。

二 喝著面前的一杯味道始終如一的好立克,我忽然想到為什麼我從來沒有把好立克跟阿華田混在一起喝。

三 簡單不過的滾水蛋,曾幾何時被視作補身食品。

— Horlicks 好立克於1871年由一對英國兄弟James & William Horlicks 研創而成,修讀營養學的James專門研究嬰兒餵食牛奶時的消化問題,期間發展出一種由小麥及燕麥製成的濃縮混合液,以作為牛奶的改良劑,經過多年的精心改良,終於在美國昌劇推出好立克麥芽奶粉。

— 阿華田原名Ovomaltine,是瑞士Wander AG公司出品的一種乳劑品,後以Ovaltine名字推出發行。阿華田的主要成分包括巧克力粉及麥芽粉,可用冷或熱牛奶沖泡成為可口營養飲品。在英國,阿華田以兩種配方出售,一是原味配方,須用牛奶沖泡;二是已配好奶粉,須用熱水沖泡。在瑞士,阿華田發展有巧克力醬、阿華田麵包醬、早餐穀片等多種食法。在香港,阿華田與維記鮮奶攜手推出維記阿華田營養麥芽雪糕以及維記阿華田紙包奶。

— 姑且抄下一串老牌冰室茶餐廳的名字,單是名字本身也很說明問題。中國冰室、東方冰室、鑽石冰室、白宮冰室、銀都冰室、奇香冰室、雪山茶餐廳、星座冰室、永香冰室、祥利冰室……

簡單,就是他一年三百六十五日每天至少要喝一杯阿華田。我親眼目睹有天下午茶時間有位同學替他買阿華田的時候,刻意偷偷換上一杯美祿,他一喝臉色一沉,一手連杯帶水扔進垃圾桶,然後直奔洗手間又吐又漱口。像我們這些根本分不清阿華田與美祿其實有什麼差異的同窗,真不知該尊敬他的專注長情還是視他為怪物小王子。

話說回來分手原因,竟然是阿華田的女友在半年前開始發覺他的男友忽然不再喝阿華田,更開始把家裡二三十年來喝阿華田的痕跡,包括那些已作其他儲物用途的舊罐一一取替扔掉,他也不作任何合理解釋,更叫女友心生疑團十分困惑,繼而爭執吵鬧繼而決定分手——聽到這裡我明白了,原來真真正正喜歡阿華田的,是她,不是他。

香港中環結志街2號 電話:2544 3895
營業時間:0800am-0800pm

本來一杯阿華田一杯好立克什麼地方喝都應該差不多,但走進這裡就是為了一種氣氛一種熟悉感覺,然後對比之下發覺這裡的阿華田與好立克真的味濃一點奶香一點,或許是心理作用。

蘭芳園

	五 六 七	
四		

四　同檯也好搭檯也好，匆匆吃喝，各忙各的。

五　檸檬加七喜汽水的凍飲，其實有一個改用鹹檸檬的選擇。

六　叫一杯熱辣檸檬薑煲可樂，端上來的杯子比裡頭的飲料有功夫有氣派。

七　細心的店家會先把薑搗成薑蓉，更入味出色。

童裝滋味

作家 邁克

膽大包天的我竟然敢向邁克大迫供：為什麼是阿華田？！為什麼不是美祿？！本來什麼都會有個答案（至少也有個藉口）的這位尊敬的前輩，看來沒有準備過要回答這個無聊問題。其實說來只要他回答我喜歡阿華田鐵皮罐的橙紅多於美祿鐵皮罐的彩綠，我已經很滿足很高興。

但原來真相是童年邁克每晚臨睡前都會被家裡大人強迫著喝完一整杯阿華田——天曉得是相信喝了便會睡得好還是喝了便會快高長大，反正喝了就是喝了，直到有天再沒有嚴格指令喝喝喝喝，少年邁克忽然自覺已經長大成人。

雖然是被迫喝呀喝的，但相對於同期也一定要喝的魚肝油，甜美的阿華田已經是好得多了。經過好一段時間沒有與阿華田發生關係，邁克有天在巴黎居所附近的超市竟然發現小瓶塑膠樽裝的即

沖阿華田，一時衝動買回去搞搞搞，可是怎樣也搞不出喝不到童年的味道——

首先我們假設阿華田的配方這麼多年都沒有變，也就是說後下的淡奶或者煉乳以及砂糖就在起決定性的作用。但大家到了這個年紀似乎又不太適宜經常喝得太甜，還是隨便趁回港公幹探親之際在老字號茶餐廳偶然喝一杯半杯阿華田，企圖回到未來從前。

在邁克的熱飲名冊裡排名首位的，其實是法國的極濃極香極稠的熱巧克力，是當場放一支匙羹在杯裡也會自行直立的那種。其次就是堅持用透明塑膠袋裝的國產即沖即溶菊花晶和竹蔗茅根晶。一法一中都是他認知裡理想中的成人飲品，至於大家喝得煞有介事的茶，又是另一個世界另一類。而阿華田美祿以至好立克，卻永遠穿著童裝永遠吸引小朋友。

勝香園

香港中環美輪街2號排檔（歌賦街18號側）　電話：2544 8368
營業時間：0800am-0530pm（周日／公眾假期休息）

檸檬可樂煲薑，沒病沒痛沒傷風感冒也心思思來勝香園喝一杯，Irene姐先用木棍把切片檸檬壓過，又用可樂樽底拍薑成蓉，保證出味。

回想起來說不定人生第一回對想像力的不自覺訓練，
對快慢時機虛虛實實的領悟，就是因為這一杯刨冰。

冰山再現

冒險吃冰之旅

003

問心，無論叫的是紅豆冰，加了蓮子的鴛鴦紅豆冰，或者是菠蘿冰甚至是涼粉冰，其實都是為了那個高高瘦瘦有花瓣浮凸紋理的滿載冰品的玻璃杯。

這其實是普通不過的一個玻璃杯，勉勉強強算是略沾一點二三〇年代Art Deco流線風格，微為特別的是它的腳（應該叫做底座），穩妥的作半圓球狀，保證可以承擔杯中的花巧浮沉。如果碰上哪一家冰室茶廳在送上冰品時，棄用這修長版本而改用一般喝水的玻璃杯，又或者是更普通的用便宜輕巧的塑料貨色，杯口杯底磨得花白，杯身花紋繁雜散亂，呷冰情趣頓時大打折扣，說真的，杯裡的冰也好像特別易溶成水。

在還未懂得刁鑽評嚐什麼產地的紅豆如何的烹煮才會保持原粒飽滿入口酥軟綿滑的童年時候，愛吃紅豆冰原來是為了呷冰過程中的虛擬冒險——那是浮沉於某個不知名海域的一座冰山，海裡飄滿乳白的淡奶，勘探下去

九龍油麻地廟街63號　電話：2384 6402
營業時間：0830am-0930pm

美都餐室

無論是盛夏還是隆冬，走進美都都像換了一個時空，管它外面是冷是
暖，唪嚓一聲入口是刨冰機刨出的幼細冰屑，然後是一口淡奶香，一啖
同樣鬆化的天津紅豆與優質湘蓮——

一 二 三 四

一　看著淡奶徐徐注入那層通透刨冰，然後從那層紅豆再滲落蓮子層中。

二　堆得有如小山高的紅豆綠豆、百合和西米，一口料一口冰沙，四季皆宜。

三　看著用古老刨冰器人手刨出的冰山在菠蘿冰杯裡慢慢溶化，想像自己是鐵達尼號上的某一位逃生者？還是另一座正在溶化的冰山？

四　每口可以賣出過百杯紅豆冰，除了紅豆冰本身貨真價實，還該有對人工對時間的一種尊重。

發掘出來的寶藏有粒粒紅豆，再來的驚喜是早已拔去苦澀蓮芯的原顆湘蓮，作為潛水員的我如何能擺脫這些美味的誘惑，在冰山倒塌之前，在海水被嗖嗖有聲地吸乾之前，完成要完成的任務？任務是什麼其實不知道，也許光看著杯身沾滿「冷汗」，汗水成珠徐徐流下，在玻璃桌面成湖成泊，再看冰山竟已半塌……回想起來說不定人生第一回對想像力的不自覺訓練，對快慢時機虛虛實實的領悟，就是因為這一杯刨冰。

透明玻璃杯身讓大家明明白白一覽無遺內裡層層疊疊的各式甜美材料，糖水、淡奶，咬來咔嚓有聲的手刨或機刨的冰花，甚至貪心擠進來的雪糕球。印象中不必太努力不必考試默書滿分也應該可以吃到的這杯刨冰，也因為某些冰室茶廳的粗糙處理，特別是省時而用上大顆冰粒填充取代細雪，好長時間已經不是我的夏日首選。那種情侶分用兩支吸管共吸一杯的浪漫得打顫的情形我也從來沒試過，只是有天忽然想重溫提氣一吸紅豆塞住吸管的不上不下的尷尬，趕忙找一家還堅持在用高瘦玻璃花杯的冰室來讓冰山再現。

一　二十世紀四〇年代，戰後香港更開放更迅速地受西方文化和生活習慣影響，出現了供應廉宜西式食物的冰室。當時冰室跟提供日常飯餐的餐室不同，主要販售咖啡、奶茶、三明治、吐司等西式飲品小食，顧名思義也提供紅豆冰、雪糕等冰品，後來冰室與餐室販賣的食品合流，衍生出時的茶餐廳。

一　一般人以為冰食習慣多為西方口味，但其實早在《詩經·豳風·七月》中就有「二之日鑿冰沖沖，三之日納於凌陰」的詩句，譯過來是十二月把冰鑿得通通響，正月把冰藏進冰窖，藏冰為何？當然就是冰鎮食物。所謂夏天飲六清（當中的桃瀇便由寒粥與冰層拌和而成）。六清包括薄荷冰、檳藜、糯米、甜酒、梅汁、桃瀇，唐宋時的著名冰食有雪泡梅花酒、涼水荔枝膏、冰調雪藕絲和冰鎮珍珠汁，及至清代，京師什剎海更流行熱賣什錦冰盤，以果藕、菱角、雞頭米、蓮子、杏仁、香瓜、蜜桃等切成薄片，盛於冰中，消暑至愛。

廣成冰室

上水石湖墟新成路10號　電話：2670 4501

營業時間：0615am-0600pm

老遠跑到上水，就是為了一嚐那由全港碩果僅存的瑞典籍人工刨冰器刨出來的冰沙，放在滿滿一杯用糖煲好的天津紅豆上，還鋪上一層淡奶，紅白分明視覺強烈。

五、六、七
一下子像回到了一個也說不出是什麼年代的樸素時空，進來吃喝一點什麼都不在吃喝本身，買單付帳時想一下其實我們的日常也可以簡單如此。

紅豆冰媽媽

設計學系課程主任 Grace Lau

Grace連跑帶跳其實是衝進來，一千個對不起地說遲到了，我趕忙說沒事沒事，在這個人車趕路的黃昏入黑，在廟街街頭美都餐室居高臨下的有利戰略位置，過來坐，先歇一回，還可以向窗外路上經過的雙層巴士上舉著攝影機拍個不停的日本遊客打個招呼，活在此刻這裡，我們各自都成為對方的風景。

Grace的風景裡有她兩個聰明活潑的小兒子，有支持她繼續放肆嘻哈的摯愛丈夫，當然也有她的死黨——一杯咬落鬆軟香甜同時咔嚓有聲的紅豆冰，誇張一點更會請紅豆蓮子冰或者雪糕紅豆冰出場。

日理不止萬機的Grace，在她繁忙的教學統籌工作外，還和兩個小兒子一起畫畫開畫展，向大家展示了家庭日常生活創意澎湃的一面。笑說

只是貪玩就不顧後果的她，在兒子面前當然還得經常嚴肅一下，但一有空檔開小差，她就會去跟她的紅豆冰幽會。

當年引領少女Grace接觸紅豆冰的是Grace媽媽，絕少在茶餐廳出現的她唯一在茶餐廳吃／喝的就是紅豆冰。Grace有點不好意思地說，其實她一直都對紅豆冰的中國親戚紅豆沙有成見，嫌人老土，但對放在高腳厚身玻璃杯裡浮浮沉沉的紅豆冰很有童話式的浪漫想像。開心不開心，一杯紅豆冰放在面前都像老朋友，最好是一人獨吃，但如果要結伴，就一定跟女伴去，一邊咬著紅豆吃著冰，一邊互訴心事。

毫無疑問紅豆冰是Grace的comfort food，看來我要秘密地培訓她兩個小兒子親手做最好的紅豆冰慰勞這位忙碌媽媽，那杯紅豆冰一定最香最甜最美。

合成糖水

九龍九龍城龍崗道9號 電話：2383 3026
營業時間：1230pm-0200am
合成的蓮子系糖水為特色主打，其實它的冰點也很有看頭，
紅綠豆加上百合和西米鋪於冰上，向台式冰點致敬。

蛋液在將熟未熟之間那一種香滑細緻，
把從來性急企圖一啖入口的為食人燙得呼叫連聲。

一　有人一味瞪著那一盤
又一盤剛出爐的依然
燙手得很的蛋塔。我
卻有意偷窺餅房裡的
製作過程，進行中的
感覺說不定比完成要
興奮要好。

蛋塔就是蛋塔

熱辣辣真理

004

不必經過長達數十小時不眠不休的又傳召證
人又閉門又陪審團商議，我們坐下來三口六
面一說就清楚，只要是剛出爐的燙燙的蛋
塔，怎樣都不會難吃。

尤其當你吃過那在熱鬧搶掠滿足飽嚐之後被
冷落在餅盒墊紙下層竟然還剩下的蛋塔，其
時酥皮不酥已經向外泛油染得四野油漬，鮮
黃蛋塔面收縮龜裂破開，你為了免得浪費還
是勇敢地一口咬下去——腥、冷、軟、碎，
回天乏力。因此你更明白感激以豬油搓成酥
皮新鮮出爐那種無可抵擋的撲鼻油香，而蛋
液在將熟未熟之間那一種香滑細緻，把從來
性急企圖一啖入口的為食人燙得呼叫連聲。
好吃，真好吃，大家不吝盛讚就這麼簡單直
接。

檀島茶餐廳

香港灣仔軒尼詩道176-178號地下　電話：2575 1823
營業時間：0600am-1200am
「檀香未及咖啡香，島國今成蛋塔國」，巧製蛋塔的一條配方程序
一用就上半個世紀，老少顧客捧場依舊，足以證明其高超水準
和江湖地位。

二	三	四
五	六	七

二　一疊蓄勢待發即將進入高溫境界的不鏽鋼塔模。

三　泰昌老闆天潤叔研究十多種酒店曲奇餅店總結發明出的牛油塔皮，可會就是肥彭喜愛此家蛋塔的主因？

四　不只有大排長龍的顧客，更有定時定刻的訂單。

五　泰昌舊舖的收銀機，長賺長有好生意。

六　常常覺得師傅們都快要變成武林至尊，徒手把熱辣蛋塔從鋼模移至紙托，簡直神乎其技。

七　一盤蛋塔四十二個，出場不到十分鐘便一掃而光。

一　蛋塔是百分百香港土產，源自殖民地時期英式下午茶其中一項甜點custard tart，唯是此tart比現在的蛋塔大兩至三倍，用的是牛油塔底，做妥塔底卻倒入蛋漿放進烤箱烘焙。

一　分明就是中西「夾」「硬」結合，「蛋」是中文，「塔」卻是英文的「tart」的音。而牛油塔皮卻用上麵粉、吉士粉、牛油和糖霜混好，口感比酥皮結實細緻，各有喜好不分高下。

一　1950年開業的檀島咖啡餅店，其蛋塔酥皮據說有驚人的192層，因為作為蛋塔靈魂的酥皮內有一層以豬油為主的「油皮」及一層以雞蛋為主的「水皮」，比其他餅店的單一層講究得多，而將兩層反覆對摺輾壓就製成192層之數，烘出來自然酥香鬆化，叫人感動。

所以也不必因為是肥彭還是瘦馬愛吃這家那家蛋塔而蜂湧到案發現場，名牌效應也得有真材實料，過譽的殺傷力比你想像的來得恐怖。請用心用口發掘品評自家身處家居辦公方圓幾里的蛋塔出品，校正出爐時間準時恭迎目睹一盤蛋撻的誕生，在期待的目光和滿足的笑容中，好味自在人心。

豬油酥皮也好牛油皮也好，買一個即時入口或者買一打十二個回公司勾引那些一天到晚嚷著減肥其實最嘴饞貪吃的小女生，至於那些企圖變種更新的蛋塔異形例如蛋白塔雙皮奶塔紅豆蛋塔粟米蛋塔就不必了，烤焦了的葡塔還是等下一回去葡萄牙再親嚐細味。簡單自在，留得住熱騰騰的一剎那，就留得住人心。

香港灣仔春園街41號　電話：2572 0526
營業時間：0645am-0700pm

同樣是豬油造的酥皮蛋塔，金鳳老舖的出爐熱蛋塔配上這裡最為人樂道的凍奶茶，一冷一熱一絕。兩口吃罷蛋塔還得試試這裡的雞批！

金鳳茶餐廳

八　有買趁熱，趕快趕快。

九　即做即用的蛋塔皮也得保持最佳狀態。

十　師傅工多藝熟水準如一，換了新手如我，恐怕會招惹顧客投訴。

十一　每回把蛋塔連盤托上托下，該叫做大隻佬蛋塔。

十二　站在為人民為食服務的最前線，師傅有功有勞。

十三　一邊吆喝一邊把出爐蛋塔經過店堂捧出外賣部，恐怕是一盤蛋塔短短一生中最光輝的時刻。

越吃越紅

演員 林嘉欣

和嘉欣約好在灣仔舊區茶餐廳老舖吃蛋塔喝奶茶，星期六下午，本來已經擁擠的狹小店堂裡更像一個水燒開了的鍋。單獨的成對的成群的鄰座茶客都興高采烈地先後走過來，有禮貌地問她可不可以一起合照，可見她的觀眾緣的確很好，親和力真的很強。我跟她打趣說，看來今天你把這店裡本來的主角，那一直做現賣新鮮出爐的蛋塔的鋒頭都要搶去了。

難得有這麼清楚確定自己的理想目標，也小心謹慎而且準確地逐步實踐，嘉欣在影藝圈裡這短短幾年間的驕人成績大家有目共睹，我坦白地跟她說，大家真心覺得你可親可愛，是因為你有點胖，而且不怕胖。

嘉欣哈哈大笑，也直言說之前有越胖了二十磅，可是片約一部接一部，看來真的越肥越紅，當然因為工作角色需要，她也可以說瘦就瘦，要忍得

住口不亂吃，是一種嚴格的自律。

所以我今天扮演的就是魔鬼了，我跟她說，這裡的蛋塔雞批奶茶咖啡，熱辣辣凍冰冰都是來自天堂的誘惑。這個她當然清楚，自從她回港接拍第一部電影《男人四十》開始，每逢開工她寧願不吃午餐也等著下午三點一盒（！！）蛋塔，她可能比我們當中任何一個都清楚十八區大街小巷哪一家的蛋塔酥皮最酥、牛油皮不黏牙、蛋液最滑而且不過甜—最重要的是有選擇，不要刻薄虧待自己—她忽然語重深長認真地說，叫我馬上趕快再咬一口手中的蛋塔喝一口奶茶。然後她告訴我她在加拿大唸書生活的時期因為太想念香傳千里的港式蛋塔，經常自己嘗試做來吃：三隻蛋、一杯鮮奶、三匙糖、現成的餅皮、220度、十五分鐘，我相信她的蛋塔是成功的，只要肯親手嘗試且不斷總結經驗，我們目睹一位能吃會吃愛吃而且不怕胖的星星正在誕生。

泰昌餅家

中環擺花街35號地下　電話：2544 3475

營業時間：0730am-0900pm

堪稱全港見報率最高的泰昌餅家，提供牛油曲奇皮的選擇，不妨一試看看你是否跟末代港督口味一樣。

順手拉開身邊冰櫃，把做蛋糕用的牛油厚厚切來一塊，撕開菠蘿包塞進去，大口貪婪一咬——

不旦是王子

愛恨菠蘿油

005

只能用想像去推測他（或者她）的身世——

在大半個世紀前的一個午後，下午的那一輪菠蘿包雞尾包和豬仔包剛出爐不久，學校還未下課，麵包店內還未擠滿那群喧嘩多嘴的中小學生（以及他們她們更吵鬧的母親），一直在店後餅檯麵包爐旁跟著師傅團團轉的小伙計，勉強有那麼十多二十分鐘的空閒。平日午飯吃得早，下午三點未到肚已經開始餓了，當然在麵包店工作也不愁沒吃的，師傅做的自己親手烘的，好吃的不好吃的都有，未入行之前最愛吃的菠蘿包，現在因為朝夕相對，也真的不怎麼想吃。

但今天有點異樣，飯後一會就開始肚餓了，隨手拿了個早上賣剩的雞尾包，一口咬下去有點太甜，後來菠蘿包剛出爐，老闆老闆娘都在，不好意思馬上吃。待到一整盤菠蘿包迅速賣剩三兩個，新的一盤又出爐了，退下

香港灣仔軒尼詩道176-178號地下　電話：2575 1823
營業時間：0600am-1200am

跟菠蘿油初次邂逅就是在這家人「煙」稠密的茶餐廳裡，那天貪新鮮不吃蛋塔改吃菠蘿油，驚為天人從此踏上重量級不歸路。

檀島茶餐廳

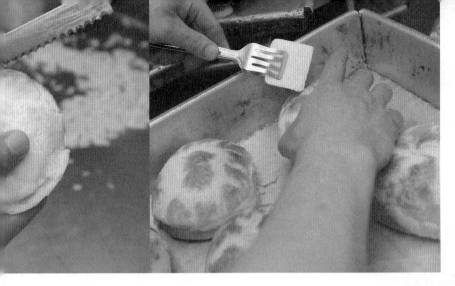

一
新鮮熱辣的菠蘿包本身已經夠吸引，再致命地夾進一塊大方得體的五毫米厚冰凍鮮牛油，一熱一冷一甜一鹹一酥一滑，口感複雜細緻，叫我如何是好？

二、三
每日重覆這個簡單的「犯罪」動作不知多少次，可見菠蘿油的受歡迎程度。

的那一盤剛巧有個長相歪歪的，已經有點涼，拿來就一咬，唔——慢著，該加點什麼變變花樣？就順手拉開身邊冰櫃，把做蛋糕用的牛油厚厚切來一塊，撕開菠蘿包塞進去，大口貪婪一咬——

同一時間，在隔幾條街的一家冰室裡，有一個小伙計在做同一樣的事，只不過他切的那一塊牛油是帶鹽的鹹牛油，切的不是6mm而是3mm，而菠蘿包還是燙手的。那邊廂師傅大聲尋人，他趕忙把這菠蘿包連牛油迅速解決。

其實在同一天同一時間，在港九新界大小麵包店茶餐廳冰室以及住家廚房飯廳，都在上演著如此一般平凡普通的菠蘿包和牛油的故事，沒有人想到這關於厚切、軟硬、冷熱的關係會演化衍生成一個來自民間的傳奇，菠蘿油其實不是王子，他是鄰家男孩，或者，她是一個不怕胖的女孩。

—
看到那位忙得不可開交的伙計在聽到我點了一杯奶茶一件菠蘿油的時候，在手頭紙單上寫上T字和一：符號，叫人對這個自成一生態系統的茶餐廳密碼十分好感感興趣。

—
早於上世紀六七〇年代，冰室或茶餐廳伙計落單及結帳，都會大聲喊叫。為了準確快捷，就出現有好些有趣術語：靚仔——白飯、吉水——清湯、和尚跳海——滾水蛋、三茶兩檸、「甩」色——三杯飲品分別是奶茶、檸檬茶和檸檬水、孖茶「侵」——兩杯飲品一是奶茶一是鴛鴦。

後來由口遞演變成落單，獨特記號包括：

先——鮮牛油餐包、T——奶茶、

CT——凍奶茶、F——咖啡、

CF——凍咖啡、OT——熱檸檬茶、

COT——凍檸檬茶、CO6——凍檸檬可樂、

206——熱檸檬可樂、

306——熱檸檬可樂加薑……

金華冰廳

九龍旺角弼街47號地下　電話：2392 6830
營業時間：0630am-1130pm
酥脆外皮製作時棄本地豬油而用上荷蘭品牌，軟綿包身用上A級本地麵粉，牛油用上油性較低卻仍有饙香的澳洲牧童牌，金華的菠蘿油從晨早到傍晚排隊登場。

五

四

四　不知是誰發明這一個放縱的玩意，應該追封此君為香港之子。

五　菠蘿油配上香濃奶茶，最佳拍檔。

迷路得著

光華新聞文化中心主任　平路

說起來，已經在香港轉眼三年的平路應該算是半個灣仔街坊，但下午三點三約她在檀島喝咖啡吃菠蘿油的時候發覺，她還是得叫同事指點一下，因為她怕迷路。

永遠人多車多鬧哄哄，平路迷路也是可以理解的。再想一下甚至迷路也是必須的，尤其我們這些自以為熟悉香港的土生土長的，也許更需要在迷路的當兒才有警覺才找到出路，才更加認定自己的立足方位。

我們都覺得菜單上寫著的檸檬咖啡實在匪夷所思，所以都沒有膽量去試沒有點。義無反顧的還是奶茶咖啡與絕配的菠蘿油。平路的菠蘿包經驗，一下子剪接回到早年還是在台北唸北一女的時候，高三準備考大學有夠緊張認真，晚上還會和好友一道留在校內溫書，餓了就一起從學校出來，走過總統府走到沅陵街去買現烤出爐的菠蘿包。那種香味那份溫暖，是人生中最甜美的好日子。

後來到了美國生活工作，與菠蘿包隔別了好些時日，但當很想念家很想念亞洲之際還是會跑到紐約唐人街的茶餐廳去吸一下，厚切牛油夾在出爐熱辣菠蘿包裡，也就是那時見識到的加料品種。

作為台灣駐香港文化機構光華新聞文化中心的主任，平路三年前來到港奶茶咖啡與菠蘿油的「發源地」，在排檔的摺椅中坐下來呷一口咬一口竟然泛出了一種十分exotic的異鄉情調。就咖啡而言，相對於南洋的又香又稠又濃的下了煉乳的以對抗辛辣大環境版本，以及台灣及日本的私人化的精緻呈現，香港的咖啡／奶茶是屬於庶民大眾的，就連帶菠蘿油也是一種不顧後果的享樂至上的極致，如此這般原來都有根有據——

港式食物在台灣人心目中有／無一個位置？台灣食物如何為／不為港人所認受？下午三點五十八分，平路和我在這個分明需要很多資源投入的文化研究大題目面前，都若有所思都未能說出個所以然，或許我們都得走出茶餐廳繼續迷路下半場，在這個仍然可以穿一件單衣的冬季。

一　午後四點，忙亂得頭昏腦脹，走到街角大排檔坐下來，根本也沒有任何主見，檔主Irene姐見我這副模樣，建議來一客奶油果醬厚片麥吐司，香酥甜軟味俱全，此謂comfort food之首。

在這個人人事事都求花巧講包裝
標榜進步向前的時勢裡，
這簡單不過的幾片白麵包原來也在表態。

只能活兩天

方方正正新鮮出爐

006

這位看來一年三百六十五日都穿著同款式白色圓領汗衫，衫的下擺早已鬆弛發黃且沾著或乾或濕麵粉和些許蛋漿的麵包店老闆，指著我手中紙袋裡的那一疊厚切的剛剛新鮮出爐的方包，一臉誠懇地告訴我，今天馬上吃就最好，明天還可以，否則就得放進冰箱，吃時再烘一下——

這聽來簡單直接不過的常識，大抵經他親口告知他的熟客生客，二三十年來應該不下千萬次。我算是這家店的老主顧了，因為兒時舊居就在街角，從三歲到十三歲的發育期間，我該吃了不少這裡的連皮方包吧！但我也不算是長期主顧，因為十三歲後就搬離了舊居，偶爾回來走一轉，眼見幾乎面目全非，陌生得尷尬。只是不知怎地這家麵包老店還奇蹟似地存在，從店堂裝潢到麵包出品的樣式都沒有怎樣變過，彷彿在這位老闆的字典裡沒有創新或者突破這種緊張分分的字眼。

勝香園

香港中環美輪街2號排檔（歌賦街18號側）電話：2544 8368
營業時間：0800am-0530pm（周日／公眾假期休息）
為下午三點三tea time重新下定義的這家真正大排檔，除了已在早餐午餐時候分別吃過的豬扒脆脆和鮮茄牛肉通粉，此時此刻可以選擇的是奶油沾醬麥多或者牛油檸蜜脆脆。

| 二 | 三 | 四 |
| 五 | 六 | 七 |

二　採用麵包老店香香提供的特大麥皮方包，用時才即場厚切。

三　厚片切版本當然得用上大型吐司爐。

四　花生醬、果醬、牛油、煉乳一應俱全。

五、六、七
　Irene姐的另一發明，烘得香脆的方包，先塗上牛油和蜜糖，還親手現榨點點檸檬汁
　豐美清新，喚作牛油檸蜜脆脆。

一　如果說歐陸式麵包講究堅實嚼勁，日式麵包輕柔如風，港式麵包就在兩者之間，維持鬆軟口感又實在組織細緻，夠筋度夠飽肚，其中以方包最有代表性。以兩次甚至三次的發酵過程，在方包模裡恆溫房中，經酵母作用快高長大，然後在烤爐裡烤成方方正正厚條方包，或直接零售或供應全港大小連鎖獨立的茶餐廳大排檔。

一　史前時代人類已懂得以石頭搗碎植物的種子和根，混和水分攪拌成較易消化的粥糊。公元前9000年，波斯灣畔中東民族更曉得把小麥大麥的麥粒以石磨碾磨，除去硬殼篩出粉末以水調糊，再鋪在被太陽曬熱的石塊上烤成圓餅，相傳這便是簡單麵包之始。

一　Sandwich這種以麵包夾有凍肉及蔬菜餡料的吃法，源起自英國Sandwich的一位伯爵John Montagu。這個伯爵是位瘋狂賭徒，為了節省時間不離賭桌，吩咐他的傭人將食物夾到麵包中當場進食，想不到一代賭徒就成了快餐便食之父。

也就是碰巧經過，被這一陣久違了的麵包新鮮出爐的香暖團團包圍住，本來不需要買麵包做早餐的我也忍不住買半磅厚切四片。我想老闆一定不會認得我曾幾何時也在這一帶出沒，他只是以一向待客的禮貌提點關照，也沒有隱瞞竟老病乏地繼續日常動作。

這裡的方包算得上組織嚴密口感細緻，放在室內翌日再吃也真的還可以，並沒有變得太硬。但這不錯也就是說並沒有太好，真的要比它好吃的肯定不少——但任何刻意的比較和批評都未免有點殘酷，我們也許該留一點空間給這些老老實實的店主和心血成品，存在不是為了接受讚美而只是為了讓人飽肚，也很清楚賞味期限就是那麼兩天——在這個人人事事都求花巧講包裝標榜進步向前的時勢裡，這簡單不過的幾片白麵包原來也在表態。本來心多的我還在想是否該買罐闊別已久的鷹嘜煉奶澆進去？還是切一片牛油撒上白砂糖？甚至是學老父秘方塗腐乳？學外婆和老管家做道地椰漿咖央？如此一切看來都顯得有點多餘了。

九龍佐敦寶靈街47-49號（白加士街交界）電話：2730 1356
營業時間：0730am-1100pm

澳洲牛奶公司

全天候被動或主動地在這永遠匆忙的店當裡，拼揍出放滿一桌的火腿蛋三明治、火腿通粉、叉燒湯意、煎雙蛋、奶茶、咖啡等等，方包烤與不烤，一樣好味，特意推介絕對有驚喜的鮮油吐司。

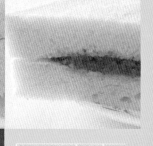

八　午後近黃昏，依然當作一天開始的吃一個有煎蛋有吐司有火腿通粉的茶餐。

九　加了奶油的蛋液，炒來細嫩香滑，與方包的柔軟絕配。

十　以鹹牛肉作餡的三明治，不必烘底，更吃出方包的質感與牛肉的鹹香。

十一　剛在這邊飽了肚，又想起那邊的厚片烤吐司。

風中吐司

雜誌編採人梁詠珊

Topaz說每次一吃吐司，她就想起颱風。

小時候的她住在竹園南村，跟所有上學的小朋友上班的大朋友一樣，一到颱風天八號風球以上就暗暗叫好。天意弄人弄出額外假期，哥姊們在幫忙做好防風措施之際，她就跟著媽媽到樓下「黃文記」雜貨舖買麵包，即使家裡冰箱還是滿滿的，還總得買些乾糧貯備，意思意思。

不知怎的在窗外風急雨勁的颱風天，Topaz一家就有圍爐烘吐司的習慣。記憶中的吐司烤爐很小，所以麵包買回來之前已經「飛邊」，烤得香脆的麵包也只是塗抹煉奶、牛油，再撒點砂糖而已，並沒有果醬與起士之類。年紀小小的Topaz一吃就吃三塊，轉眼麵包就吃光了，黃文記也關門避風了。

愛吃吐司的她還記起當年班中有位富貴同學，會吩咐司機專程開車把「一批」在家裡用「飛碟」烤箱烤好的「起士飛碟」送回校分贈全班同學。咬著那一口依然暖滑的美味，Topaz應該有在盤算將來一人自住該不該也買一個烤爐。

到如今，作為記者飛來飛去報導設計潮流創意新晉公私兩忙之餘，Topaz還只在收集杯碟刀叉餐具的初級階段，還未考慮為家居小廚房添置廚具，加上住處樓下不遠就有大排檔，五元硬幣便有香酥鬆軟的奶醬吐司一份，方便，也就是叫人有躲懶的藉口。

順興茶檔

香港天后安庶庇街24號地下
一眾居於銅鑼灣大坑的好友都會推薦這家平實穩重、幾十年不變的大排檔，只要你想得出，現烤多士混上什麼醬都可以。

他正提起那三十年不變的印花玻璃瓶，
推開活門把半流體金黃糖漿澆在同樣
煎炸得金黃的多士表面。

金黃歲月

007 南北東西多士

三點三，人家的下午茶時間，我還未吃午飯。

走進街角茶餐廳，人聲鼎沸有來有往，環顧四周食客有在喝奶荼喝鴛鴦吃烘底多士的，有三扒兩撥吃碟頭飯的，也有睡眼惺忪在吃全日都供應的常餐A或者B的，一下子叫我時空錯亂起來，廿四小時都可以在外頭方便吃喝的城市，香港隨便認了第二，恐怕沒有其他地方的人敢大膽挑戰。

還未拿定主意吃什麼，一陣熟悉的蛋香油香撲鼻，還用問，這是鄰座阿叔點的西多士。轉頭望他正提起那三十年不變的印花玻璃瓶，推開活門把半流體金黃糖漿澆在同樣煎炸得金黃的多士表面，由於糖漿經常過稠，半空中總有兩三秒的空檔，然後又出現一注傾情不可收拾的過份場面，這是大家都熟悉不過的經歷。當然你可以刁鑽地爭論該是先

維記咖啡粉麵

九龍深水埗福榮街62號地下　電話：2387 6515
營業時間：0630am-0830pm
以豬膶牛肉公仔麵馳名的深水埗老字號維記，鎮店另一寶是咖央
西多士，叫嘴饞如我每次走進去都要做人生重大抉擇，
是鹹還是甜？是中還是西？

		二	三	四	五	六	七
			一	八	九	十	

一　蘸滿蛋漿煎得金黃的多士，薄薄兩片裡早已塗滿自家製的咖央。
　　深水埗老字號維記的咖央西多士是寵一下自己的最佳選擇。

二、三、四、五、六、七
　　按部就班，歡迎自學。

八、九、十
　　用上雞蛋、鴨蛋、牛油、白糖和椰漿自製南洋甜食咖央，慢火燉
　　煮香濃甜美，搽抹香脆吐司已經很好，放入西多士裡更是極品。

澆糖漿才把多士切小片還是先切小片才澆糖漿，然後又有人會理直氣壯地說，吃西多士只需放一片牛油在熱騰騰香噴噴的麵包上讓它融掉塗勻，根本不用加糖漿。更進一步的是不知坊間何時開始出現了有果醬、花生醬甚至罐頭咖央作餡的雙層西多士，茶餐廳老闆更驕傲地說如此一來便不用糖漿才是正確吃法了，嗜甜的你偏要的話當然也有，糖漿上來加點不屑臉色罷了。

早在我的茶餐廳西多士經驗開始之前，印象深刻的是家裡早餐時間會出現的其中一種受歡迎小吃，就是早已切成小方塊的麵包沾了蛋漿煎香後再蘸白砂糖或者煉奶吃，我一口氣可以吃它十件八件——隨外公外婆走遍大江南北的老管家瑞婆直稱這是雞蛋煎麵包，並沒有西多士的官方稱謂。

事到如今心思思犯賤，常常一時癮起懷念起自家金黃甜美歲月，還是跑回茶餐廳結結實實來份本地街坊版西多士，哪管它太厚，太油，太甜……很多時候，我們就是偏偏需要這一份額外的熱量。

一　早已移形換影成為港式尋常百姓下午茶熱賣的西多士，大名法蘭西吐司，法文原來稱呼是pain perdu，直譯就是剩下的麵包。原裝正版的法蘭西吐司蘸的不是純粹蛋汁，而是有蛋黃、牛奶、細砂糖拌成的蛋奶漿。蘸好後下鍋煎成金黃，再撒上糖粉放進烤箱，烤好後伴以杏桃醬加入冰淇淋共食。這個繁複版本抵港後當然被簡化，以「西多」兩字稱之，其實並沒有多，反之少了一點什麼。

美都餐室

九龍油麻地廟街63號　電話：2384 6402
營業時間：0830am-0930pm
到美都吃焗豬扒飯，到美都吃蓮子紅豆冰，到美都吃錦滷雲吞，當然還得到美都吃西多士，室內室外，天光雲影月換星移——

十一　美都餐室的西多士是暴烈與溫柔的組合，多花三兩分鐘讓麵包完全蘸滿蛋漿以燙油炸之，然後又配上牛油和糖漿，一剛一柔真性情。

十二、十三、十四、十五
　　說時遲那時快，金黃香脆的西多士件件起鍋都有上乘品質，趁熱吃！

有眼不識

攝影師、咖啡人 沈嘉豪

波比是我大學時代的同窗，除了同一課室那扇不是經常拭抹的可以看樹看天看馬路看車看人的窗，還有同居一室的正向昏暗天井的後窗——有段時間我搬到他家人已經遷出的空置的家裡住，過一種自以為獨立於規矩以外的生活。波比比我大兩三歲，當年視他作兄長，現在當我都被稱作阿叔的話，他就是阿伯。

阿伯從少年時代開始生活工作節奏已經有點慢，所以也常常成為我們這些習慣急就章的小朋友的戲弄調笑對象。但波比還是以他的速度行進，慢條斯理地拍的針孔照相，挑他的烘焙他的研磨他的咖啡豆喝他的咖啡，然後慢慢地把至愛音響器材搬來搬去，指定我要在某個位置坐下來好好聆聽——

然而波比要做選擇作決定還是很果斷的，和他在茶餐廳裡坐下來，在他點了奶茶西多士我點了奶茶菠蘿油之後，他告訴我他決定要到北京去一段時間，他要開始他的咖啡事業。其實從來心思慎

密的他，決定了要做什麼都會全情投進去，旁人不必擔心費神，因此當他點的吃喝一端上來，我們的話題竟然轉到西多士。

波比吃的第一份西多士是在他的七歲（？年代久遠，忘了，見諒）生日當天，老爸帶他去冰室嚐新。給他點了一份煎得香脆塗了牛油下了糖漿的好吃的，滿足高興地吃完，老爸也沒有跟他說這叫什麼。所以第二趟他心思思要吃這東西，卻怎樣也解釋不清楚其實該怎樣叫，叫來的三明治、吐司，都不像卻不是，到最後幾乎要走遍整個店堂找到別人正在吃的才指出「真兜」，往後就是大家耳聞目睹的他與西多士的長情數十載了。

如果有天你的咖啡生意弄大了，我跟波比說，請安排小弟駐京一天到晚煎西多士，保證好吃。

蘭芳園

香港中環結志街2號　電話：2544 3895
營業時間：0800am-0800pm

坐下來叫了一客西多士一杯奶茶，然後和少東業哥天南地北，聊得高興一不留神幾乎茶跟多士都涼了，手機又正響——

一 聞名不如見面，其實見面之前又已經先聞其香，旺角街坊無人不知曉的金華冰廳，菠蘿包從早上七時至傍晚七時都長做長賣長有，那一抹金黃那一層酥脆那一份溫軟是庶民生活的甜美象徵。

從外賣菠蘿雞尾或者墨西哥邊走邊吃的輕鬆學生時代，發展到準時三點三走進茶餐廳吃菠蘿油喝鴛鴦或者茶，那是一種年齡的身份位置的潛移變換。

008 菠蘿雞尾墨西哥

包包包飽

我沒有到過墨西哥，但很相信到了墨西哥應該找不到叫做墨西哥包的這種麵包。

實不相瞞，相對於極負盛名的菠蘿包和不相伯仲的雞尾包，那甚至不是隨後排名第三的墨西哥包，長期以來是我的首選至愛。

不像菠蘿包有核桃酥皮作蓋面表層，新鮮出爐時那格格突出的「菠蘿釘」鬆脆焦香盡得人心，也不像雞尾包有椰蓉砂糖牛油和奶粉作餡，且在包面灑上芝麻和鬆上牛油糖蛋液作橫紋，墨西哥可算是誤打誤撞的偷懶（或稱簡約！）代表，只以稠稠的一層牛油糖液蓋在包面，現烤出爐一個最光滑明亮的長相。因為有牛油的關係，酥皮烤成時入口別有一種鹹香，這就跟其他兩位大哥二哥的一味嗜甜有明顯區別。

從來笨手笨腳，如何完整地把菠蘿包和墨西

金華冰廳

九龍旺角弼街47號地下　電話：2392 6830
營業時間：0630am-1130pm
從早到晚店外店內開哄哄，川流不息的顧客，靈活勤勞的店東店員，叫這小店除了瀰漫麵包香氣還有超強人氣！

二、三
已經發酵過兩次的麵糰搓得滾圓，放進
烤盤上備用。

四 用上A級麵粉、菜油、奶粉、蛋黃、植
物白豬油、牛油，還有蘇打粉和臭粉搓
出的菠蘿皮，壓扁放在麵糰上定形。

五 再塗上蛋液就可放入烤箱。

六 新鮮出爐的菠蘿包原盤送出店堂門口外
賣部。

七 另一經典墨西哥包也相繼出場。

八、九
有椰絲、奶粉、砂糖和牛油混成餡的雞
尾包，製作工序就是多了藏餡這一招。

十 金華出品的雞尾包略有別於坊間瘦長模
樣，長成圓圓一圈是肥雞尾？

—— 菠蘿包之所以被稱作菠蘿，是戰後菠蘿包面世初期的確有用菱形餅模在包面壓印出有若菠蘿釘的紋樣，只是日久憚懶，香脆酥皮略有裂紋已經過關，菠蘿基因早已改造了。

—— 菠蘿包跟菠蘿還算勉強形似，但雞尾包與雞尾，就的確一點也不像。戰後出現的這個麵包品種，取的是英文cocktail意思，初期是將用剩的麵包料加上糖和椰絲混打成餡，推出亦廣受歡迎，是第一代環保型可持續發展包。

—— 港式麵包強調新鮮出爐熱賣，但為了多賣多賺就得縮短麵糰發酵製作時間；就以菠蘿包為例，有的店鋪會將已經二次發酵的粉糰搓成麵包型，先放入蒸氣爐以水蒸，再放入烤爐微烤十五分鐘，既縮短發酵時間也令麵包口感較濕潤。然後再蓋上以奶粉、牛油及蛋汁拌成的皮，入烤爐以高溫烤成上脆下軟的菠蘿包。

哥包表面的一層酥皮完整地幾口吃完，不至於散落一身一地，竟然是種學問。沿著上學的路多吃了幾家，終於開始了解到其實錯未必在我：有的酥皮做得過硬，不會散碎但根本就與鬆軟的麵包不相稱；有的酥皮做得太軟，放進紙袋膠袋裡馬上酥皮與麵包分家，分明一包兩吃。可惜的是麵包店面通常寸金尺土，不然的話該有一種堂吃的習慣，現烤現買現吃，好滋味的同時當場驗證酥皮的成功率。

從外賣菠蘿雞尾或者墨西哥邊走邊吃的輕鬆學生時代，發展到準時三點三走進茶餐廳吃菠蘿油喝鴛鴦或者奶茶，那是一種年齡的身份位置的潛移變換。

隨著全球化鋪天蓋地的攻勢，此時此刻在香港街頭巷尾麵包店要找一條也頗像樣的baguette法國麵包或者日式甜番薯麵包，說不定比碰上一個墨西哥包更容易——墨西哥，還記得六○年代樂壇前輩鄧寄塵以粵語與菲律賓樂隊Fabulous Echoes英語演唱的開crossover先河的《墨西哥女郎》嗎？

香港灣仔皇后大道東106號地下 電話：2528 1391
營業時間：0600am-0800pm

快樂餅店

叫得出快樂的街坊餅店，實在叫路過的非顧客也感受到那種工作的
收成快樂，不由得停下來買個包，一口菠蘿一口雞尾，百分百港式
熱燙燙就更快樂。

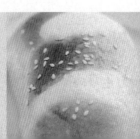

十一　真人露相有經典雞尾出場，包面的芝麻絕不可缺。

十二　椰絲奶油包曾幾何時是萬千寵愛，現在人人強調健康飲食就把它遺棄了。

十三　如果一家麵包餅店有用心去做好簡單項目如一個葡萄乾麥包，那不僅是店主堅持也是顧客福份。

十四　麵包店門口的人龍最能說明一切。

十五　不能否認這是日復一日年後一年重覆又重覆的營生動作，能夠保持水準甚至不斷創新變化就真正了不起。

拉丁美想像

雜誌總編輯 邱立本

忘了問邱立本有沒有到過墨西哥，但可以肯定的是，當他在小學二三年級上學的路上，吃到第一口墨西哥包的時候，根本不知道墨西哥在哪裡？

如此這般的例子著實不少：雞仔餅裡面沒有雞仔，核桃酥跟核桃拉不上關係，還未娶老婆的手執老婆餅吃得好滋味——借來的名字借來的時空甚至連集體回憶也互相轉借，唯是胃口是真實的，味道是真實的，吃多了會肚痛也是真實的。

邱立本比我年長一點點，否則的話我們早在四十年前就該在深水埗南昌街和長沙灣道交界處碰過面，甚至該在同一家

茶餐廳裡分享過同一盤墨西哥包，一口咬住那種對拉丁美洲的想像。他記性好，記得這家店的墨西哥包賣得特別便宜，一毛半就可以買到兩個，他和姊姊兩人口袋有點錢的話就一人吃兩個，沒錢的時候只好勉強一人吃一個——吃著吃著，究竟對墨西哥有沒有增添了任何認識？

一個地方誤會另一個地方，造成幾十萬幾百萬人的誤打誤撞不明不白的吃了幾十年墨西哥包。唯是這個本就是錯手造成的美味，卻真的與菠蘿包、雞尾包合成早餐鐵三角，在三個男主角不爭排名先後的情況下，胃口奇佳的他不知有沒有嘗試過把這三角關係一口氣吃光？

皇后餅店

香港銅鑼灣白沙道15號　電話：2577 3157
營業時間：0800am-1030pm
老牌餅店且是俄式海派山東人經營，叫顧客有多一點執著的期待。
那天在麵包架上看到久違了的十字包——

管它吃得一手沾滿白砂糖又掉得滿身滿桌皆是，
早午任何時候都容得下這心血來潮的小放肆。

沙翁蛋球與他的親戚

一口一手

009

即使你沒有看過這用新鮮雞蛋與高筋麵粉在熱水中拌和然後手捏一團一團放在暖油中「爆發」的興奮情景，單單在餅舖麵包店裡看到這滿滿一盤瀝乾了油撒上砂糖的好靚張好快樂的炸蛋球，一樣會和其他日不轉晴專心一意的排隊等買等吃的顧客一樣，好想馬上一口兩個。

不知怎的這種炸蛋球又叫做沙翁，也沒有什麼特別考證這是源起自哪國哪鄉哪裡的玩意，日久自行衍生的裡通番邦雜種變異也就自成沙翁一名，因為著實又便宜又好吃也就在粵港地區歷久不衰。

簡單不過的糕點原料，並無太大難度的製作過程，但我們都怕麻煩，似乎都只樂於在外頭買一個沙翁趁熱吃，管它吃得一手沾滿白砂糖又掉得滿身滿桌皆是，早午任何時候都容得下這心血來潮的小放肆，只是一般晚上不出爐，不然的話也會變成宵夜。

中環擺花街35號地下 電話：2544 3475
營業時間：0730am-0900pm

泰昌餅家

因為末代港督彭定康義無反顧地捧場，泰昌的蛋塔經常是港聞頭條。
其實蛋塔以外不要忘了這店更出色的沙翁，新鮮現作香甜入口，排隊又何妨。

	二	三
一	四	五

一　剛炸起的沙翁飽滿如拳，外皮脆薄，按下去鬆軟若棉。蘸上砂糖之後，雪白金黃絕配，咬下去蛋香加上油香，甜美滿口。

二　沙翁的用料簡單不過，高筋麵粉和發酵粉、雞蛋、清水、食用鹼水、白糖和糖粉。

三　麵粉和發酵粉和勻篩好後，用熱水開粉，若用冷水就難保持鬆化。

四、五
　謹記逐次打入兩個蛋與粉漿拌勻再打蛋。若一次將所有蛋打下，蛋漿難以與粉漿攪勻。蛋漿拌好應該黏手，若太軟便容易搶火炸焦。

因為無可避免地在街頭巷尾有名無名茶餐廳麵包店吃過不是太硬就是太冷，不是太油就是太甜的沙翁，所以一旦碰上真正酥軟幼滑、蛋香濃郁、入口幾乎融化的沙翁，你會明白為什麼末代港督彭定康會在離任之後三番四次找藉口重臨故地，不吃不吃還須吃，積少成多心廣體胖。

如果要給沙翁攀親認戚，第一時間想起是有同樣以蛋拌麵粉更內有餡有料的高力芨沙，只是常常因為一頓京川滬大龍鳳下來已經飽肚百分二百，從來無法很認真專注地把這長相奇佳的高貴甜點高力芨沙好好品嚐。接著想到的是一邊讀村上春樹短篇小說一邊吃的甜甜Donut圈，當然那是麵粉比例遠高於蛋液的一種自成系統的炸麵包，但無餡料無外「殼」的原味版本也是沾滿糖粉，算是大表哥。至於來自西班牙的又長又瘦的Churros，其實更像佈滿了砂糖的雞蛋油條，用來沾稠稠的熱巧克力最正點，算是遠房親戚的朋友。忽發奇想如果有天午後把這砂糖一族都集合起來一次消費，那該是多麼高興高熱量的手口並用的一個盛會。

— 各方考證，大多以為沙翁與西方的donut甜甜圈是表兄弟，與puff泡芙又是一焗一炸的親戚，又或者跟法國甜點beignets又稱french fritters沾上砂糖關係，只是為什麼如此這般一個炸蛋球來到香港會喚作沙翁？有人勉強就把一身糖粉如老翁白髮造型之說合理化，其實都很難說服人。

— 後來有人從明末清初《廣東新語》中找出一段記載：「以糯粉雜合白砂糖入豬油脂煮之，名沙壅。」此說提供了沙翁身世源起的另一個可能。為食探源潮流殊不容易，真的耐人尋味。

順興茶餐廳

九龍九龍城衙前圍道56-58號　電話：2382 1550
營業時間：0645am-0100am
繁華潮退的九龍城茶餐廳老店，每早九時就會有一輪新鮮沙翁出場，間中來份高熱量早餐，沙翁加樽仔冰奶茶是老闆的強力推介。

六　徒手將適當份量的蛋漿擠進暖油中。

七　沙翁在油鍋旋即膨脹，色轉金黃。

八　炸好的沙翁要先瀝乾油。

九　撒上糖粉便大功告成，趕快登場以應付門外人龍。

沙翁慾望

多媒體創作人 張健偉

那個色澤金黃、外脆內軟沾滿一身雪白糖粉的沙翁，曾經被牛牛家人列為十大違禁品之一，少年牛牛碰也不能碰。

唯一的理由是因為他自小體弱，經常咳嗽，所以凡有糖的甜的如沙翁如巧克力如雪糕如汽水都被拒絕在日常生活範圍之外，唯一可以間或配給到的是幾粒瑞士糖（為什麼不是大白兔糖？），所以少年的他一方面培養出與甜食絕緣的「表面」形象，另一方面又形成對壓抑對禁忌的暗地追求。比方說回到老家大嶼山探爺爺，就可以放肆地大吃糖果大喝可樂，他更在長洲一所老茶居裡發現有新鮮出爐沙翁跟其他甜食點心同盤叫賣，吃呀吃的他把失去的糖份都一次補吃回來。

到了十歲左右他的身體開始好了，而且更偶然發現他的體弱元兇不是糖而是蘿蔔——青紅蘿蔔煲豬踭之類的湯是妄害。但糖的戒嚴令一旦撤銷，又不見得他有多麼瘋狂地建立一個吃糖的網路習慣，甚至可以說，他對一般食物的水準要求並不特別嚴格，也算不上是個嘴饞貪吃的。他真在意的倒是跟什麼人好好地去吃一頓飯，很不能接受那些嘈吵混雜又自以為普天同慶的飲宴派對場面。加上他在這幾年間先後開始不吃牛肉、乳鴿、蛇等等肉食，原因在自覺無力去消化這些那些肉。

偶然碰上沙翁，牛牛還是會買一個來嚐嚐，唯是怎樣也沒有當年因為壓抑而刺激起的慾望和追求。

香港上環杭街113-115號地下（近市政大樓）電話：2850 5723
營業時間：0600am-0500pm
（周六至330pm，周日／公眾假期休息）

為食一眾每越在永合成坐下來就點煲仔飯，幾乎把它同樣精彩的沙翁和蛋塔給遺忘了，不能不提老闆本是西餅師傅出身，幾十年真功夫不是說笑。

永合成茶餐廳

一

一 一口咬下，其酥香鬆
脆足以叫日常忙碌煩
悶都暫且拋開，翩然
而至是幸福指數極高
的蝴蝶酥。

不知何時這隻蝴蝶遠道從歐洲的糕餅店一飛就飛入粵
港地區的下午茶時間，蝶化蝶化蝶化蝶之後，
東南西北心屬何處是否依然酥在心裡？

010 酥由心生 飛來飛去蝴蝶酥

因為兩年一度由慢食協會主辦的國際美食博
覽Salone Internationale del Gusto的召喚，拋下
身邊本來拋不下的一切煩雜事務，現身意大
利杜林Turin。千里迢迢因為吃也不是第一
次，但鮮有和十萬八萬真正瘋狂、認真和嚴
肅地對待食物的同好在一起，那就不是貪吃
那麼簡單了。

早到一天預先感受一下杜林的山明水秀人傑
地靈，走在幾條主要大街那些十八十九世紀
建成的寬闊迴廊騎樓底下，三步五步就被那
些保留著上上世紀裝飾風格的咖啡店糕餅店
和肉食店乳酪店吸引進去，剛把那滿佈糖霜
的水果塔放進口，不小心嗆了一下，轉頭馬
上又發現了一盤金黃酥脆的美味，咦，這不
正是我們的蝴蝶酥？

不知怎的大家習慣把這烘烤得甘香鬆脆、表
面糖粒半溶半現地嵌混在層層酥皮內外的小

百事吉餅店

香港灣仔灣仔道67號地下　電話：2838 2718
營業時間：0630am-0730pm
在灣仔道街市開業十多年的街坊餅店百事吉，新鮮出爐的蝴蝶酥有正經成
人版和迷你小童版，各取所需精彩西餅要買趁快。

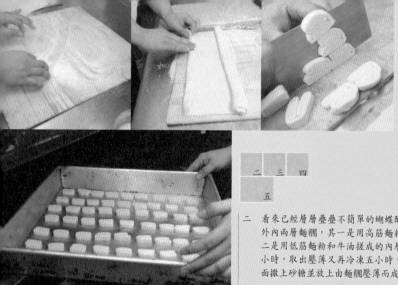

二	三	四
	五	

二　看來已經層層疊疊不簡單的蝴蝶酥製作過程的確複雜。
　　外內兩層麵糰，其一是用高筋麵粉和水搓成的外層，其
　　二是用低筋麵粉和牛油搓成的內層，兩層疊好先冷凍五
　　小時，取出壓薄又再冷凍五小時，然後才開始在工作桌
　　面撒上砂糖並放上由麵糰壓薄而成的麵粉皮。

三　麵粉皮上撒糖然後對摺，再撒糖又再壓薄，然後開始從
　　兩末端向中心翻捲摺疊成條狀。放入冷凍庫靜待硬身。

四　取出麵粉條切成小片。

五　將切好的小片放入烤盤，在烤箱中烤約二十分鐘，出爐
　　後稍安勿躁待涼約一小時，蝴蝶酥入口會更鬆脆。

一　源自歐陸餅食系統的蝴蝶酥、椰絲
　　搭、曲奇餅，都在這個華洋雜處的社
　　會裡找到市場出路。近年掀起一浪又
　　一浪入廚熱潮中，專業烘焙餅師開設
　　糕餅教室授徒也很受歡迎，一門專業
　　手藝加上心意創意，是社會大眾追求
　　更高生活質素的一個反映。

點心喚作蝴蝶酥？是因為它長得像一隻蝴蝶？但根
據我們執著的美術專業素描寫生訓練，把這喚作蝴
蝶實在太簡化太概念，既然如是我會想，為什麼不
把它叫做心酥？這不更像一個隨手就畫成的心嗎？
仔細再想，恐怕是一般人受不了把好端端一片心就
此一瓣一瓣地剝下來放進口，實在兒童不宜。而且
心酥心酥的亂叫，也太想入非非也是兒童不宜。也
許因此，天終於降大任於蝴蝶，任重而道遠。

不知何時這隻蝴蝶也就遠道從歐洲的糕餅店一飛就
飛入粵港地區的下午茶時間，隨著年月時世變化也
從一隻手掌大的大蝴蝶演變成只是四分一大小的蝴
蝶一口酥，和其他同樣從西飛向東的蛋塔、椰絲
塔、雞肉派、十字包和瑞士卷一起融和進入港式飲
食口味習慣。面前這入口依然酥脆鬆化的蝴蝶，不
知是否認得出遠在彼岸如杜林如巴黎如維也納的前
身？蝶化蝶化蝶化蝶之後，東南西北心屬何處是否
依然酥在心裡？

香港銅鑼灣白沙道15號　電話：2577 3157
營業時間：0800am-1030pm
皇后餅店零售眾多，小蝴蝶長相嬌小糖色較淺比較安靜在一旁。

皇后餅店

六　街坊名店百事吉除了以曲奇餅為主打，蝴蝶酥、杏仁酥也是長期熱賣。

七　杏仁酥的表兄弟換了一身花生碎。

八　幾乎脫離曲奇系統的牛油薄片，一字口薄！

九　轉頭又見迷你椰絲塔的出現，一口不止一個。

十、十一、十二、十三、十四、十五
熱賣的杏仁酥的製作看來沒有蝴蝶酥那麼複雜，看圖按部就班不知可否自學成功？

七	八	九
十	十一	十二
十三	十四	十五

六

蝴蝶效應

專案總監 陶威廉

那是個太陽即將下山夜色隨時登場的神奇時刻，有那麼半分鐘光景，本來喧鬧的市聲忽然如潮水退去，一種意料之外的寧靜悄然浮現，就在這麼珍貴的一瞬，少年William遇上了蝴蝶——酥。

一個浪漫的為食故事發生在六〇年代末的尖沙咀，來自典型上海家庭的William家居金巴利道與天文台道交界的一幢典雅房子，室內還是複式結構的寬闊格局。剛下班的父親當然也是嘴饞而且講究，經常吩咐William跑到彌敦道上的老牌餅店車厘哥夫總店買麵包。每回碰上有蝴蝶酥新鮮出爐，William都會不怕燙手黏手地把酥脆香甜的蝴蝶酥一環一環地揪開，在回家路上已經消滅掉一兩個。他最愛的是烘得焦糖外溢的足斤兩特大版本，所以頗對現在坊間流行的輕糖淡黃姿態的迷你蝴蝶不以為然。

當年還是小學生的William，記憶中的尖沙咀那一隅，滿佈洪長興、杜三珍、遠東飯店等等名牌北方餐館，亦有南來的山東人開設的西餅店西餐廳如車厘哥夫。William自幼就有幸在這個社區裡接受高階訓練，吃出一種氛圍一種格調。之後離港在美加唸書生活，忽地斷了與蝴蝶的情緣（我跟他再一次肯定蝴蝶來自歐洲系統），直至回港工作開始有獨立經濟能力，才開始逐一把兒時朝思夜想希望一嚐的食品再尋回入口，蝴蝶酥當然就是首選。

據說世上有幾千幾萬個蝴蝶的品種，也有十萬九千里外蝴蝶拍翼你這邊會打個噴嚏會海嘯的蝴蝶效應理論，但William心中那甜最美的那一片蝴蝶酥，始終屬於那個下午那個magic hour。

快樂餅店

香港灣仔皇后大道東106號地下　電話：2528 1391
營業時間：0600am-0800pm

快樂餅店其實也該別名老實餅店，老老實實地烘出鬆鬆脆脆的原裝大型蝴蝶酥，咬下去粒粒砂糖，堪稱古早口味。

這麼多年了，
你大抵已經吃過很多很多很多千變萬化的蛋糕，
也完全沒有把我沒有履行的承諾記掛在心，
又或者，我已經完全在你的記憶中消失。

說謊蛋糕

蛋糕的輕重有無

011

我說要給你做一個蛋糕，你問我是蒸的還是焗的，我說都行，只是要稍等一會，等我多練習一下，合格了成功了就拿來送你——怎知一等就讓你等了二十年。

其實我的確是有坐言起行的，無論是超重量級的牛油焗蛋糕pound cake（古老份量真的是一磅麵粉一磅牛油一磅糖和一磅蛋混在一起，真驚人也真美味！），或者是組織鬆軟的加了水和發粉的雪芳／戚風／chiffon蒸蛋糕，以及傳統中式做法的只有雞蛋、砂糖和麵粉的手工清蛋糕，我都曾經興致勃勃地去做過。膽大包天做出來其實也OK，至少下糖的時候沒有下錯鹽。也因為要試食，轉眼就把做好的蛋糕自顧自吃了一半，剩下的一半也不好意思拿去送你。然後日復一日等下一回「有空」再做蛋糕，然後又開始答應要給

九龍深水埗福華街115-117號 電話：2360 0328
營業時間：0730am-1000pm

坤記糕品

坤記的蒸蛋糕常常被缽仔糕、白糖糕搶去鋒頭，下回要替它爭回應有席位。

一　手執一件輕巧鬆軟如綿，入口卻又吃得出
　　細密層次，坤記以販售白糖糕缽仔糕聞
　　名，想不到清蒸蛋糕也是拿手一絕。

二、三、四、五、六、七、八、九
　　坤記老闆傳先生坦言蒸蛋糕並沒有什麼技
　　巧，雞蛋、麵粉、水、少許砂糖，的確就
　　此而已。但走入工廠看著阿姐的嫻熟手
　　工，又充分體會簡單材料以外還得有專注
　　和投入。

另外一個人做曲奇餅，當然，做好的曲奇餅還是
給自己吃光了，從來也沒有送出去。

這麼多年了，你大抵已經吃過很多很多很多千變
萬化的蛋糕，我的遲到（其實是始終沒有到），
不曉得會否讓你每當面對這些簡單原始的蛋糕都
有哪怕是那麼一丁點的情緒起伏？也許只是我太
小男人，你早就開懷大啖面前的所有，也完全沒
有把我沒有履行的承諾記掛在心，又或者，我已
經完全在你的記憶中消失。

究竟有誰會把牛油蛋糕、chiffon蛋糕或者清蛋糕
當作是正餐的呢？蛋糕作為點心，是舉足輕重還
是可有可無的呢？手執一件從美心餅店買來的輕
如空氣的紙包蛋糕，一口咬下去永恆的芳香鬆軟
感覺不真實──其實人家倒是用心經營製作貨真
價實從沒說謊的，說謊的，是我。

一　作為西方日常美食，西式麵包糕點自
　　香港開埠以來已經慢慢與香港民眾的
　　傳統飲食習慣巧妙結合，吃罷缽仔糕
　　再來一件奶油蛋糕的情況並不稀奇。

一　二十世紀五〇年代，大批原居上海的
　　西式糕點烘焙師傅移居香港，糕餅店
　　令烘焙業一下子出現小陽春的蓬勃局
　　面。粵派、港派、海派與酒店歐陸派
　　鼎足而立。著名餅店如告羅士打、車
　　厘哥夫、皇后、雄雞、紅寶石等紛紛
　　出現。其後於1966年創建的超群餅
　　店，是七八〇年代糕餅界的翹楚，及
　　後美心集團的西餅部門亦因得到地下
　　鐵全線站內的有利位置，令西餅零售
　　的格局進入嶄新階段。

檀島茶餐廳

香港皇后大道中租庇利街9號舖　電話：2545 1472
營業時間：1100am-1000pm
檀島的菠蘿油、蛋塔和奶茶咖啡早已得寵，是時候讓它的核
桃蛋糕也封聖。

十　核桃蛋糕杯裝餅，你會先吃蛋糕還是先吃核桃？

十一　切成三角的奶油蛋糕，當中若有若無一層薄奶油，你又可以先把蛋糕掰開先嚐奶油？

十二　這家有趣的美食園林餐廳叫這款蛋糕做「大蛋糕」，沉沉的有別於紙包蛋糕的空氣感。

十三　習慣喚作紙包蛋糕的焗牛油蛋糕應該是chiffon蛋糕的一種，輕飄如棉絮。

十四　中式焗蛋糕除了那個花托狀的造形，還得撒上松子仁以增香添美，作為囍餅系列的成員之一，實在也歡迎零售散賣即食。

十五　核桃蛋糕的切片版，雖說造型簡單且製作過程並不複雜，但要吃到一件不鬆散不乾身又不過硬的版本卻不容易。

合該補腦

創意總監
蘇綺甜

當我知道我的台北摯友前些時候搬進去的房子，正正就是Edith離開台北前的舊居，我們都驚詫這樣的巧合：人與人、人與環境與物件，來來往往就有這樣那樣的安排。有被發現沒被發現，都在一聲呼嘆與不動聲色間過渡。

跟Edith碰面的機會不多，一旦碰面也就盡量爭取機會相互報告動向消息，又再一次得知原來某月某日大家都同在一個地方，先後吃喝點什麼，卻是擦身而過。

像她這樣一個自由人，涉獵的工作範圍之廣，從形象指導到服裝設計到專案策劃，事事盡心盡責，經歷輝煌燦爛，也甘心安靜恬淡。趁她過境會友有些許空檔坐下喝杯茶，這趟的話題從她最喜愛的核桃蛋糕開始。

只要是核桃，無論那個蛋糕是圓是方，是厚切還是薄片，她都忍不住買來一試。即使在茶餐廳這樣匆忙嘈雜的地方，她也有本事讓伙計阿叔乖乖地挑一件有最多核桃的切片蛋糕給她。近年勾留廣州工作，也積極努力地查訪編製一幅私家核桃覓食路線圖，諸如核桃糊、核桃仁，除了那個其實跟核桃沒有什麼直接關係的核桃酥，都在她的搜集研究之列。她的最新發現是廣州東站直通車候車室那看來不怎麼樣的咖啡室裡的核桃蛋糕竟然有點水準，而每趟從香港回廣州也都爭取多買幾件茶餐廳的出爐核桃蛋糕回去吃。

看來我們都不怕見笑地把小吃一樁當作隆而重之的人生家國大事，相信專心地認真地仔細地吃也是一種人格培養，更相信多吃核桃可補腦，頭腦靈活便能找到更好吃的。

香港新界元朗阜財街57號地下　電話：2476 2630
營業時間：0730am-0700pm
元朗老店大同餅家的月餅和囍餅在捧場顧客心中地位崇高，
每口新鮮出爐的中式焗蛋糕都給人一種溫厚實在的好感。

大同老餅家

在匆忙的中環腳步不停的人流中，當你看到有人不顧
儀態邊走邊啖那熟悉的永樂園熱狗，
你會知道這肯定是三分親的同道中人。

一

一　不止一次在永樂園吃
　　完了一份雙腸熱狗仍
　　然意猶未盡，「再來
　　雙腸，謝謝！」。

熱狗中環

此時此地此狗

012

時空剪接，有回約了前輩蘇絲黃在中環見面聊
天，正值午飯時分，我實在拿不定主意要擠到
哪家餐館？阿蘇在電話那一端氣定神閒叫我稍
安無躁，只問我要一份兩份還是三份——我一
聽不禁啞然失笑，我們這些念舊的當然知道在
兵荒馬亂的時候有什麼叫人安心，吃來最有
品質保證。即使在匆忙的中環腳步不停的人流
中，當你看到有人不顧儀態邊走邊啖那熟悉的
永樂園熱狗，你會知道這肯定是三分親的同道
中人。

熱狗當然不是土產，但演變到今時今日卻肯定
是自有香港特色的小吃。就以手中的永樂園經
典熱狗為例，自家秘方調製的醬汁（混入了牛
油、芥末、蛋黃、糖、鹽、醋、醃青瓜末），
配上烤香腸（我當然是吃雙腸的版本），夾在
那用碩果僅存的摩天輪一般的烤麵包機現烤的
小麵包裡，不用加什麼生菜絲什麼番茄片，每
回拿起急著放入口都先要伸伸舌頭舔去那流溢
而出的醬汁，然後鬆軟柔滑一口接一口，一個

永樂園餐廳

中環昭隆街19號地下　電話：2524 5245
營業時間：0730am-0745pm（周日／公眾假期休息）
曾幾何時附近有第一代熱狗王「安樂園」，今日的「永樂園」已經後起成
為大哥大。在中環區眾多原裝正版美國熱狗當道的今天，仍然提供百分百
港式演繹，不能不提的還有這裡的超濃超熱羅宋湯。

二　在摩天輪一樣的老式麵包烤箱裡烤得溫熱香軟的小號熱狗包，列隊受命。

三　用上牛油、芥末、蛋黃、糖、鹽、醋和醃青瓜每日新鮮調製成的醬汁，分量比例是獨家秘方。每日早上造好兩桶，下午再做兩桶，足夠應付一天賣出超過一千五百隻熱狗的銷量。

四　專門由荷蘭訂來的香腸，最傳統的軟滑肉地，毫不花巧卻甚得人心。

五　小小製作檯櫃裡師傅不停手地掰開麵包放進熱狗腸塗上蛋黃醬，然後紙巾一捲就登場到你手。

六　稱得作熱狗王，就的確有無可取代的王者風範。

七　滿滿的一罐又一罐熱狗腸列隊備用。

八　七彩單據是店內自成一派的營運系統。

一　熱狗hot dog的源起故事版本眾多，但都跟歐洲到美洲的移民創業有關。不是什麼經典名菜，卻是廉價物美十分庶民的街頭熱賣。熱狗中的口味繁多的香腸當然是主角，一眾醬料配菜如mayonnaise、芥末、番茄醬、辣椒醬、醃青瓜、酸椰菜、番茄、生菜等等是大配角，麵包扮演的只是盛器而已。

一　五〇年代中，位於皇后大道中的「安樂園」分店，在正面做玻璃櫥窗首設自動熱狗製造機，引來路人圍觀排隊購食。當年「安樂園」出品的熱狗與今日「永樂園」的版本相距不遠，也是港式雙種熱狗的始祖。

一　九〇年代末，澳門豬扒包忽然大熱，叫一眾為食群眾以為豬扒包為澳門獨創。但其實港式大排檔一向有售豬扒包，只是多以軟豬仔包夾上帶骨豬扒，跟澳門的硬豬包夾上無骨豬扒有別。由於新口味新綽頭，豬扒包在港澳江湖中地位急升。

接一個，貪心如我當然會再配一碗鮮甜熱辣的羅宋湯，不得了，好飽好滿足！

自小被這香港版熱狗寵壞了，以至有天到了熱狗的故鄉：德國香腸frankfurter的發源地法蘭克福，竟然有點不知所措。嚴格來說，在德國街頭小吃攤吃的是香腸而不是熱狗！不同餡料填充的香腸或煎或水焓，都是獨立一條一條出售，配的炸薯條或者硬麵包都只是配角甚至要另外付款，更不用期待有那些灑滿芝麻的鬆軟的先剖一刀方便放進香腸的「熱狗包」。

那回在紐約大都會博物館前的熱狗攤子，把那和洋慽一起煎得有點太焦太油的香腸夾進硬麵包，迫不及待擠入隨時滿溢的芥末、茄汁和mayonnaise，還加了厚厚兩片醃青瓜，一咬下去哎呀一聲不知怎的竟然把嘴皮都磨損出血了，而且醬汁流瀉一手滿身。

說到底，自家土產熱狗始終最溫柔，依然是最愛。

香港中環結志街2號　電話：2544 3895
營業時間：0800am-0800pm

蘭芳園

本來只想來喝一杯絲絲滑奶茶躲躲懶定定神，怎知看到旁邊客人吃的牛脷包有夠吸引，再多坐一會恐怕要再吃蔥油雞扒撈丁——

九　在蘭芳園喝一杯正宗的絲襪奶茶，還得配上他們的經典豬扒包和新寵牛腩包。

十、十一、十二
　　把牛腩煎香麵包烤脆塗上牛油，再加一片鮮番茄，四位一體準備上場。

十三　麵包烤好，塗上澳洲牛油和卡夫沙拉醬，放上現炸豬扒，再切一刀方便大啖入口——連麵包屑也捨不得浪費。

十四　勝香園的豬扒包叫作豬扒脆脆，用上的硬豬仔包要先烤兩分鐘。

十五　肉厚汁多的北京牛茄是豬扒脆脆的大配角。

十六　用上沙薑粉、蒜粉、糖油味料醃上一夜，冷藏豬扒的雪味盡除，先用槌搥，再以滾油炸熟後仍保存鮮嫩多汁。

		十四十五十六
九	十三	
十一十二		

熱狗時空

設計系導師 邱偉文

每回心血來潮想重新回學校做學生，總會想起在不同年代循循善誘教我育我的各位老師。也許深知為人師長的確責任重大，我總是不夠勇氣和信心當全職老師，頂多只是偶然經過客串一下，所以我更佩服身邊比我年輕的小朋友膽色過人地投身教育事業——這些絕對有資格當我老師的小朋友中，Raymond是當中俊俊者。

還記得認識Raymond不久後他就到紐約唸設計去了，那個時候不算熟，只是很好奇這位濃眉大眼沉默害羞的小朋友會在他鄉異地如何追尋實現自己的理想，當然也包括是否能夠一下子適應這麼不同的飲食習慣。

幾年後一個成熟了一點穩重了一點的Raymond學成回來，有幸邀請他加入當年工作的機構共事，近距離再接觸，才進一步知道他雖然不像我這樣嘴饞但其實也很嘴刁，對某些食物還特別關注特別有要求，比如熱狗。

Raymond很清楚地告訴我在紐約怎樣才找到又好又便宜又熱的熱狗。關於醬料關於配菜關於麵包質感還有關於熱狗腸，千變萬化之後選擇回歸基本。至於香港版本自成一派的輕烤一下超軟麵包，夾進薄皮香腸澆上大量甜酸芥末奶油乃有別於一般菠蘿包雞尾包的另類高級選擇。或者我們都無法也不必要求本地快餐店做出一支道地的紐約熱狗，留一點空間想像，在不同的地方做不同的事。

在這裡提醒一下在設計系裡受教於Raymond的學生，請仔細留意領受體會這位老師盡心盡力的言傳身教，用他傳過來的設計實踐功力應該可以做出超好吃的熱狗。

勝香園

香港中環美輪街2號排檔（歌賦街18號側）　電話：2544 8368
營業時間：0800am-0530pm（周日／公眾假期休息）

檔主Irene姐是女中豪傑，有天我先吃了鮮茄牛肉通粉再來一個豬扒脆脆，吃了一半吃不下，她輕微怒目一視，我趕忙乖乖把餘下一半都吃了。

這些流亡海外的俄式上海西餐和土生土長的
粵港豉油西餐，不必計較正不正宗也不必刻意
沾上fusion潮流的邊，更無懼被矮化邊緣化。

別無分店

港式西餐自在流

013

面前是一塊Jelly狀的橫二直三四方厚切片透明物，裡面有清晰可見的雜肉和蔬菜和香草，也是以生物課橫切面的知識型狀態呈現，端上餐桌時是冷的，也得冷吃下去。我的外祖父坐在旁邊教我該如何正確使用刀叉去解決去享受這一塊後來我才知道可以叫做肉凍的東西。老實說，自小先入為主覺得Jelly以及大菜糕都是甜的，要我吃下這感覺怪怪的滑的冷的而且是鹹的肉凍，一邊吃一邊掙扎，而結論是，不好吃。

當時我六歲，地點是早已灰飛煙滅的位處旺角道彌敦道交界的ABC愛皮西大飯店。印象依稀店內裝潢是明亮簡潔的粉淺調子，並不像王家衛電影中老餐室的濃艷重彩，也許童年的我注意力只集中在食物滋味上，還未察覺食和色的關係，更未知情為何物。
九龍的愛皮西、車厘哥夫、雄雞飯店，竟都

香港中環士丹利街60號 電話：2899 2780
營業時間：1100am-1200am

太平館餐廳

作為中國第一華人經營的西餐館，創始於1860年的太平館於1937年由廣州遷來香港，幾十年來以優良菜式和服務水平，擦亮老字號金漆招牌。瑞士雞翅、瑞士汁牛河、牛尾湯、燒乳鴿、煙鯧魚、甜品舒芙蕾，都是家傳戶曉的經典菜。

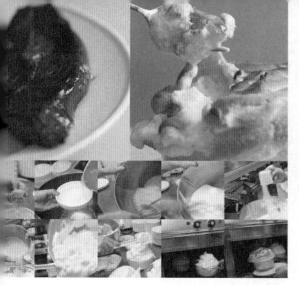

一　一隻又一隻與瑞士無關的瑞士雞翅，一百四十多年老店太平館的招牌菜，由粵至港風魔了幾代人。

二　瑞士雞翅的sweet——swiss汁液裡，以牛腒、豬骨、雞骨熬汁後混調了頭抽、老抽、冰糖、紹酒、瑤柱、香草、薑、黑胡椒等等味料，鮮甜濃香，有色有味。

三、四　每天由指定買手在市場精挑細選的肥美新鮮雞翅，放進瑞士汁液中浸熟，全靠師傅經驗決定何時ok離鑊。

五　每回必吃的煙鰛魚，還用每條重約四五斤的新鮮鷹鰛，切片後先用瑞士汁料浸約六小時，再放進有斯里蘭卡紅茶的燻爐中燻好，豉油甜茶葉香，肉地結實兼留肉汁！

六、七、八、九、十、十一、十二、十三、十四、十五、十六　精彩主食在前，但一定要留肚給這巨人版甜品souffle舒芙蕾，以一份蛋黃九份蛋白的比例人工手打，保證蛋漿稠密度合適得宜，才發得起如天高的奇觀。

是十歲以前曾經光顧的西餐廳，之後間或會去的應該就是中環的安樂園、蘭香室以及紅寶石。至於現今依然健在而且生意興隆的皇后飯店和太平館，都是大學時期自力更生有點經濟能力才敢推門進去的。也從那個時候我才重新開始認識有俄國菜基因的上海式西餐和有粵菜神韻的港式豉油西餐（豉油：台灣稱醬油），特別對那些與本地口味已經調校融和為一體的煙燻鰛魚、芝士焗蟹蓋、瑞士汁雞翅、瑞士汁炒牛河情有獨鍾。

也許就是那麼一點固執，人在香港我怎麼也提不起很大興趣去光顧正經八百的號稱正宗的西餐廳。無論這家那家的食材真的每天從意大利從法國空運抵港，即使連掌門大廚也是道地的意大利人法國人，我還是覺得要吃最好的意大利菜就得到意大利去。也正如這些流亡海外的俄式上海西餐和土生土長的粵港豉油西餐，不必計較正不正宗也不必刻意沾上fusion潮流的邊，更無懼被矮化邊緣化，味道香港獨家，別無分店。

一　最早接觸西餐的華人，據說是最早開放與洋人做生意的廣州十三行商人，清嘉慶年間，已有「飽啖大餐齊脫帽，煙波回首十三行」的詩句，其中，「大餐」便是當時廣州人對西餐的叫法，後來西餐傳至上海，被稱為「大菜」或「番菜」。

一　關於甜豉油為何被稱作瑞士汁的來源，經太平館店主親自解釋，源自廣州太平館初年，有老外吃過甜豉油後大叫sweet sweet，服務生外語水平有限，以sweet發音向人查問何解，以訛傳訛sweet就變了Swiss，甜豉油瑞士汁得以正名。

一　導演王家衛向來對港式西餐情有獨鍾，先是在《阿飛正傳》中到皇后飯店取景，再來是《花樣年華》及《2046》都看中金雀餐廳，叫這些老牌餐廳忽然成了中外影迷的朝聖名勝。

皇后飯店

香港銅鑼灣希慎道8號裕景商業中心地下D舖　電話：2576 2658
營業時間：1130am-1100pm

一度結業又重生，開枝散葉越見風範，皇后飯店是上海俄式西餐口味南下留港的最後堡壘。從羅宋湯、腰子湯、馬鈴薯沙拉、紅燴牛仔肉、各式串燒以至餅房的曲奇餅、鳥結糖（牛軋糖）、巧克力花生，都是一眾老饕的至愛。

十七　先是皇后飯店本身的經典俄式西餐口味，再是王家衛《阿飛正傳》取景助興，皇后餐廳傳奇在邊舖後得以延續並且發揚光大。一進門，那深棕色的木製字母招牌是飯店1952年在英皇道開業時特製的，沿用至今本身就是不離不棄的標記。

十八　有別於任何一家西餐廳的馬鈴薯沙拉，除了新鮮馬鈴薯，還有紅蘿蔔、青豆和鮮雞蛋，沙拉醬中還加有醃製過的小黃瓜，吃來有鮮脆口感，與馬鈴薯的綿軟對比匹配！

十九　就是為了這盤羅宋湯，以牛肉、椰菜、番茄、紅蘿蔔、洋葱、甜菜頭等熬成，料多味濃，配上熱騰騰小餐包塗上牛油——

二十　平生第一次吃到雞皇飯chicken a la king就是在皇后飯店，簡直就有做皇帝的感覺。

廿一　刻意懷舊的裝飾陳設，是一齣時空之旅，值得調節一個閒適心情來細細品味。

廿二　昏黃壁燈打造最佳氣氛，滋味熟悉不過的食物隨意亂點都好吃。

廿三　以往在舊店牆上的神仙魚如今游移到水磨石地。

		十七
	十九	廿一
		廿二
十八	二十	廿三

鐵板食肉獸

傳媒人 宣柏健

想不到年紀輕輕個子小小的Patrick竟然是食肉獸，他有可能是我認識的朋友中吃遍全港九高低檔次鐵板餐的民意代表。

那一塊雕有牛頭而牛身化作盛器的漆黑鐵板，在廚房裡加熱燒得極燙，然後放上一件至多件按客人要求生熟程度的牛扒羊扒以及豬扒雞扒魚扒香腸火腿甚至鴕鳥扒，滋滋作響地從廚房行進到你面前，還要讓你親自澆下你指定的醬汁——Patrick最喜歡的是黑椒汁，大家可以想像少年Patrick又興奮又謹慎地提著那一方保安護身用的白餐巾，兩眼發亮地看著面前正在鐵板中牛扒旁彈跳的醬汁，正在一室瀰漫的是誘人肉香與醒胃黑椒香——那是叫Patrick自覺忽然變成男主角的一刻，即使不是來自什麼富貴人家，難得一次家裡大人總是鼓勵你點菜單裡面最貴的，然後提起刀叉開始切割，方方正正沾滿香濃醬汁的一小塊嫩肉入口，些微帶血的鮮美肉汁正在滲滴……說不定這也是個少年轉化成人的儀式。

Patrick清楚記得他的啟蒙鐵板餐廳是佐敦西貢街大華戲院旁的「適香園」，作為影癡的他自小學二三年級起被同樣是影癡的父親帶他看盡八、九〇年代所有港產片（當中包括有忽然被父親用手遮掩著他視線的光脫脫情慾場面），看電影的前後空檔當然就是鋸扒吃肉的好時機。怎麼說他還是對那些保持著七八〇年代風格情調的輕微過時破舊的餐廳有好感，面對那些稱王稱霸鬥便宜硬銷的新一代扒屋不敢恭維。Patrick也清楚記得1993年中學會考放榜後和一眾同學在灣仔的餐廳正在鋸扒之際，忽然在電視畫面上看到偶像Beyond家駒的意外死訊，大家只懂得震驚失落，那塊不知什麼扒怎樣也再吃不下去。

差點忘了問這位因為喜歡韓國電影韓國文化而努力練得一口流利韓語的小朋友，下回到首爾該去吃哪家道地的烤肉？

九龍旺角花園街74號地下　電話：2385 2261
營業時間：1100am-1230am

花園餐廳

即使不是鐵板扒餐始祖也是風行幾十年屹立至今，原汁原味的班代表，本來坐在卡位裡要加個墊座的小朋友，如今大抵也兒女成群幾乎有孫。

一

一　給自己留至少三數小時，坐下來吃一個經典英式High Tea，總不能匆匆地辜負了好茶好點心，還有那沉沉地銀器茶壺、骨瓷白茶杯，那在攪拌時發出清脆輕巧砥擊聲的調羹。

畢竟下午茶該是忙裡偷閒甚至無所事事的，
不必承擔太多前朝歷史的包袱，
茶杯裡無波無浪又近黃昏。

無所事事

High tea 有多 high？

014

一手掰開那個依然微燙的外硬內軟的scone，粉香蛋香牛油香提昇撲鼻。用銀匙挑起白瓷盛器裡的手工製玫瑰草莓醬，噢，你今天想塗的是甜中帶澀的橙皮marmalade？都好。果醬塗好再加上香滑的devonshire cream，迫不及待一小口咬下去，吃罷才再塗果醬再加奶油——一直在旁的一壺用攝氏80度熱水沖泡的伯爵茶泡好，印花的骨瓷茶杯擱上純銀縷花茶隔，色澤醇厚澄明的帶著蘭花香氣的茶源源注入杯中——我的習慣是提杯先聞香，不加糖先呷一口，再下一點brown sugar，喝茶時候什麼也不用說什麼也不去想，哪怕也只就是這三五分鐘。

下午茶，尤其是高檔酒店客廳裡提供的英式下午茶，得到一個其實有點謬誤的俗稱叫High Tea。這個由Duchess of Bedford公爵

文華東方酒店 Clipper Lounge

香港中環干諾道5號　電話：2522 0111
High Tea：0300pm-0600pm
06年底裝修完畢重開的東方文華Clipper Lounge風采依然，仍是城中顯赫聚首遊人朝聖的熱點。如果香港還有所謂英式傳統，恐怕就是保留在這一杯茶和一個鬆餅裡面。巧克力迷得留意只在周六周日推出的特色巧克力美點chocolate indulgence。

二

三

二　各有喜好執著，我始終偏愛Earl Grey伯爵茶，加糖不加奶，所以也沒有MIF（milk in first）或者MIA（milk in after）的煩惱爭論。

三　裝修重開的文華東方酒店貴氣依然。喝茶的Clipper Lounge椅子較從前尺寸小了一點，桌子也調高了點，移走了窗紗引進自然光，坐得更方便舒服更明亮快感。

— 無論喝的是由安徽祈門紅茶製成的Earl Grey伯爵茶，原產斯里蘭卡的Assam阿薩姆茶，以及有「茶中香檳」之稱、產於喜瑪拉雅山腰大吉嶺的Darjeeling大吉嶺茶，喜濃愛淡都得自家調配，都得多給時間讓茶葉浸泡舒展，也就是說，慢下來，放鬆心情，儘管談天說地八卦一番。

— 看與被看，是五星酒店英式下午茶時間附設的一種無傷大雅的遊戲。有人依然高貴端莊一絲不苟全力以赴，有人徹底慵懶不拘小節真人露相。

夫人「發明」的下午茶玩意，是她和閨中密友東家長西家短的八卦時間。夫人準備好精緻糕餅和麵包，配上上好的大吉嶺、伯爵茶與錫蘭紅茶，邊吃邊聊不致餓著肚。但這卜午四時左右的茶聚其實叫做Low Tea，真正的High Tea是五至六點回家晚餐前的有肉食冷盤的正式茶點時間。如此這般又low又high的叫人很混亂，而酒店餐廳總不能「低」調營生，所以High Tea的稱呼就流行起來。

亦有一說是點心銀盤層層疊起謂之High——其實這三層間格究竟哪層放蛋糕果塔？哪層放scone哪層放鹹點和小青瓜三明治？也早已亂了套，由下至上由鹹到甜的規矩也沒有多少人會跟隨。畢竟下午茶該是忙裡偷閒甚至無所事事的，不必承擔太多前朝歷史的包袱，茶杯裡無波無浪又近黃昏。

尖沙咀梳士巴利道 電話：29202888
High Tea：0200pm-0700pm

雕花樑柱，水晶吊燈，樓底很高，完全是叫人時空錯亂的歐洲宮殿貴族氣派。在這個無敵環境氣圍裡，喝著半島自家生產的名茶，無論配什麼茶點也都更放鬆隨意。

半島酒店 The Lobby

	五	六	七
	八		九
		四	

四　為了不辜負糕點主廚的細密心意靈巧手工，每回準備要喝下午茶，午餐都得盡量輕巧。從燒茄子、煙鱸魚和醃青瓜三明治，到英式鬆餅配玫瑰花果醬及奶油，還有巧克力慕絲、橙香脆餅等等等等，從鹹點到甜食，都一口一口細嚐。

五、六、七
　小巧的葡萄烘鬆餅還是暖暖的，掰開來先塗上奶油，再放一點聞名中外的自家秘方玫瑰花醬。

八　從含蓄內斂的傳統醃青瓜三明治到現在的開放式張揚版本，畢竟時代真的變了。

九　叫巧克力迷一定舉手投降然後一啖入口的chocolate praline mousse。

某種忘記

Lily Kwai
Business Development Director

城中最有格調最有江湖地位的酒店翻新裝潢重開已經好一陣子，我們這群當年跳級越界流連於其cafe和lounge的小客人，竟然都一直忙得未能抽空重訪。直到一個陰雨霏霏有點涼意亦有點睡意的周日午後，心血來潮馬上相約回舊地喝茶。

二人份hightea set三層不同糕點在眼前，我喝我的earl grey她喝的是English breakfast tea。對號入座不自覺重回老好日子，殖民後殖民的議題不是周日午後該承擔的，但Lily很清楚她對下午茶的鍾情並非始於英國，卻是當年在法國勾留唸書的時候。

一頭闖進法國郊外莊園home stay，起初的確不適應法國人習慣晚上九點十點才吃晚飯，所以下午三四點Lily獨自走到鎮上糕餅店打算買點吃的帶走，也因此認識了那有如一堆珠寶首飾的糕點。作客也好住家也好總不能獨食，把小糕點買回去跟大家共享，竟也慢慢的叫眾人培養出下午茶習慣。

一群女生在佈置得典雅的飯廳裡，一邊吃喝一邊八卦，大抵也沒有刻意優雅，但那種閒情逸致卻從此點滴累積。後來Lily學成回港，一不小心馬上開始緊張的工作和生活，也很快就自覺需要有一個特別的空間、心情和動作去忘記身邊種種浮躁匆忙。下午茶，尤其是酒店裡有水準有規矩的下午茶，就提供了某種忘記的機會。

話說回來，Lily還是覺得下午茶最好是在家裡，那種過來我家喝茶的邀請最窩心。如果碰巧外頭陽光，就連茶帶點心往外跑。最叫她驕傲的一回，是一位在英國長大深懂下午茶之道的朋友有回在喝茶時驚訝地問她，為什麼她在杯中攪拌糖時竟然懂得不發出任何聲音，她回答說，噢，這是禮貌。

置地文華東方酒店地下　Mo Bar

中環皇后大道中15號　電話：2132 0188
High Tea：0300-0530pm
作為城中boutique hotel之首潮人大本營，傳統英式下午茶得到非常後現代的演繹。老式糕心銀架變成簡約流線座地的版本，茶點用心巧製，熱帶水果panna cotta是另類至愛，茶可配功夫紅茶和香片……

水滾燒開放豆，慢慢攪拌直至那一刻豆皮熟破，
隨即猛火一滾豆身綿軟解散馬上「起沙」，
不稀不稠不糊不黏，就是我追求的終極質感

015

點紅點黑點綠

沙的終極質感

紅豆沙與綠豆沙之所以永恆吸引，微妙之處就在那一個「沙」字。

我要吃的不是紅豆或綠豆「粥」，不要吃到結結實實有嚼勁而且瞬即飽肚的原顆豆豆；我要喝的也不是紅豆「水」或綠豆「湯」，那些稀稀混混的一鍋湯水喝呀喝得肚脹；我要的是沙——水滾燒開放豆，慢慢攪拌直至那一刻豆皮熟破，隨即猛火一滾豆身綿軟解散馬上「起沙」，不稀不稠不糊不黏，就是我追求的終極質感。

紅豆香，綠豆香，各領風騷也各有隨身超級配角。天津頂級紅豆和廣東新會陳皮同一陣營，間或加入飽滿湘蓮助陣。綠豆也與陳皮合拍，但與海帶和臭草就更是分頭拍檔或者共同出場。如果沒有你，日子怎麼過，相信紅豆綠豆都深明此理。

所以從來敬老，十分尊重那些貨真價實的超過

香港中環荷李活道66號側大排檔 電話：2544 3795
營業時間：1200pm-1100pm

玉葉甜品

無論午後或者深宵，小斜坡上的玉葉都是路過歇腳好地方。保證起沙的香草綠豆沙、海帶綠豆沙以及陳皮紅豆沙最受歡迎。手磨芝麻糊和手搓糖不甩亦是眾人心頭好。

二　三　四　五　六

七

一

一　光天化日，中環伊利近街斜坡上碩果僅存的大排檔，透明度高通風好，玉葉甜品掌門人沅菁姐笑眯眯公開香草兩米綠豆沙的秘技，叫一直愛吃綠豆沙又怕寒涼的一眾從此放心。

二、三、四、五、六

用上柬埔寨的大粒綠豆，加上一撮泰國香米以及些許薏米，既有嚼勁又沒有那麼寒涼。無論是加進芸香草（臭草）的版本還是加進北海道海帶的另一版本，沅菁姐都會在煲煮綠豆途中細心地把綠豆殼撈起，令成品更加細滑「起沙」，白糖用上榴花牌的粗砂糖──有些時候我會跟沅菁姐說今天這碗綠豆沙有點太甜了，她一臉不好意思卻笑呵呵說，甜品嘛，當然是甜──

七　天時暑熱，來一碗香草綠豆沙清熱解毒，愛吃滑溜溜海帶的更可順道清理肝火。

二三十年的陳皮。一個新會柑在果皮還未完全成熟依然帶青時小心一開三瓣，在大好艷陽天下連續曬上十天八天，曬透後入箱貯藏在通風地方，每年小心拿出來曬一次太陽，年復一年皮色漸深，內層皮囊開始剝落，果皮開始清香溫醇，存上二十年的陳皮薄如紙，香味濃郁迷人。

小時候在家裡吃紅豆沙竟然不願吃碗中這片寶，被老管家罵了好幾回才開始識貨，從此以後沒有陳皮的紅豆沙碰也不碰。至於綠豆沙裡的臭草，其實正名芸香，本作驅蟲用又竟引來嘴饞好事的，小小一束放進去就叫普通的綠豆沙香飄四處，而海帶的滑溜又與起沙的綠豆口感奇配，每回煮綠豆沙都多買一點臭草在家裡到處放，完全挑戰什麼是香什麼是臭的一般世俗。

很難說究竟愛紅豆沙多一點還是愛綠豆沙多一點，嘴饞起來甚至把紅的綠的再加湘蓮再加百合混在一起，管它什麼寒什麼熱，好吃就是好吃。

─　真的不明白為什麼有人會把加在綠豆沙裡的芸香稱作「臭草」，找一把新鮮的芸香揉一揉嗅一嗅，那種獨特的香氣性格十足無法替代，可見香與臭真的是一個相對的論爭。學名Ruta Gravelolens，葉形漂亮秀麗的芸香有一個有趣的英文（法文？）名叫Common Rue──街道當然是屬於大家的。

─　家裡老人家教授煲綠豆沙秘技，要煲得起沙就先得把浸透的綠豆放砂盤裡擂擦去豆衣，然後用布袋把豆衣袋好一起煲，才會保留多一點綠豆的清香味道。

強記美食

香港灣仔馬師道／駱克道382號地下　電話：2572 5207
營業時間：1200pm-0100am（周日休息）
灣仔街頭強記除了有他的招牌糯米飯，還有那一定要留肚吃的一碗綠豆沙和再來的一碗喳咋。

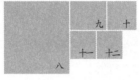

八、九、十

常常跟呂仔記掌門人賢豪哥認真地開玩笑說，吃過這一碗椰香喳咋就不用吃飯了。用上紅豆、三角豆、眉豆、紅腰豆、西米、芋頭等豐足材料，還加入椰肉做湯底和椰奶後下增香添滑，先後有序明火煲足四小時。呂仔還根據父親的經驗，把冬天的版本煲得稠一點，夏天的版本下少一點豆，處理得清淡一點，難怪這裡的喳咋一年四季熱賣。

十一　從前在家裡常吃到的花生糯米麥粥現在幾成絕響，只在大良八記才吃得到這香糯有嚼勁的平實版本。

十二　東南亞風味的黑糯米粥也是坊間餐館近年流行的糖水款式。

再世紅豆冰

財務顧問 陳茂威

問Brian應該怎樣稱呼他，Brian想了大概四十八秒，然後幽幽地吐出一句，叫我做黃金時代的末期人版吧。

老兄，言重了，雖然大家心知肚明，但我們這些後青年前中年，耳聞目睹親身經歷這個都市的起飛與轉型，好爽同時好累，雖說曾經黃金時代好像風光不再，但天曉得還有什麼更貴重更保值的金屬在面前呢！

其實叫Brian做目擊證人也許比較貼切，甚至既是控方又是辯方──在公共屋邨長大的他少年時代是個典型的街童，既被欺負又同時欺負人，呈堂證物是一碗紅豆沙變身的紅豆冰。

大家家裡都窮，一日三餐之外基本上父母沒有給什麼餘錢買零食，偶爾有一鍋紅豆沙或者紅豆綠

豆粥就是最好的飯後甜品。Brian家裡人口眾多，每一碗紅豆沙都得嚴格配給，保證人人有份，而僅餘的一脈半庶就會被隆而重之地放進花紋小杯，放進冰箱自家製作紅豆冰。

DIY紅豆冰一般比較粗糙，糖水形成的表面冰層比較脆弱，很快就刮落吃掉，而豆沙沉澱到底成為沉層岩一般堅實的板塊，吃時需要動用九牛二虎之力才可以挪移挖掘，頗需要一點技巧。正在專心一意破冰入口的他，冷不防被兄長和其他伙伴偷襲，一錯手紅豆冰與杯分離，冰墮杯破不得其食，而捉狹者笑著勝利逃離現場，地上留下一灘紅豆冰水，不知誰人收拾。

無謂硬說我們現在面對的正是如此一個殘局，天下間喜歡吃紅豆沙或者紅豆冰的兄弟們，革命尚未成冰，仍需努力！

香港筲箕灣東大街121號（地鐵B1出口）　電話：2885 8590
營業時間：0100pm-1200am

呂仔記

刻意坐地鐵到這裡吃一碗碗仔翅和一串魚肉燒賣的大有人在，但不要忘了掌門人呂仔的爸爸是賣椰汁和喳咋起家的，不斷研究改良的喳咋椰香四溢，同是鎮店之寶！

一　飽餐一頓之後又到了甜品時間，相熟的服務生笑咪咪走過來問，今晚想喝的是蛋白杏仁露還是核桃露？本來已經停工休息的又得再傷腦筋——該潤潤肺還是補補腦？

芝麻潤燥補腎，杏仁潤肺化痰，核桃補腎健腦，栗子厚腸補氣……這些放得進砂盆耐得磨的平凡食物，內藏原來都是天地精華，只要心細用功，多磨自有好事好滋味。

好事多磨

仁者滋潤無極

016

從來好勝，但想來想去也沒有什麼可以勝過身邊那一群厲害的傢伙，唯一可以跟他們她們比拼的，就是我比這群益友損友早睡早起。

起得早，自然驕傲地炫耀當我神清氣爽快手快腳地在中午前已經完成了大半天的工作，那群傢伙還在夢中糾纏，遲遲未起床。但反過來他們她們也會故意氣我說前天半夜裡大伙去吃芝麻糊杏仁茶核桃糊有多美味多開心，昨天凌晨四點扭開電視還看到有梁醒波主演的粵語長片《審烏盆》——

烏盆呀烏盆，真的好久沒有看這齣百看不厭的民間傳奇了，而每次看到波叔的「冤魂」在那個烏盆裡苦著臉浮沉申冤，我其實都忍不住笑，但也同時憶記起老家裡廚房中那個用來磨芝麻磨杏仁以及粘米糯米的重量級砂

蘭苑饎館

九龍旺角西洋菜北街318號（太子站A出口，新華銀行後面）
電話：2381 1369
營業時間：1230pm -1100pm（周一至周六）／1230pm -1000pm（周日）
不同的客人來到這家街坊小舖的確各有目的，有人為了這裡的龜苓膏，有人為了蒸蛋蒸排骨，我總挑午後傍晚人稀，靜靜喝一碗真材實料芝麻糊或者陳皮紅豆沙。

二 三 四 五 六 七

八

二、三、四、五、六、七

用上南北杏、蛋白、花奶和白砂糖作材料，先將杏仁浸水至少三小時，去衣的同時把有小毒的杏尖除走，然後放攪拌機中加水打成杏漿，隨即再用箕隔渣留杏汁（亦有放白布袋中手擰杏汁，再用原渣放回加水攪拌，重覆擰盡杏汁），食用時將杏汁下鍋以中火燒開，一邊轉小火攪拌一邊將蛋白和花奶徐徐倒下，並同時以砂糖調味，至杏汁稠身便關火，準備盛碗上桌。

八　吃了白其實還想吃黑，吃的是更花工夫又焙芝麻又浸水過夜又瀝乾又攪拌成漿才可以下鍋再攪拌的芝麻糊──請多到幾處吃吃，你就會分辨出手磨與機磨與用即食芝麻糊粉開水煮成的幾種檔次級數的分別了。

─ 同樣是稠稠厚厚的，杏仁茶為什麼叫茶？芝麻糊為什麼叫糊而不叫芝麻茶？核桃糊為什麼又有些時候叫核桃露？北方更有叫核桃酪的──茶、糊、露、酪，該是在濃流稀稠上各有些許微調變化，只是匆匆忙忙到了我們這一代，已經難再講究細節，茶糊露酪不分了。

─ 光看樣子，就直覺核桃補腦。《本草綱目》說核桃「補腎通腦，有益智能」。《食療本草》更說核桃「令人骨肉細膩」，補腦以外還潤膚，可多得那層微苦的皺皺的核桃衣！

盆，當然還有那根彷彿自己早已練就一身好武功的用番石榴木造的擂漿棍，以及那個偶爾出場的沉默寡言的黑石磨。

那是一個家用電動攪拌機還未普及的年代，即使後來貪新鮮添了一個，老管家瑞婆還是固執手磨，堅持認為這樣用時間用人工才會磨出最細緻最幼滑的極品，機器再先進還是粗糙疏忽。不到五歲的我站上木櫈看著大人在鍋裡炒香黑芝麻白芝麻，再放進砂盆中逐少加水磨呀磨的。也曾幫忙把燙過熱水的龍皇杏慢慢去衣，還要把有小毒的杏仁尖順手除去。向來坐不定的我從此領受到慢工出細活的不變道理。

芝麻潤燥補腎、杏仁潤肺化痰、核桃補腎健腦、栗子厚腸補氣……這些放得進砂盆耐得磨的平凡食物，內藏原來都是天地精華，只要心細用功，多磨自有好事好滋味。

九龍旺角西洋菜街69號地下　電話：2572 6734
營業時間：1200pm-1100pm

大良八記

儘管我們已經沒有太多機會喝到完全人工手磨的各種芝麻糊、核桃露和杏仁茶，但至少在大良八記這類甜品老舖還可以喝到有真材實料的成品，只是「生磨」這個工序改了用電動攪拌，核桃去衣還是得用人手，味道基本維持不變。

十一	十二
十三	十四
十五	十六

九

九　自覺用腦過度（用壞了腦也說不定），所以無論如何也得多喝核桃糊實行以形補形。

十、十一、十二、十三、十四、十五、十六 煮核桃糊的程序方法跟杏仁糊大同小異，唯是核桃本身缺乏黏性，須加入澱粉如米漿或粘米粉和粟粉才可變稠成糊。港大校友會的主廚助手一顯身手的時候，用上「推」這個動詞來形容鍋中攪拌的動作，酷斃！

幸福音色

古典吉他演奏家周啟良

還未開口問這位古典吉他高手在這甜品店要吃喝點什麼，我已經偷步猜測應該是杏仁茶。因為先聽其樂聲後見其人，Stephen給我的感覺就是那種溫潤、細緻、正氣，一如杏仁茶。

甜品上桌稍稍待涼，Stephen在喝了兩口這裡的杏仁茶之後，很禮貌亦很準確地說這杏仁茶夠香，但是有點太甜，而且比較稀，不是他理想中的稠一點的粗磨版本。

大家眼中的好好先生當然不會因此揮袖而去，但也肯定他不是那種一味好好好的無要求無主見的隨便敷衍。當我們開放自己的味蕾和胃口去嚐新試舊，最重要的還是有個人的評審喜惡標準，無論是一口氣吃十幾道的tasting menu，還是簡單如餐後的一碗糖水。

多口一句問Stephen，糖水在他日常生活中佔一個什麼位置？幸福！他答得直接爽快。

就是因為追求這種幸福的感覺，Stephen和家人好友會在晚飯後特地從居處屯門跑到元朗去吃糖水，而說起來他跟音樂跟古典吉他的纏綿關係，也就是一種幸福的追求，追求，是因為精神必需。

從他那碗過稀的杏仁茶和我那碗過稠的核桃糊，我們談到節奏和音色。Stephen微笑著說烹調的節奏，就是如何安排處理不同熟透程度的食材在烹調過程中先後出現，一如燉湯熬藥的先下後下，必須憑經驗累積掌握。而當我們有了那看來鉅細無遺規規矩矩的樂譜和食譜，每個廚師樂手以及樂器廚具就得發揮各自不同的獨特音色，這也是為什麼用同一食材按同一步驟在各人手裡會呈現變化出不同滋味不同口感。

差點忘了告訴Stephen，我實在很喜歡前些時候買的一張他的獨奏專輯。為了讓幸福感覺深刻清晰，大家可不要一邊喝糖水一邊聽音樂——音樂在這裡是主角，不該變成背景。

香港大學校友會

香港中環德己笠街2號業豐大廈1樓101室　電話：2522 7968
營業時間：1200pm-0230pm/0600pm-1000pm
為一頓飽餐劃出完美句號，杏仁露和核桃糊都不可少，也就是說，同時有兩個句號。

江湖行走極目遠望，
總算有一家甜品店糖水舖在視線範圍之內，
可以充電託付可以依賴，
可以加油打氣可以叫散亂的心緒歸位。

上善糖水

不止充電

017

高有時，低有時，軟有時，硬有時……一個人面對自己的情緒狀態，奇奇怪怪，真的也不知該從什麼地方開始檢查，如何著手修理？

就用一個最原始的方法，找個安靜地方，最好是室外最好面前有樹有木，或者有海，找出自己一個可以接受的緩慢節奏深呼吸，然後閉上眼——因為基因早種，我一閉上眼腦海浮起的總是可以吃的，而此時此刻，面前是一碗糖水。

一碗腐竹白果糖水、一碗番薯糖水、一碗桑寄生蛋茶、一碗蓮子雪耳百合、一碗變四碗變六碗八碗，都好，都愛吃，慢慢來，一碗吃完休息一下再一碗。

本來在家裡可以吃到的種種糖水，因為一千幾百個懶的累的嫌麻煩的原因，未致成絕響也真

香港灣仔軒尼詩道89號地下　電話：2527 7476
營業時間：1200pm-0500am（周一至周六）／1200pm-0100am（周日）
為了那沉實茶色中的些微苦澀原味，為了那顆染得一身茶色的滑嫩
雞蛋，每回來到永華，桑寄生蛋茶是指定動作。

永華麵家

一
桑寄生蓮子蛋茶可算是一眾嘴甜舌滑糖水當中最有個人性格的，首先是它的茶色，棕棕黑黑的不刻意討好，然後就是入口的略帶苦澀的本來味道，要加上冰糖才算是糖水。但也正因這樣，與普洱一起焗出茶香的這種藥性平和的枝枝葉葉桑寄生，自成一派。無論是單獨凍飲熱喝，加上蓮子或者焓熟的雞蛋，喝來都是一種溫暖醇和安心的感覺。

二、三
腐竹白果雞蛋糖水也是火候到家的家常妙品，講究的店家會用上豆香純正的頭輪腐竹（煮豆漿時候表面遇冷凝固的第一層薄衣），也必須趁滾水把腐竹下鍋以便可以溶似豆乳，還有加入甚有嚼勁的薏米和柔糯的白果，口感極好。

四
以竹昇雲吞麵家而著名的永華麵家，桑寄生蛋茶也深受擁護，師傅將普洱和桑寄生以二比一的比例配搭焗水，既增茶色又有茶香。蓮子是先出水再煲至軟腍，加冰糖調味，雞蛋是一級靚蛋，焓好後浸在茶湯裡上色兼滲香。

的十年不逢一「潤」——潤喉潤肺，滋陰養顏，本來可以自己照顧自己的，現在也貪方便地交給坊間店家來處理。這也好，江湖行走極目遠望，總算有一家甜品店糖水舖在視線範圍之內，可以充電託付可以依賴，可以加油打氣可以叫散亂的心緒歸位。

無論是腐竹已經溶成豆乳一般再加上人手細剝白果慢煮的腐竹白果糖水，濕軟大塊黃心番薯在老薑湯中騰騰冒煙的番薯糖水，那用普洱和桑寄生配搭熬煮，入口清甜甘香，加上茶色濃厚的一顆雞蛋的桑寄生蛋茶，還有那清心補腎的蓮子加上雪耳和百合，又或者秋冬出場再高一個檔次的川貝蓮子雪耳燉木瓜、海底椰蓮子燉雪梨、紅棗燉雪蛤……反正當你心煩意燥忐忑不安，你該知道又是糖水時間，尤其現在稍有心思的店家都會重新調節合適的糖水甜度，不致一古腦兒死甜，這裡頭就多了一點關心一種暖意——對，糖水還得吃熱的，冰冰的入口總不對勁。

— 細讀前輩唯靈叔的飲食作品，才得知平日我筆只要求一味糖水夠薑夠辣番薯夠軟腍的番薯糖水，背後有更引饞的烹煮學問。有說古法精製番薯糖水，先得將削了皮的原個番薯浸水四五小時，其間得換水數次，拭乾切塊後還得曝曬半天至半乾（？！）或風乾一夜。此初步加工的工序是令番薯煮來口感不會太軟而保持柔韌的方法，而最震撼的莫如以小量豬油起鑊爆香拍裂的薑和番薯再加水下鍋共煮，這與前人煲青草陳皮綠豆沙會下豬網油以使糖水更滑膩的動作同出一轍。

— 既嘴饞又懶惰，連簡單的番薯糖水也難得自己動手，更何況是要挑走蓮芯的蓮子蛋茶了。蓮芯是蓮子中間的青色幼苗，從前誤以為有毒，其實也只是味奇苦難下咽而已。蓮芯亦稱作蓮薏，性寒，加甘草煲湯飲服，可以清心安神，也是吃得苦中苦另一例證。

合成糖水

九龍九龍城龍崗道9號　電話：2383 3026
營業時間：1230pm-0200am

從深水埗年代到九龍城時期，作為合成糖水的老顧客，喜看他們多元發展不同糖水系列的同時始終保持一貫高品質水準。

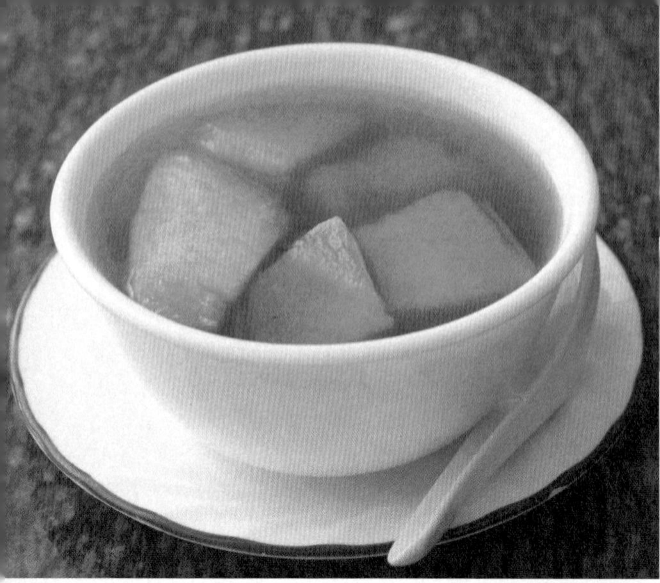

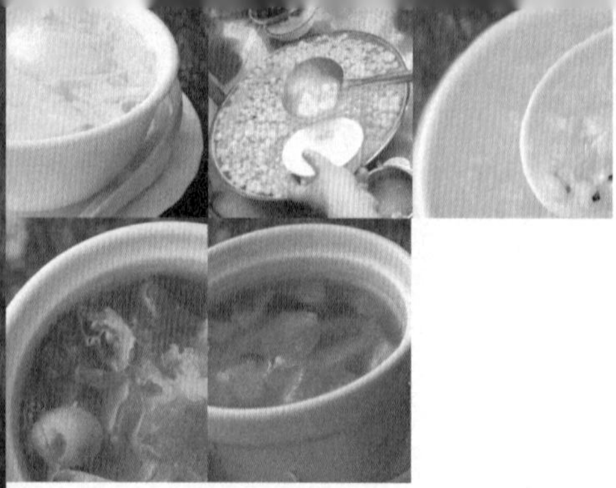

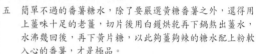

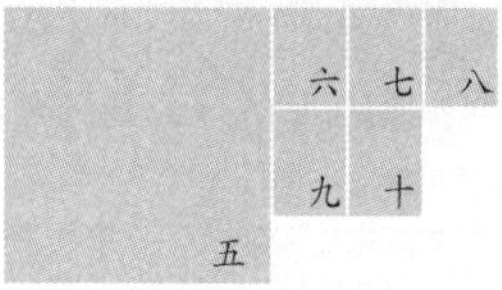

五 簡單不過的番薯糖水，除了要嚴選黃糖番薯之外，還得用上薑味十足的老薑，切片後用白鑊烘乾再下鍋熬出薑水，水沸幾回後，再下黄片糖，以此夠薑夠辣的糖水配上粉軟入心的番薯，才是極品。

六、七、八
吃過腐竹白果糖水加雞蛋，合成糖水的方老闆繼續一臉蓮子笑容地向顧客推薦他店中主打的蓮子白果薏米糖水和其他蓮子系列，每日親手用牙籤處理蓮子挑走蓮芯，上百斤蓮子總會被絡繹不絕的捧場客吃喝一光。

九、十
秋冬時分，怎能不以川貝蓮子雪耳燉木瓜和蓮子雪耳圓肉燉百合等等甜品滋潤一下。

與時並進？

資深傳媒人 伍成邦

跟Simon約在西環老區這一家甜品老店見面，我比較早到，店裡空蕩蕩的只有三兩桌客人。我點了一碗淨桑寄生糖水，叫了一塊清蛋糕。糖水入口，對，是糖水，而且是稀釋了的半溫不熱的糖水，至於桑寄生，既沒有那種強悍鮮明的日曬乾葉浸焗後的獨特氣味，就連那該有的稍微苦澀亦完全失蹤。如果這叫做溫醇的話又完全不夠濃不夠厚──我還是禮貌地喝著，然後Simon就到了。

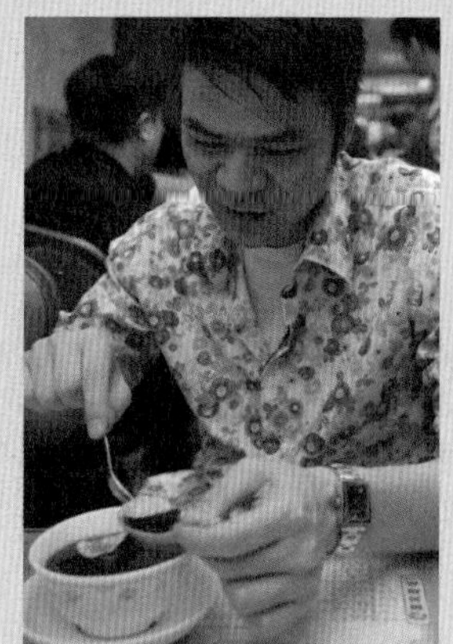

坐下來話匣一開，幾乎忘了點他要點的糖水，連服務生都站在一旁瞪著我們，這才發覺從這刻開始及至接著的三十分鐘，店內車水馬龍，街坊以及慕名而來的人進進出出，只有我們這桌這兩個不識趣的在佔著很勉強才坐得下四個人的卡座。

Simon還是決定點一碗桑寄生蓮子糖水，以求對證。我也把面前吃了一口就吃不下去的清蛋糕推到他面前叫他一嚐：乾、碎，只有微弱蛋香，一味的甜。他跟我意見完全一樣，相視只能苦笑。然後他的糖水來了，喝得他臉色一沉，一向講究的他還指出碗中蓮子怎的一碰即碎，弄得糖水一片混濁。

基於對老店的情結，我還是再點了一碗燉蛋──蛋還是夠滑的，還有一點薑汁的香。但Simon一勺進口，馬上搖頭，果然吃到半碗，碗中除了黃澄澄的燉蛋，還泛出了水，分明就是蛋液與水份的比例不妥。
話雖如此，店裡的熱鬧擁擠無減，大家還是興致勃勃的，先後進來兩個政府高官，又進來一家老外，亦有一家大小回港度假模樣的……難道大家真的不發覺老店食品素質失守水準滑落嗎？愛護的同時可以嚴厲地提意見嗎？對方又願意擔當又承受得起嗎？一方不能與時並進一方依然盲目「嗜甜」，離開這家甜品老店，Simon和我無疑是聚了舊，但都有所思有所失。

本來清白，
就該堅持清白，
慶幸當年的第一口豆腐花
是從這最最平淡無奇的版本開始。

一 回到童年舊居鄰近街坊老舖公和荳品，就憑這一口嫩滑細緻的豆腐花，竟然錯覺一切（除了價錢）都是四十年不變。

還我清白豆花

正氣修心

018

白瓷方磚鋪牆，湖水綠漆閣樓天花，隸書紅色大字招牌「公和」的挑高樓底下，好好坐下吃一碗熱騰騰的健康正氣的豆腐花，也許有點撥亂反正修心養性的暗示。

當年三歲五歲的我，大抵不會像現在這麼拘謹仔細，吃豆腐花的時候不懂先聞聞撲鼻豆香，更不會計較下多少勺黃糖才夠甜，只是三扒兩撥一骨碌把豆花滑進口，當年甚至還未有冰鎮冰庫，豆花都是吃熱的，而豆花就是豆花，以為到處都是一樣，當然也不懂身旁那個盛滿豆花的外頭雕龍裡面碧綠的大瓦缸竟成了日後今天一種堅持傳統的標誌。

當外頭的另一些荳品老舖在擴充「革新」的大潮流底下，給寵壞了的顧客有杏仁豆花、椰汁豆花、花奶豆花甚至巧克力豆花、雜果豆花、黑糯米豆花和涼粉豆花的選擇，我只能理解這叫做「迫不得已」，也只肯讓自己在

公和荳品廠

九龍深水埗北河街118號 電話：2386 6871
營業時間：0800am-0700pm
早已告訴自己不應感情用事，但實在每隔一段日子就專程跑一趟兒時舊居舊區這幾條老街，吃這喝那又怎少得這一碗豆花一杯豆漿。

	二	三	四
五	六	七	
八	九	十	十一

二、三、四

器皿、傢具、裝潢、環境、氣氛依舊，更難得
的那種街坊鄰里的人情來往對答，都竟還保留
有一種率真爽直。

五、六、七、八、九、十

每日凌晨三時，公和的師傅便開始一天工作。
先將浸了至少六個小時的黃豆放進一部用了超
過五十年的石磨內磨成豆漿，石磨的好處是磨
豆時產生熱量較低，能夠保持較多豆味。磨起
的豆漿倒進打漿機隔渣後，再進大鑊內煮沸，
然後再以高密度布袋多隔一次渣，隨即將豆漿
和食用石膏漿同時撞入瓦甕，靜待二十分鐘讓
豆漿凝固，細心用勺除去浮面的泡沫，便成為
豆香撲鼻的嫩滑豆腐花。

十一

老闆蘇先生特意端上的一杯特濃原味豆漿，喝
下去稠稠的叫人拍案叫絕。

「無甚選擇」的買少見少的老店裡，安心地吃一碗
只加一兩勺黃糖粉的熱的豆腐花──本來清白，就
該堅持清白，慶幸當年的第一口豆腐花是從這最
最平淡無奇的版本開始。

此刻一勺豆花進口，沒有濫情地吃出百般滋味，
只是記得當年也花了好一段時間才能勉強接受加
了醬油麻油和葱花的鹹吃的豆腐花，另外加點薑
汁加點糖的還可以，至於機製的用上葡萄糖內脂
凝固的盒裝豆花豆腐以及日系的玉子豆腐，就一
直嗤之以鼻。

一直以來有說每到一個新地方要盡快適應當地水
土，就該吃一頓豆花豆腐，而革命家瞿秋白的獄
中遺言也有說「中國的豆腐是很好吃的東西，世
界第一！」。但話說回來，在水質控制越見困難和
基因改造黃豆充斥市面的今天，清白是否真的清
白，就真的很難說了。

香港北角書局街27號C 電話：3119 3484
營業時間：0630am-0830pm
只有街坊小舖才能提供的安全衛生貼心服務，不含防腐劑的鮮
製豆漿不能久存，骨碌一口喝光當然最好最有益最健康。

轉運豆花

創作歌手、舞台劇演員 陳浩峯

寧可信其有，不可信其無——當然這不是什麼怪力亂神的難以下嚥的東西，這只是簡單普通不過的豆腐花。

認識陳浩峯早在他大開金口成為瘋魔一眾的另類歌王之前，說起來他還是設計系同門師弟，專攻攝影，那一輯拍出家居陳跡舊物的照片叫我印象深刻。

然後他不斷又演又編又唱又跳，變身再變身，在台後台前以種種實驗為求突破既定審美觀賞標準，叫觀眾一次又一次的驚訝，原來這樣也行。

但話說回來，陳先生一直愛喝檸檬茶，直至他的一個對佛學對陰陽五行理論有研究的朋友告訴他，這樣一直喝檸檬茶其實令火氣太重對他不好，因為他的命格中金很重，且不應近火，反之要近水近濕土——所以豆腐，特別是凍豆腐花，倒是可以多吃。

本來半信半疑的他開始只是停喝了幾天檸檬茶，不知是什麼緣故覺得周圍的人都在對他笑（聽來有點恐怖！），但後來他也決定乖乖聽話從每天正午開始吃豆腐花，特別是排練演出期間容易心神恍惚，一吃豆腐花就心平氣和，頭腦清醒，就連吃便利店的盒裝豆花也奏效——當然我不忍心他這樣糟蹋自己，馬上介紹他去吃豆品老字號——深水埗北河街公和的嫩滑香甜的豆花極品，一吃果然與別不同——作為他的忠實歌迷與觀眾，願他繼續皮光肉滑人靚歌甜，繼續玩轉那個一不小心就很保守很沉悶的舞台。

義香荳品店

九龍九龍城衙前塱道74號地下　電話：2382 5006
營業時間：1130am-0730pm
一家胼手胝足經營的小小荳品店，老闆新哥笑著說他們用油渣爐大鑊煮的豆漿就是偏偏要保留一點猛火焦香味，這才是豆漿的本來真味。

P.75

由衷相信每一個為食故事背後都有科學精神，
蒸炆燉煮炒炸都得由不斷實踐總結經驗
成為家傳科技，聰明的勤奮的致力發明創造，
懶惰如我只味說好吃。

科學精神

019 當薑汁撞上鮮奶

不知怎的經常給人錯覺，以為我終日輕輕鬆鬆遊來蕩去，事實上匆匆忙忙緊緊張張，尤其走在高分貝空氣浮游微粒超標以及高溫的街道上，往往暈頭轉向。還好的是尚得及自療自救：一是最原始什麼運動也好，志在出一身大汗；二是趕快跑回家洗個澡睡個覺；三是最懶惰最容易最經常做得到的，跑進一家甜品店「潤」一下自己，吃一碗燉蛋或者薑汁撞奶或者雙皮奶。

當然要在外頭找到一碗清香嫩滑又不至於太甜的燉蛋和撞奶並不容易，一方面認定某些老店一方面勇於嘗試新店，覓食過程中常有意外驚喜——高興的不只是發現老店繼續保持水準新店努力後來居上，更高興的是發覺身邊經常出現聯群結隊有講有笑的穿著校服的小朋友，吃得滋味甚至吃得專注——至少她們他們不是只懂得喝汽水喝奶昔。

九龍旺角豉油街50號9號舖　電話：2770 5150
營業時間：0100pm-1200am

葫蘆館

眨眼經營了十數載的街坊小店，低調的以兩三招秘技取勝，薑汁撞奶和
鮮奶燉蛋白專用青花白瓷碗碟叫不怎麼起眼的店堂有了焦點。

二 三 四
五 六 七
一 八 九

一　薑汁的芬香微辛，牛奶的脂香順滑，兩者邂逅產生的「化學」作用叫一眾嘴饞的口福不淺。那種半凝固的曖昧狀態，又叫人分心胡思亂想。

二、三、四、五、六、七、八、九
葫蘆館的老闆林先生是撞奶高手，只見他氣定神閒地先把已經去皮切粒的老薑用榨汁機榨出一湯匙新鮮薑汁先放碗中，然後用微波爐把番禺牛場供貨的奶質特濃的水牛奶煮沸，再用筷子細心地挑去牛奶面層的薄衣，接著重覆約十次將水牛奶從一杯凌空倒入另一杯中，目的是將牛奶降溫至約攝氏80度，最後將水牛奶倒入放在已有薑汁的碗中，靜待半分鐘，一碗叫許多人屢試屢敗的薑汁撞奶便成功出現。

報紙上看到有五位笑得十分燦爛的中學女生，在學校的實驗室裡以科學理論解釋薑汁撞奶的製作過程，把生物化學物理科變成嘴饞家政，果然是初生之犢更為食。她們從坊間食譜中知道薑汁撞奶是由熱的牛奶混合新鮮的老薑汁凝固而成，凝固是因為牛奶中的蛋白與薑汁中的生化酶產生生化反應，但事實上大多數生化酶遇到高溫便永久變質不能作生化反應，所以用來撞奶的牛奶溫度便是關鍵所在。經過近一百三十次實驗（磨了多少薑汁煮了多少瓶奶？），她們當然也造訪了不少甜品店取經，終於發現把牛奶在兩個湯碗的互沖「拉奶」過程中，牛奶降溫至攝氏62度至67度，生化酶就不致變質，生化反應成功，凝固出又有薑味又有奶味的傳統有益滑嫩甜品。

由衷相信每一個為食故事背後都有科學精神，蒸炆燉煮炒炸都得由不斷實踐總結經驗成為家傳秘技，聰明的勤奮的致力發明創造，懶惰如我一味說好吃。

一　也許是香港生活實在太急太忙，所以坊間罕見有以雙皮奶這款蛋類奶類小吃為招徠的餐館。極花工夫把牛奶脂薄皮挑起倒出奶汁，又把奶汁加蛋液攪勻再注回碗中浮起奶皮，然後還得放入蒸籠慢火蒸嫩，這來來回回才賺你十元八塊的事，在香港是沒有人會做的，也就是說，嘴饞者只能北上消費了。

一　生薑能散寒暖胃人所共知。冬日受寒，喝一碗加了紅糖的薑湯，通體舒暢。《本草綱目》更說生薑能「通神明」，也就是指薑能夠治療暈厥，恢復神志——對於經常要來在電腦前神志不清的工作狂，也許該試試生薑療法醒一醒。

一　要做好薑撞奶，除了步驟手勢熟練，特別還得選用根多味辣的老薑。但薑雖老還得新鮮現榨，除了薑汁香味容易揮散所以不能久放之外，薑汁內澱粉質一旦沉澱就影響水牛奶難以凝固了。

澳洲牛奶公司

九龍佐敦寶靈街47-49號（白加士街交界）電話：2730 1356
營業時間：0730am-1100pm
來到這裡不能不吃茶餐常餐，不能不向眾位服務生大哥說聲佩服佩服，也不能不留肚吃碗燉蛋或者燉奶。

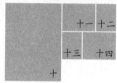

	十一	十二
	十三	十四
十		

十　專攻燉蛋燉奶的甜品店一定有其絕招秘技，義順牛奶公司臨街的
　　冷凍窗櫃蛋黃奶白一碗一碗高低排列已夠吸引途人駐足。

十一、十二、十三、十四
　　儘管早成傳奇的澳洲牛奶公司店堂內整日匆匆忙忙，與吃一碗燉
　　蛋燉奶的悠閒心情似乎不太配合，但偏偏作為顧客的就是要來吃
　　上一碗杏汁燉蛋或者蛋白燉鮮奶，匆忙滋補一下，真香港！

燉蛋青春期

藝術工作者 梁志和

整整三十年後，阿和的媽媽還偶爾語帶責備地提起當年阿和沒有熄滅火水爐就跑去玩別的，弄得一室煙燻氣嗆——而阿和當然清楚記得那回開火卻沒有關火，开的就是燉蛋。

一個初中小男生好端端怎麼會走進廚房做燉蛋？阿和解釋說，是因為住在隔壁比他年長兩歲的一位女孩剛在學校家政堂裡學曉了如何燉蛋，就把技術傳授給他，他就開始努力實踐——至於當中是否有別的用心，他也沒有多說。

一個合理化的正常解釋是立志唸理科的阿和把小小的家用廚房當作科學實驗室，所以他的確在至少歷時半年的光景裡，密集地每隔一天就自行燉蛋，試驗項目包括原味加糖的、加美祿的、加好立克的，只是沒有把過甜的煉乳加進去，實驗基本上是成功的，燉出來的也都第一時間（倆人？）

吃掉，至於他把利賓納果汁混進鮮奶一起喝，那就不在本文報導之列。

一如所有青春期裡會做的事，入廚燉蛋這個實踐玩意來得快去得快，阿和說近十年八年想起來也真的好像沒有再吃過燉蛋，那種嫩那種滑，那種燙熱入口的感覺，就連顏色賣相都是百分百青春年少感覺。回去，不回去，我們在生命的進程中總是在不斷地做著這種那種選擇和決定。

當年留學意大利練就了一手意大利家常入廚好本領，阿和現在的正餐主食七成是意大利麵，餘下的三成還是意大利米飯、couscous小麥飯和麵包，日常的飲料是大量的牛奶，過鹹和過甜的食物也很少吃，平均一個星期在早餐時分大概只吃一顆半顆水煮蛋——如此節制如此有規律，談笑間那種年少輕狂的日子果真遠去。

香港銅鑼灣波斯富街63號地下　電話：2576 1828
營業時間：1230pm-1200am
腳踏澳門香港兩個為食地盤，
水準保持中上的這家老店早有紀念杯碟套裝出售，果然有規模！

義順牛奶公司

正正就是這些滿喉黏糯的感覺很能安心定神，
百份百comfort food，
不必等到也等不及過年或是元宵佳節

一　吃吧吃吧吃吧，溫
　　暖、幸福、團圓……
　　吃下湯圓就能吃出這
　　一切感覺。

一

四季子團圓

定心湯圓

020

一個能吃、愛吃、懂吃的民族是有福的。福氣
夠，吃不是單單為了飽肚，還為了好兆頭——說來
兆頭好像很古舊很迷信，但用上現代的字眼，也
就是一個感覺一種撫慰。

一千幾百種好兆頭的大菜小吃中，湯圓是最得我
心的。尤其是三更半夜天寒地凍孤家寡人，特別
需要那種團圓的溫暖的感覺。雖然我只能從冰櫃
冷藏庫裡掏出一包冰凍得表皮有點龜裂幾乎露了
黑芝麻餡的機器生產的湯圓來救急，但是眼看那
白色糯米球狀物在鍋裡上下浮沉翻滾，軟身熟透
後又放進同時煮好的加了黃片糖濃辣薑湯裡，滿
滿十二粒湯圓一碗燙燙熱熱捧在手，即使確實知
道吃到第八粒已經再吃不下，但也正正就是這些
滿喉黏糯的感覺很能安心定神，百份百comfort
food，不必等到也等不及過年或是元宵佳節。

永華麵家

香港灣仔軒尼詩道89號地下　電話：2527 7476
營業時間：1200pm-0500am（周一至周六）／1200pm-0100am（周日）
來一碗紅豆沙或者核桃露之餘，貪心的加入湯圓，寵自己總有方法。

二、三、四

無論是用上薑湯、杏仁糊、核桃露或者紅豆沙作湯「載體」的湯圓，還有一個小驚喜就是咬下去不知是黑芝麻餡、豆沙餡還是花生餡，甚至簡單不過的用黃片糖粒作餡——其實咬下去對胃口對勁就是好湯圓。

作為全國上下大江南北都團團圓圓的滾來滾去的點心，湯圓的製作和用料也真的各有地方特色，元宵前夕台北街頭首次看到北方的「打元宵」，一群餐館伙計在熱熱鬧鬧地把半乾糖餡蘸水放在滿是糯米粉的笸籮裡，不斷搖滾地讓糖餡沾上糯米粉成球，果然搖滾精神不死，這與南方熟悉的用濕粉包餡的做法完全不同。現在香港坊間糖水店吃到的分別以芝麻、花生以及豆沙作餡的湯圓，其實已經是淮揚版本，更採用桂花酒釀作湯而不是用薑湯。傳統粵式湯圓那種只用糯米包住一粒黃片糖然後放在薑湯裡的簡單質樸的鄉下做法，似乎再沒市場。

還記得小時候在家裡飯廳餐桌上小心翼翼地把長長一片黃糖切成小粒準備做湯圓餡，途中並沒有偷吃——因為知道待會咬開燙熱湯圓的糯米粉皮，那流出來的已經融化的糖心才最濃最香。

九龍九龍城龍崗道9號 電話：2383 3026
營業時間：1230pm-0200am

合成糖水

每次到九龍城，為了避免吃飽了其他美味而忘了留肚給甜品，索性就先和老友共分一碗蓮子紅豆沙湯圓作前菜！

		六	七	八	九
	十				
五	十一	十二			

五、六、七、八、九、
上海風味的黑芝麻蓉湯圓早已有南移成為香港湯圓日常口味，甚至
取代了黃片糖作餡或者白芝麻蓉作餡的廣東版本。小店人手自家製
的湯圓勝在用暖水逐少開好糯米粉糰，然後搓至乾濕度適中，使湯
圓皮更見柔韌，再把炒好磨細的芝麻蓉拌和砂糖，人手逐粒包成，
不算複雜但都是心機功夫。

十、十一、十二、
玉葉甜品的沅菁姐除了主打紅綠豆沙和芝麻糊，還有一招無餡湯圓
——糖不甩，撒上椰絲花生碎和砂糖，一口一個不消一會全掃光。

冬日湯圓

獨立電影導演、影評人 張偉雄

跟張偉雄吃湯圓，湯圓有點燙，要稍待一回才能吃。

就趁這個空檔，他說，先來談一下碗仔翅——導演出招，果然有他的一種剪接調度法則。

碗仔翅（還有五花茶和菊花茶）是張偉雄母親當年在石排灣村開檔擺賣的全年供應的項目。少年的他，還得不時幫忙到太白海鮮舫的廚房去收一些已經弄熟卻又用剩的瘦肉頭尾。走這一趟還好，但他最抗拒的卻是乖乖坐好負責把瘦肉拆成絲成為碗仔翅的湯料。那半天的工作，好像一輩子——

湯圓涼了，張先生一骨碌一連吃了三個，不錯不錯。然後他把話題轉回從前在母親檔口只在冬季出場的湯圓身上。當年家裡

有個石磨，小學生張偉雄下課後幫忙把浸透的糯米磨呀磨呀地磨成米漿，該是運動的一種。母親用來做湯圓的餡不是現在流行的麻蓉或者豆沙的江南版本，卻是傳統廣東鄉下更簡單樸實的，只有一顆切粒的片糖。湯圓煮熟，片糖也溶成糖漿，一口咬下去想像甘蔗前身，這種餡料的湯圓在坊間幾乎絕跡，恐怕也沒有幾家會自己花工夫做湯圓了。

說起來張偉雄強烈地感覺到我們那一代香港人是活在一個自成立體大系統的小吃世界當中，甜的鹹的酸的辣的冷的熱的各有性格獨立成事，檔與檔連環緊扣互動，叫人不停吃下去吃下去。相對於現在的平面陳列，膠袋密封包裝，看似衛生但食慾已經減掉一半。

也許是從前吃了太多碗仔翅，現在已經不大吃，至於湯圓這種最簡單的手工藝食物，張偉雄記起當年除了捏出正常出街版本，還會跟妹妹一道捏出獨立製作的童裝小屁股版。

葫蘆館

九龍旺角豉油街50號9號舖　電話：2770 5150
營業時間：0100pm-1200am
用上夠薑夠辣的糖水作甜湯，葫蘆館的麻蓉湯圓不比這裡的主打薑汁撞奶遜色。

楊枝甘露是此地最突顯後現代精神
最有後現代風格的創作。
當中有傳統的變異，風格的撞擊，文化的融和……

後現代糖水

楊枝甘露灑遍

021

世界文明幾千年，哲人學者來來去去提出十萬八千種與天與地與人相關不相關的理論和主義，也就是因為主義太多，往往叫一般路人如我，真的拿不定主意。到了最後也只能問心──說得感性一點是聆聽自己身體的需要，以決定晚餐之後接著下來要去吃的是芝麻糊、杏仁茶還是楊枝甘露。

我從來不是一個隨口主義滿口理論的人，原因很簡單就是因為記性差（聽說多吃核桃露可以形補形補補腦），所以當我身邊那一群學院教授友人和社會運動健將年復一年長篇大論一本又一本地推出他們她們的《後殖民理論與香港文化身份認同》、《後資本主義消費理論探索》等等專著，並贈書一本希望我有空細讀，我趕緊很用心很認真很努力地都一一讀過，而且還在書頁內文劃線做筆記，覺得行文段落條理分明，字字珠璣很有道理──但問題是看完了也就忘記了，怎樣也說不

香港灣仔軒尼詩道338號北海中心1樓 電話：2892 0333
營業時間：1130am-1130pm（周一至周五）／1100am-1130pm（周六，周日）
以利苑酒家一貫對菜式出品的嚴格要求，小小甜品一道都絕不馬虎，
更何況是楊枝甘露本尊身份，從來是新舊顧客慕名必吃的名點。

利苑酒家

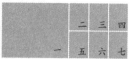

		二	三	四
	一	五	六	七

一　利苑酒家當年派駐新加坡的大廚幟哥，與一眾廚師
　　在廚房內經多番嘗試改良，創製並把這款內有芒果
　　肉、芒果汁、柚子肉、西米、椰汁或者花奶甚至芒
　　果雪糕的甜品命名為楊枝甘露──甜品賣相好口感
　　好味道出眾，無可置疑的，但為什麼叫作楊枝甘露
　　就無人說得出一個「合理」解釋，也許就是不必合
　　理不必拘泥守舊才是後現代飲食精神。

二、三、四、五、六、七
　　由楊枝甘露的始創單位利苑酒家的師傅親手示範，
　　叫這已經成為香港經典甜品的楊枝甘露多了一點透
　　明度──先開好糖水，逐步加入冰櫃取出的西柚
　　肉、芒果汁、芒果蓉、植物脂肪奶、煮好的西米以
　　及芒果雪糕，拌勻即成。看來步驟簡單不過，唯是
　　經過幾代的改良微調，選料和稠稀度都自有標準。

出人家研究的邏輯綱領和中心思想，不巧隔天碰上了著作
者，只得笑吟吟請她去吃芝麻湯圓，拼進薑味濃辣的番薯
糖水中也不錯。

沒法闡明任何一種主義講解任何一種理論的我本來還ok，
但有一回要在一個演講場合要談到後現代主義，就只得趕
快請教我那位當年幼稚園同班同學現在是大學裡年年當選
最受歡迎教授的老友。老友無可置疑是高大英俊以貌誘
人，但想不到在學院裡也訓練出口甜舌滑的功架，一開口
就說要請我去吃全城最好的楊枝甘露。

哪一家楊枝甘露最好吃實在是見仁見智，但為什麼要吃楊
枝甘露他卻有一套說法──在他的理論分析下，楊枝甘露
是此地最突顯後現代精神最有後現代風格的創作。據說由
當年香港著名餐館的師傅在新加坡發明創製的楊枝甘露，
是一種混有芒果汁、芒果肉、柚子肉、椰汁或者花奶，再
加上少許西米的有東南亞風味的甜品，回流香港竟然流行
大熱，當中有傳統的變異，風格的撞擊，文化的融和……
無一不是後現代主義的理論基礎！

深井發記甜品

九龍旺角彌敦道雅蘭中心地下10號舖　電話：2396 6928
營業時間：1230pm-1230am
新一代甜品店的一線跑手，如果要領飛躍新人獎也非此店莫屬。

			九	十	十一	十二	十三	十四
			八		十五			十六

八　新一代甜品店深井發記，以不斷改良創新的姿勢，闖入市區越戰越勇，除了每季都有新品推出，楊枝甘露亦是其金牌主打。

九、十、十一、十二、十三、十四
　　泰國金柚細心折肉，厚切飛龍糖心芒果，很能針對年輕顧客既要啖啖果肉而食味不太甜太濃的健康要求。

十五、十六
　　同樣有東南亞風味的芒果西米撈和熱賣首選榴槤飄香，用上泰國頂級金枕頭榴槤打成汁底，吃出大件榴槤肉、西柚肉和西米。

對口單位 傳媒人葉孝忠

因為曾經向發明當事人親口求證，所以我敢向身邊這位道地的新加坡人說，楊枝甘露這個廣受大眾接受歡迎的甜品，是本地著名餐館的大廚們在新加坡分店駐守時靈機一觸研製出來的。這個入口冰凍香甜的冷知識看來叫他有點驚訝，良久良久才自言自語，唉，原來如此，難怪難怪——

孝忠是我在香港認識的新加坡朋友，當年他在香港唸書，也一天到晚在城裡的各種文化活動場合出現——當中當然包括飲食文化活動。所以本來就愛吃能吃會吃的他，以過江龍的敏感直覺，對在港九新界街頭巷尾可以吃到什麼好的，說不定比我們這些所謂本地薑還要清楚。

每次在不同的報章雜誌看到孝忠寫的文化旅遊特稿，就叫我又羨又妒，這些年來他也真的是天南地北到處跑，還把家安在上海。可是走了這麼多地方，究竟他的飲食習慣和口味有沒有變化？

就以甜品來說，從小就喜歡芒果的他，一提起芒果簡直聲音高八度然後眼睛發亮，所以很明白為什麼他會把「許留山」的所有跟芒果有關的「撈」都吃過，有芒果汁、芒果肉，甚至芒果雪糕作為靈魂的楊枝甘露當然也欣然接受。可是他對廣式甜點如芝麻糊、核桃糊、馬蹄露卻是興趣不大，更認為上海沒有甜品，頂多只有那些在甜湯中浮浮沉沉的桂花酒釀丸子。

可見這位其實很開放擁抱新生事物的朋友，還是離不開從小吃大的東南亞口味的甜品——還未等我開口問，孝忠就以新加坡特派飲食大使的身份口吻向我推介一種要用福建話發音的「清湯」，那是一種內有桂圓、雪耳、白果的可冷可熱的糖水，然後當然有加了榴槤肉的珍多冰，有七色八彩hign camp的娘惹糕點，有潮汕傳統的芋泥，還有還有……我對瘋狂愛吃的朋友常常都特有好感，也慶幸有楊枝甘露作為星港交流的對口單位。

香港筲箕灣東大街121號（地鐵B1出口）電話：2885 8590
營業時間：0100pm-1200am

呂仔記

香港人不怕晨昏顛倒，最在意是否多選擇。鹹甜冷熱，隨叫隨到。呂仔記以小小店舖做到幾乎十項全能，其楊枝甘露竟也出乎意料的料足鮮甜。

一 很難想像那個手執削好皮的光脫脫甘蔗開口狠嚼的情景會再出現再流行，就是能夠喝上一杯真材實料鮮榨蔗汁，在這個走得太快的都市裡竟都機會無多——其實能夠讓我們好好存活在這個惡劣環境中，不正正需要蔗汁這類高能量飲品嗎？

含極高蔗糖、果糖、葡萄糖量的蔗汁
極易被人體吸收且釋放出高熱量，
其實是現在外來的所謂能量飲品的本地先行者。

022

時光鮮榨

蔗汁正能量

身為六字頭，但那個「涼茶、馬尾、飛機頭」的蔗汁舖的老好年代，於我還是有點模糊陌生。

所以我的焦點還是落在那杯蔗汁裡；鮮榨蔗汁，那一種清、甜、潤，完全獨一無二，為這幾個字這些感覺下了絕佳定義，而杯中那種帶綠的稠黃，也只能用「蔗汁色」來形容。

忘了有回在哪裡喝一杯該是放久了的蔗汁，一入口有一股變酸了的怪味好噁心，趕忙吐掉之後決定今後只喝親眼看著鮮榨的蔗汁，最好還是看著老伙計們這邊削好了蔗那邊就放進那擦得銀光閃閃的不鏽鋼半自動榨汁機——像機械人的這一台機器從一而終日復一日地只執行同樣的一個任務，叫人想到「專一」這兩個大字。

因為執著新鮮，就對那些把蔗汁冰凍後放在售賣機上透明膠盆中像噴泉一樣循環流動的這個動作很有保留，尤其那些久經歲月摧殘已經泛黃發白的塑膠盆，實在不及同樣在店內幾十年都依然亮麗的七彩

公利真料竹蔗水

香港中環荷李活道60號地下　電話：2544 3571
營業時間：1100am-1100pm

港九新界碩果僅存的還算完整的一家蔗汁店，每日新鮮現榨的蔗汁得現買現喝，與坊間用熱水桶泡蔗、榨出的蔗汁版本截然不同。

	三	
二	四 五	六

二、三、四、五、六
從姑丈手中接過這老牌
蔗汁店，店主崔先生每
日就勤勤懇懇操勞地削蔗、
蒸蔗、榨蔗汁，崔太太
負責在店堂招呼客人。
榨汁原料一般用上綠油
油的玉蔗，如果有黑得
發紫的黑蔗就會更甜更
香──

一 無論喝的是純度百分百的鮮榨
蔗汁，還是加入茅根、紅蘿蔔
和馬蹄煲飲的竹蔗水，其實都
有資格取代那貪一時之快的汽
水。夏天的冰凍清涼版本、冬
日的燙手甜潤版本，骨碌喝下
了「消痰止咳」、「甘涼清
熱」、「潤腸解酒」等等天然
功效，本身就是甜美（製糖）
原材料的竹蔗，無添加的最佳
典範。

紙皮石、細花地磚以及水磨石櫃台。雖然是同樣老去，有的會疲態畢露，有的會優雅從容，有的容易更新替代，有的確實買少見少。

以前家裡夏天常會喝到竹蔗馬蹄水、竹蔗紅蘿蔔水，偶爾不怕寒涼還會下點茅根，但這都是清淡消暑版本，不及鮮榨蔗汁有種精華所在的屬害感覺。走進大街小巷分別喝過用紫紅皮甘蔗、新界青皮竹蔗、江門黃皮臘蔗，甚至是過年時才當造的水田黑皮蔗榨成的蔗汁，有在夏天喝的冰凍一杯透心涼，有在天寒地凍喝的熱騰騰一杯暖入心，甜味稍稍有別但總算真材實料。蔗汁從六○年代一毫一杯到如今五元一杯，骨碌一杯喝完，對於比較懶洗蔗削皮嚼蔗而且驚覺牙力大不如前的我，竟有一種充實滿足的快感──說來也是，含極高蔗糖、果糖、葡萄糖量的蔗汁極易被人體吸收且釋放出高熱量，其實是現在外來的所謂能量飲品的本地先行者。

在一眾老牌蔗汁舖悄悄關門結業，傳統涼茶舖紛紛重組轉營推出瓶裝罐裝系列大量生產的今時今日，蔗汁恐怕是唯一不能被「包裝」推廣的，即使入瓶，也是蔗汁店自家人手入瓶，必須一天內喝光的，不然很快就變壞──

賞味時限就在眼前，鮮榨現喝就是好，這麼簡單，直接。

香港銅鑼灣時代廣場側
坊間一般貨色，只能喝喝看作個比較，就會知道為什麼珍惜保留
老店是如此重要，絕對不是因為懷舊

時代美食

清純能量

舞蹈家 楊惠美

認識舞台上和舞台下的惠美，作為本地舞蹈劇場組合「雙妹嘜」中的一妹，她和拍檔時而變身武功高強的女俠，時而變身風騷鬼馬的女工，一舉手一投足看似輕鬆，其實都需要長期刻苦嚴格練習，不止是出位的姿勢動作，還有多元的觀點眼界。

所以經常都很好奇這些舞者吃什麼喝什麼，才能保持如此矯健美好的身段和清晰靈敏的思路。追問之下，惠美透露了一點，嘿，是鮮榨蔗汁。

當然不是把蔗汁從早到晚當開水喝，但這既清純又濃縮的飲料，早在現時坊間充斥的一堆罐裝袋裝運動後補充體能的 power drink 面世之前，已經是不折不扣

的健康能量飲品。惠美小時候住在深水埗元洲街邨，每逢夏天暑假都會跟兄姊到鄰近的李鄭屋泳池游泳。一輪又一輪的飛魚轉身後，回家路上在沿途的簡陋小食檔中，一定會吃車仔麵，喝鮮榨椰汁和蔗汁。單單看著那個神奇的機械把竹蔗吞進去吐出來，那一端涓滴分明就是清甜可口的蔗汁，喝過了也就補充了運動消耗，又可以繼續那漫漫長夏的其他快樂玩意。

蔗汁是首選，但惠美也還記得那退而求其次的袋裝即溶竹蔗茅根晶和菊花晶，都在當年元洲街上的中建國貨有售。這些重疊累積的回憶不必封存，都鮮活地滲透出現在惠美和拍檔的舞蹈創作裡。舞吧舞吧舞吧，關於滋味，關於能量，關於香港。

五、六十年代風光一時的涼茶舖，幾經起落，
式微者有轉營者有，有堅持復古懷舊裝修的，
也有脫胎換骨成為現今健康養生飲食潮流的領航。

涼茶大熱

民族真感情

023

從來對中醫中藥有真感情，因為身體實在受不了西
藥吃下去那種猛拳一揮的打壓作用，病不知是否好
了，人卻是散得失魂落魄的。雖說看中醫服中藥似
乎要更不怕苦更有耐性，那種慢慢回歸正軌的自我
感覺還是十分良好的，即使搬出十分民族本位主義
的中國人當然要看中醫的說法，我也得笑著點頭同
意。

中醫藥理之博大精深，各家各派各自詮釋演繹，長
久以來因此蒙上層層神秘面紗，看病時中醫亦難三
言兩語說個明白，簡單如「風」「寒」「暑」「濕」
「燥」「熱」這些概念，常常也只是勉強意會，更何
況甚麼陰衰陽盛腎損等判斷。近年買來《思考中
醫》、《走近中醫》以至《圖解黃帝內經》等書，
也只能慢慢入門細看，得花上好些心神去記憶理
解，膽敢一口氣喝下那一碗黑墨墨的苦茶，也只是
憑個「信」字。

相對那些配方複雜的藥劑，我們平日在街頭巷尾地
鐵沿線甚至超市貨架上接觸到的盛碗和瓶裝的涼
茶，就溫和輕巧方便多了。無論是苦口的廿四味、

香港中環閣麟街8號地下 電話：2544 3518
營業時間：0845am-0800pm

春回堂

百年老店春回堂，初年以春齋為名在中環閣麟街開舖，已經是涼茶
舖和中藥行的結合版，臨街熱賣廿四味、銀菊露，
一苦一甜，忽爾百年。

三

一 二

一
　如果不是廣東省有關單位煞有介事地把涼茶「封」為食品文化遺產，而當中三十三個涼茶配方及專用術語更得到國家文物保護法及聯合國《保護非物質文化遺產公約》的保護，我們這群從小生長在潮濕悶熱的南蠻地方的坊眾，也不會回頭多看兩眼這從來就在身邊也應該不會完全消失的涼茶。無論用白瓷碗裝還是用花花紙杯裝，無論是五花茶還是廿四味，走過路過，心血來潮還是會喝上一口。

二、三
　舊區街頭巷尾還是會有街坊老店，當中有打正旗號只售涼茶，也有如中環百年老字號春回堂藥行的規模，既賣涼茶也有中醫駐診和煎藥服務，中午飯時間和傍晚分外擁擠，大抵是中環上班一族格外心煩氣燥特別需要降火。

甘甜的五花茶、茅根竹蔗水、雞骨草茶、夏枯草茶、桑寄生茶，都是各有功效的日常健康飲料。對於身處嶺南地區面對長期暑滯濕熱的氣候環境，喉嚨痛、感冒以至便秘是經常性小毛病，一般人會籠統地把這都稱作熱毒，而帶涼性的草藥，就正好配成針對不同症狀的「涼」茶。不同年齡體質的人在大致了解了自己身體的屬性後，都可以安心飲用這些清熱的涼茶。

五、六○年代風光一時的涼茶舖蔗汁舖，一度也是當年「潮人」集合處，幾經起落，式微者有轉營者有，有堅持復古懷舊裝修的，也有脫胎換骨成為現今健康養生飲食潮流的領航。最近在粵港澳政府的努力爭取下，國務院已批准把涼茶列為518種「國家級非物質文化遺產」的一種。雖然分明有枝有葉十分物質的草藥為什麼會變成「非物質」我不太清楚，但至少我們繼承了這筆遺產，就該把涼茶發揚光大——首先要做的當然要跑到涼茶舖飲一杯賀一賀，同時表明往後日子不離不棄一片忠心。在喝下一口甘甜之際，也期待奶茶鴛鴦蛋塔菠蘿包以至新派點心可以接著成為中西文化結合「遺產」，將民間飲食智慧承傳發展，饞嘴如你我都有責。

—　涼茶曾經被老香港叫作「寡佬茶」，皆因上世紀二○年代開始，很多單身男子從內地到香港謀生，孤家寡人即使生病看醫生也難有時間更沒有家人幫忙煎藥，所以最方便的就是走到涼茶舖喝碗涼茶清清熱解解毒。

—　所謂廿四味，各家涼茶舖自有獨門配方，用材從十多味到廿七八味不等，常用的主要材料有苦梅根、相思藤、水翁花、布渣葉、救必應、黃牛茶和鴨腳木，是一種多功能的民間療病防保健康飲品。相對廿四味的苦，五花茶就易入口得多。用上金銀花、野菊花、雞蛋花、木棉花、南豆花或水翁花，加入冰糖煲好，便是清熱解毒五花茶。

義香荳品店

九龍九龍城衙前塱道74號地下　電話：2382 5006
營業時間：1130am-0730pm
義香主打荳品，但枝枝葉葉也認真製作，絕不欺場。女當家彩鳳姐那天送上一杯崩大碗，我乖乖一口氣喝光。

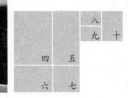

四、五

自小被家裡老人家禁止我隨便飲用的崩大碗（青草茶），據說是
太「寒涼」不適合小朋友，而且當年販賣崩大碗的攤販都用金屬
臉盆或者玻璃圓筒茶缸盛載，實在有欠衛生。現在碰上坊間鮮有
出售的崩大碗，倒是大膽地一飲而盡，讓那濃烈的鮮草氣味衝擊
五臟六腑。

六、七

用上野葛菜、羅漢果、龍利葉、蜜棗、陳皮等材料煲上十多小時
的葛菜水，下火排毒，店堂中現買站著熱飲，老闆還建議下少許
鹽調勻，咕碌喝下，效果更好。

八、九、十

逐步注重店堂裝潢形象的涼茶店會以藥罐藥瓶做做裝飾，也會把
傳統的販賣器定時洗滌乾淨確保衛生。火麻仁、銀菊露、夏桑菊
清楚了然。好了，是時候來碗廿四味了。

憶苦思甜

作家 蔡珠兒

本來說好要跟珠兒喝一碗廿四味，
但其實我也不怎麼可以「頂得順」
那種苦，還是齊齊轉軚喝一杯清甜
易入口的五花茶好了。

珠兒是我認識的台灣同胞裡最肯講
廣東話的一位，這絕對跟她的積極
好學和經常要到街市買菜，要到酒
樓餐館以至大排檔點菜，跟碩果僅
存然後煙消雲散的涼茶舖阿伯聊天
「打牙骹」有關。珠兒筆下的香港飲
食以及生活文化的種種，其觀察入
微精準到肉，足以叫我們這些自問
在這裡混大的傢伙汗顏。說不定她
在上環涼茶舖喝過的那一碗「溫熱微燙，茶色幽
深濃黑如千年古井」，喝下去「全身麻澀如雷轟電
殛，苦得淚花都迸出來」的，就是一碗叫人一下
子通透清楚了解香港之所以為香港的苦盡甘來的
奇方妙藥吧。

珠兒沒有把自己只作為一個路過
的，她是縈縈實實地在香港住下
來。尤其初來時候在一個炎夏，頂
著頭上花白毒太陽喝過那碗被視作
「救命水」的廿四味後，「腦中混
沌的白翳漸漸消散，眼前霍然清亮
起來，三魂七魄又慢悠悠齊全歸
位」，她就更熱衷於研究廣東涼茶
苦藥如何自成一個「南藥」的系
統，如何成為最基層的民俗醫療，
如何以那先苦後甜的驚世恆言再三
地訓導全港七百萬人——當然不是
人人盡得苦茶真諦，一味迷信西方
醫藥的依舊大有人在。

也就是在這個處處充滿矛盾衝突，衰微折墮一邊
同時虛火上昇的今時今日，我更有幸身邊有思路
清晰靈敏如珠兒，可以一邊跟我們縱橫來往三地
兩岸，憶苦思甜。

香港灣仔莊士敦道226號地舖
營業時間：1200pm-0930pm（周日休息）
就當喝家裡老人家煲的老火湯，三不賣店裡竟擠
滿來喝葛菜水的年輕人！真叫人興奮。

一　即使抄下一堆屬害藥名也
肯定不會把秘方偷去自製
的龜苓膏──北芪、鱉甲、
土茯苓、生地、浙貝、金
銀菊、雞骨草、牛蒡子、
百花蛇舌草、鑽心、白
朮、雲苓、川阜蘚、蒲公
英……反正就是用上又煮
又隔渣又熬又攪動再熬再
煮的方法，得出黑如墨稠
如膠的物體，店家還刻意
喚作龜苓膠，頗有亂世用
重藥的意味。

老外朋友初到港，
聽人說過有種「好吃」的東西叫herbal jelly，
我出言恐嚇這位十分熱衷文化交流的紐約客，
直問他究竟知不知道這裡頭其實有金錢龜──

甘苦與共

排毒龜苓膏

024

如果告訴你，吃龜苓膏的時候不應加白砂糖或
者蜜糖水，而要加點鹽，你還會吃這樣的鹹苦
嗎？

實際上根據老行尊指導，正宗的龜苓膏吃法，
是應該加進一點鹽以作藥引，據說鹽能入腎，
龜苓膏的清熱祛濕解毒的藥性就能得到進一步
發揮。反之加入糖，雖然令這黑黑稠稠的膏狀
物能夠較易入口，但卻較容易惹痰，得不償
失。

長居紐約的老外朋友當年初到港，不知從哪裡
聽人說過有種「好吃」的東西叫herbal jelly，他
第一時間要求我帶他去吃，我左思右想也不能
確定他說的該是蔗汁糕還是芝麻糊還是涼粉，
唔，涼粉真的就是herbal jelly，但龜苓膏也受之
無愧。只是認真說來龜苓膏就不只草本材料如
土伏苓、半枝蓮，以及雞骨草、蛇舌草、甘草
等等，因為主角是金錢龜，要正式稱呼恐怕該
是turtle jelly了。

蘭苑饍館

九龍旺角西洋菜北街318號（太子站A出口，新華銀行後面）
電話：2381 1369
營業時間：1230pm -1100pm (周一至周六)／1230pm -1000pm（周日）
吃得苦中苦，方為人上人。就憑這一金句，苦就有了江湖地位，苦就得到
合理對待，也叫龜苓膠專門店其門苦市地出入著念需解毒排毒的眾生。

二、三、四

瓶瓶罐罐藥材藥散藥丸,加上大字海報張貼療
效,走進蘭苑鱅館的店堂,整個氣圍都會讓你覺
得該坐下來遵從古法,加鹽服食面前這碗苦盡希
望甘來的東西,一邊吃也唸唸龜苓膠功能順口
溜:四時感冒、虛火上升、煙酒過多、腸胃不
適、大便不通、小便刺痛、瘡痧血熱、喉痛口
臭、雀斑暗瘡、皮膚爛肉……

一　產地遍及南中國、海南島、香港以至越南,又名三線閉殼龜的金錢龜,有其滋陰解毒的藥用價值,成為熱製龜苓膏的其中重要成分,在市場上甚具經濟效益。正因如此,野生金錢龜長期被商人以及市民濫捕。在郊野放置鐵線鐵籠,內放鹹魚以氣味吸引金錢龜入籠,但此法捕龜導致金錢龜瀕臨絕種。政府漁護署已經立法規管,商人領有合法牌照才能出售金錢龜,出售時更要把牌照轉到購買者名下,但甚少店家乖乖遵守此例。

不知怎的一時間也想不起附近有什麼甜品店可以吃到涼粉冰之類,龜苓膏專門店倒真的有一家。帶他進店的時候還故意談天說地大動作,不讓他看到那整齊排列在那個金光燦燦的大銅爐旁邊的龜板。點了主角龜苓膏,眼看他糖水也不下的,熱騰騰一匙就進口,表情開始變化——厲害的他竟然對這黑果凍十分享受,舉起拇指大讚,還三扒兩撥的吃完一碗,伸手再多叫一碗。

其實我從來不知道龜苓膏究竟可不可以接連吃兩碗,畢竟這也算是藥,我因此出言恐嚇這位十分熱衷文化交流的紐約客,直問他究竟知不知道這裡頭其實有金錢龜——金錢龜?果然真材實料這麼名貴,他說,我還以為只是普通的龜呢,怎麼賣得這麼便宜——

自此每當我碰上什麼難分難解的中國文化大道理大學問,我都第一時間請教這位其實普通話比我說得還好的老外朋友。

香港銅鑼灣波斯富街87號地下 電話:2576 1001
營業時間:1030am-1145pm
先來一碗龜苓膏,再喝一杯雪梨水,每隔一些時日,自覺累積了
這樣那樣的毒,就會乖乖地來這裡自療一下。

恭和堂

五、六
手打黃銅作鼎爐狀葫蘆狀的特大道具像兩大護法一樣鎮守店堂，更有龜狀裝飾爬牆，祖宗官服畫像亮相……恭和堂的格局叫人彷彿回到一個有掌風有飛劍的武俠時代，師妹中了毒師兄要找解藥，瘋了似地在江湖中訪尋名醫聖藥，終於見得堅持古法秘方用上野生金錢龜板的清廷太醫後人——

七
半透明深棕色的一碗龜苓膏，入口既韌且滑，甘而不苦。傳統吃食當然要趁熱，但為了開拓年輕市場，也有凍食小妥協。

八、九、十
同樣是黝黑暗棕顏色，同樣爽滑彈牙，沒有什麼藥性包袱的涼粉（仙草凍），用上一尺左右的草木植物涼粉草，採收曬乾後熬煮成漿，過濾後把原汁加入太白粉冷凍凝結就成涼粉，作為夏日清涼甜品，加入糖水花奶以至芒果雜果，變化多端。

公子清熱

營業及事務董事 趙公輝

好些年前認識Robert的那一天，我一時衝動地把一個剛買來的海綿熊人送給他作見面禮，那是一隻一手攞下去會操作一圍，然後又再緩緩彈開回復肥肥胖胖可愛原貌的過癮熊，這是我對這位新相識的第一印象。

溫文體貼有禮有學養，像他這樣的低調貴公子已經是人間罕有。想不到好些年後他一邊吃著龜苓膠，一邊跟我揭露他十三四歲時候的人所共知的秘密：少年的他曾經一臉暗瘡，喝過外頭煎煮的什麼涼茶苦藥也沒有功效，家裡老傭人就決定親手自製龜苓膏拯救少主人。Robert還清楚記得老傭人跟他一起去當年的大華國貨買了一隻在籠中養著的正貨金錢龜，也準備了以土

伏苓為首的一大堆藥材，回到家裡以大鑊燒開水，然後把龜沖洗好後放進去游弋，然後蓋好，然後——再來老傭人把龜取肉剝皮去甲除內臟，Robert已經跑掉了不敢細看。反正再出場時，一碗啡啡紫紫顏色稠稠濃濃的自家製龜苓膏已經熱騰騰的放在跟前，喝過一回之後沒什麼，然後又再喝了一回，忽然一天醒來發覺滿臉都長滿有夠討厭難看的痘痘，看來熱毒就此被強迫清算了出來，安心消散以後就從此再也沒有暗瘡煩惱。

Robert笑著說，經此一役彷如成人禮，從此就青春不再了，我當然不同意他這麼謙虛的說法：清了熱的公子其實永遠青春。

合成糖水

九龍九龍城龍崗道9號 電話：2383 3026
營業時間：1230pm-0200am

從一勺糖水拌進粗切的涼粉捧起就吃，到今日又配西米又配鮮果又加花奶，涼粉還是涼粉，還是小朋友們對黑色而且甘苦食物的啟蒙。

偶然經過上環西環老區一帶中藥批發集散地，
一街飄滿藥材混雜的香氣，
彷彿用力多聞幾下就會藥到病除—

藥到病除

025

中醫奇異恩典

嘴饞緣故，經常跑回兒時舊居所在老區深水埗
去光顧街坊餐館。穿插於那些整體外貌百變的
街巷間，偶然碰上有三兩家店舖從裝潢到營運
仍然數十年如一日，真的驚訝也來不及。

碩果僅存散落街頭巷尾一家荳品店一家唐餅店
一家跌打醫局一家菜種行一家草藥店，舊居附
近就是我找不出一家字號夠老的有中醫駐診的藥
材舖。當年住在欽州街與長沙灣道交界的十二
層「新」廈十樓H座，後窗望下去是一整列戰
前兩三層「舊」唐樓，晨早上學在長沙灣道上
這些唐樓騎樓底下等校車，那些面街營業的相
連店舖中就有一家雜貨舖一家唐餅舖一家藥材
舖……

平日頭暈身熱，老管家瑞婆就會掏出一張皺皺
的也不是什麼家傳秘方的藥單，要我到樓下去
「執」幾包中藥煎服。日子有功，藥單實在太
疲勞太破爛，有天我就決定重新抄一次，也從
此記下了梔子、連翹、黃芩、蟬蛻、白芍、地

香港中環皇后大道中152號 電話：2544 3870
營業時間：0900am-0730pm

余仁生

從打算盤算帳用秤量藥的傳統營運方法逐步走入電腦化科學化和現代
化管理，余仁生是本地老牌藥業中積極革新形象擴展版圖分店的成功
轉營例子，賣的當然不止白鳳丸。

		六	七	八	九
二					
三					
一	四	五			

一　百子藥櫃開開合合叫百年老藥舖春回堂瀰漫一室複雜香氣。草本的動物的介殼的礦物的前身分別經過篩選切割蒸曬提煉種種處理，再來已經是各有千秋的藥。配搭方劑湯頭時遵守「君、臣、佐、使」的調和原則，既突出重點又協調統一的組成治病大軍，目的是藥到病除。

二、三、四
　手法熟練記性奇佳的抓藥師傅有如紀律部隊，在店堂的吆喝嘈雜聲中依然氣定神閒配好一劑又一劑正藥。記帳記事的老本子，傳統量度具都叫來人好奇打量凝視，希望從中讀到中醫中藥博大精深的片段因由。

五　一般人該花多少時間才辨別出一劑藥裡什麼是什麼？

六、七、八
　新一代的免煎中藥有新型編號的百子櫃，拉開來方便配搭使用。

九　常常想問身邊唸中醫的朋友，要花上多少精神時間才背誦好並記住平日常用的中藥名字及功效。

骨皮、防風、蔓京子等等完全在六歲小孩認知範圍外的高深莫測的名字。正如中學時代有兩三年課外活動跟著老中醫上山採藥認識的火炭母山稔金狗脊鐵線草鴨腳木，都不是課堂內的知識，更不曉得終有一天原來會跟這些草本這麼接近。

近十年有什麼病痛我都再沒有看西醫吃西藥了，倒是完全地安心地依靠中醫，無論是開方煎藥、針灸拔罐，跌打推拿，以至氣功治療，幾乎一一試過。不要誤會我有什麼惡疾纏身，來來去去都是因為貪吃貪玩積壓勞累，內外整體休息不夠，常常要中醫嚴屬提點細心調理。先後看過的好些中醫，奇妙地都講緣份，老一輩的新一派的又有不同地溝通互動，就像交朋友。

偶然經過上環西環老區一帶中藥批發集散地，一街飄滿藥材混雜的香氣，彷彿用力多聞幾下就會藥到病除——老區之所以老，也許就是居民都長命百歲的意思吧。當然，現在常去的中醫大學診所在中環鬧市商廈十樓，每回地下大堂電梯門一打開，就傳來十樓煎藥的香氣，又是新世代的一種奇異恩典。

春回堂

香港中環閣麟街8號地下　電話：2544 3518
營業時間：0845am-0800pm
中醫駐診代客煎藥，百年老舖向顧客提供的是最直接最窩心的服務。

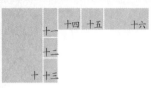

	十四	十五		十六
十二				
	十二			
十三				

十、十一、十二、十三

　　一邊閒話家常一邊治病療傷，深水埗老區僅存的跌打老藥局梁財信，曾幾何時吒咤風雲。走進天花都已經剝落的店堂，只見椿椿件件還是齊整妥放，這邊是記錄歷年經營生產的發黃照片連註解，那端牆上是執業證書，手畫手繪治理圖解，當然還有病人感謝牌匾——

十四、十五

　　依然生產的日牌梁財信跌打藥酒，加上貼紙斑駁的藥瓶藥罐，歷史原來不在博物館中。

十六

　　傳統街市中還偶然發現有販售生鮮草藥的小舖，半邊蓮、蛇舌草、野莧菜、田灌草等等野生藥用草本，恐怕再過些年月就會退隱到一個更不起眼的位置。

信望聞問切

攝影師 劉清平

　　需要走近，才能思考，清平和我各自買來的兩本近年有口皆碑亦引發種種論爭的內地中醫學者的著作《走近中醫》和《思考中醫》，翻得紙邊都毛了花了，但其實還未看完，也未看懂。

　　感覺上是近了，可惜還未能進去思考。努力記住一堆望、聞、問、切，風、寒、濕、燥、火，君、臣、佐、使等等中醫相關概念，還未敢碰那些詩意得厲害的藥名和穴位名。翻翻書大致對中醫治病的基本運作方法有了初步認識，然後也只能把接著下來的三五七時身體變化狀況交由信任的中醫師處理了。幸運的或者就碰上一個學識淵博、思路清晰且有創新觀點的中醫，年齡說不定比我們還輕，行為舉動更活潑。

　　清平不怕苦，廿四味對他來說真的沒什麼，比較怕的是苦茶喝到碗底的溶不掉的貝粉沙石結晶，口感突變怪怪的。也許是人到了一定年紀，忽然對老祖宗累積幾千年的踏實知識有了一種由衷的折服，更忽然覺察從來好像有憑有據的西方醫學理論和實踐就像一個小孩用自己的邏輯方法去挑戰一個長者的言行舉止，無甚意義。所以清平也忘了從什麼時候開始，已經再不光顧西醫，連外服丸裝維生素也敬而遠之，有事沒事，信的都是中醫。

　　也就是因為這個信字，我跟他說，我們也就走回一條不歸路了，但至少我們都願意回歸，希望回歸到一個可以聆聽可以觀望自己身體變化的可以自主的狀態。

九龍深水埗桂林街38號D地下（地鐵C2出口）電話：2386 6097
營業時間：0800am-0800pm
不一定有什麼跌打損傷，
路過也不妨駐足細看一下這管叫時光倒流的老醫局。

日牌梁財信跌打醫藥局

材料簡單乾淨俐落的光酥餅又便宜又正氣，
所以成為家中官方指定餅食，
早午晚無時無刻廳房全方位無處不在。

幾乎神聖

正氣光酥餅

026

不敢說光酥餅是兒時最愛的餅食，從來崇洋媚外的我最愛的恐怕是藍罐牛油曲奇（特別是有葡萄乾那　塊），只是在那個並不富裕的六七〇年代，家裡老管家認定材料簡單乾淨俐落的光酥餅又便宜又正氣，所以成為家中官方指定餅食，早午晚無時無刻廳房全方位無處不在。

談起光酥餅，不像其他同等級的廣東家鄉糕餅這麼豐富多變：茶果和糯米糍可以有紅豆、綠豆、眉豆、花生、椰蓉等等餡料，老婆餅會有冬瓜蓉，雞仔餅會有冰肉和南乳，即使是缽仔糕、核桃酥都有鮮明性格和獨特賣相。光酥餅可說是什麼都沒有：麵粉、雞蛋、糖、豬油或者植物油，加上水，以及些許發酵用的俗稱臭粉，如此而已，看來一點也不吸引。

香港西營盤皇后大道西183號地下　電話：2540 0858
營業時間：0830am-0800pm

卓越餅店

一轉眼就經營了三十年的街坊唐餅舖，歸根落葉在現址已經十數年。對於老闆岑師傅和新一代傳人傑哥，複雜如金華火腿月餅、五仁月餅都應付自如，光酥餅和燒餅類簡直就是手到拿來。

	二	三	四
一	五	六	七

一　時下餅食選擇多了，倒也不甚重視曾幾何時的單純口味。要鼓勵重拾味道記憶，可會來一趟中日韓歐美選手鬥多鬥快鬥狠吃光酥餅大賽？偏要看看他們一口光酥如何是好——

二、三、四、五、六、七
發好的粉糰加入俗稱臭粉的膨脹劑，令烘焙成品更鬆軟，但在烘焙前要有足夠時間讓臭粉自行揮發，以免殘留苦澀異味。卓越餅店的年輕傳人當然從來毫不馬虎，留神留意保持出爐光酥餅都甘香鬆化。

據說光酥餅是從傳統的西樵大餅演變來的，大餅之大，誇張的有二斤，一般也有半斤，發展至光酥餅的一兩半兩已經是Q版年代。當地官山墟的一間餅家，用西樵山清泉水混合所需材料，做出香甜鬆軟的大餅，曾經暢銷省港各地，未有機會親嚐這個古早版本，卻很好奇當年的西樵大餅是否也像光酥餅一般「乾」，一啖下去把口水都收乾，難於發聲啟齒，甚至開口把餅屑乾粉噴得一地……這等尷尬，竟也是兒時玩無可玩的促狹玩意。

如果套用流行說法簡單就是美，光酥餅應該是當之無愧的。一位製餅老師傅告訴我，為什麼坊間有些光酥餅吃來會有些微苦澀怪味，就是在放了發酵用的臭粉後沒有足夠時間讓臭粉自行消散，匆匆做餅焙烘就會留有怪味——這裡頭原來也有微妙的時間關鍵，又一次證明簡單如此的餅食也得講究唯一的細節。

一　又是一個匆匆忙忙臨時上馬的傳說故事。話說明朝弘治年間，廣東西樵人方獻夫任吏部尚書，晨早四更起床準備用過早點上朝，但廚子起床晚了來不及做點心，方獻夫急中生智，叫廚子用案板上發酵好的麵糰加上雞蛋和糖，揉勻做成大餅放在爐上烤好，匆匆用布包好就出門。故事發展下去自然就是朝中同僚都分得這鬆軟甘香的大餅一嚐，方獻夫也就隨口把這私家自製餅食叫做西樵大餅。後來他辭官回鄉在西樵山設石泉書院講學十年，也就將製餅方法傳授與鄉民——白麵粉、白糖、雞蛋、豬油加上西樵山的清冽泉水，在地的西樵大餅當然更加出色。

順香園餅家
沙田火炭山尾街23-28號宇宙工業中心4樓B座（工場）電話：2605 6181
工廠式經營卻絕不馬虎粗糙，光酥餅有原裝和迷你。貪心的我問師傅可否復刻相傳中西樵大餅重達二斤的份量，他一味傻笑轉身埋頭搓粉——

八 一口酥軟清香的同時又貪心滑糯甜美，直接叫做燒餅的餅食個子小小，一口一個難怪長年都有街坊捧場熱賣。

九、十、十一、十二、十三
絕對稱得上又快又好的燒餅，製作步驟簡單。糯米粉開水採勻後放入小量豆沙餡料，在烘盤上用手壓平便可進爐，二十分鐘左右新鮮出爐，滿足早就排隊等吃的嘴饞顧客。

生命餅屑

舞者、劇場演員 黃大徽

帶了幾個光酥餅去見老友大徽，傍晚的公園廣場裡竟然很擠擁。上一回見他是穿著古裝的海瑞在台上聲嘶力竭。從萬曆十五年縱身一跳跳到2006年，演員觀眾路人都得重調焦距找落腳那一點。

說好要談談他要吃的光酥餅，大徽卻搶先報導他已經進行了半年的覓食計劃——尋找全港最美味的牛角包和切片核桃蛋糕，他的私檔案正在不斷添加更新，目的在於讓自己及好友在十八區行走的時候，可以更準確地作出選擇。

然後我們談到堅持自家工廠每天現做的魚蛋魚片，談到水準看來很穩定的集團式經營的餐館，一旦過份的穩定統一標準其實也是問題癥結所在，沒有個性沒有季節沒有變化沒有餘韻，我再多加一句，沒有過程沒有故事。

不知怎的我們還是沒有談到光酥餅，大徽說他平日自己一個人吃得很隨便，也因為身邊實在有太

多吃得習鑽的人，同桌吃飯要考慮太多複雜平衡關係，比較麻煩，倒是一個人不經意地闖進有心店家會有難得的驚喜。

然後大徽說，其實他從來沒有特別喜歡過光酥餅，當然也不抗拒。提起光酥餅，他馬上想起離世不久的父親。在大徽小學一二年級放學時分，父親忽然會開著小房車來接他，擋風玻璃窗後就有幾個特別給他買的光酥餅。

曾經顯貴曾經破落，大徽長時間沒有跟經歷了大起大跌的父親住在一起，所以之間的交流溝通很有限，明顯有一個無可填補的空洞。說回來也就是時間差，父子兩人等到不可再遇的那一刻，知死然後知生。

大徽說這幾個光酥餅實在太乾，喝了買來的礦泉水也於事無補，我們再談了一回，起身離去時拍拍散落在身上的餅屑。

九龍旺角花園街135號地下　電話：2394 1727
營業時間：0730pm-0800pm

奇趣餅家

老餅不老，因為燈光火猛的店堂中男女老幼出出入入人氣鼎沸旺盛，就是此處餅食又新鮮又便宜又好味的信心保證。

一　無謂嚕囌，新鮮出爐
　　的老婆餅皮酥餡軟，
　　趕快趁熱吃，管他吃
　　得一身一地散落的餅
　　屑。

027

傳說中的老婆

甜蜜悲情

明明是十八廿二青春貌美，為什麼一結了婚
就馬上變了「老」婆，與其說是甜蜜美滿，
倒不如說是種用心良苦的咒，老婆老婆一直
親暱地叫，彷彿就可保證百年好合，還會鎖
定目標永結同心。

明明是入口鬆化、餡料香甜、新鮮熱辣的餅
食，卻直呼老婆餅，馬上有了種種超乎一個
三歲五歲小朋友想像理解的聯繫——小時候手
執一個出爐老婆跟身邊小朋友一邊吃一邊開
玩笑，有老婆餅就該有老公餅吧！老婆是一
個餅，老公可會是一杯茶？至於將來的老婆
會是中文老師那麼漂亮還是英文老師那
麼兇還是音樂老師那麼聲線甜美？天曉得
whatever will be will be。

後來讀到老婆餅源起的幾個版本，雖然直覺
是牽強附會的民間傳奇，但也的確是上上世
紀的飲食男女實況。其一說是清末年間有個

恆香餅家

九龍旺角彌敦道579號地下1號舖（旺角店）／新界元朗大馬路64-66路（總店）
電話：2394 7668　營業時間：1000am-0930pm
位於元朗大馬路的總店長期人頭湧湧，客人一買三數盒自用送禮。看來專程
入元朗買餅的大有人在。親眼目睹往市區的巴士上一千人等大啖老婆餅「奇
觀」──其實當中有我。

	三	四
五	六	七
		八

二、三、四、五、六、七
　　走進工廠，才知道平日一元幾角的老婆餅實在要經過頗為繁複的製作過程，冬瓜蓉加上砂糖煮成糖漿混入熟糯米粉攪拌，做餡的工序得預先做妥，因為餡料需冷藏半小時再注入油脂再冷藏成半固體狀，方便包餡。老師傅又捏又搓的，就是把油水皮與油酥皮兩層餅皮分別準備好，令老婆餅吃出一口酥散多層次。

八　　小小餅店工廠人手有限，老師傅全天候「一腳踢」，幾十年下來由始至終對每一個製餅細節都掌握清楚，此間又是熱騰騰老婆餅出爐時間。

　　專門種冬瓜的農夫，因為天旱失收被迫把老婆賣給大戶人家。老婆賣了拿回一點錢，農夫沒有亂花卻拿來做生意，專門鑽研以冬瓜蓉製餡做餅，而且思妻情切刻意把親手烘出來的餅命名為老婆餅，結局當然是老婆餅大受歡迎賺大錢，足夠把老婆贖回來幸福和快樂地生活下去——這樣的先狠後甜的買賣借贖故事理應不少，由此推斷以賣出去的兒女叔侄父母命名的餅食也該不少。

　　接著的另一個版本沒有那麼悲情，倒反映了女兒當自強的本領，話說廣州茶樓老字號「蓮香樓」當年有一位潮州籍的點心師傅，有趟回鄉探親也把蓮香樓的點心帶回去讓鄉里品嚐，怎知他的老婆一吃就覺得不外如是，還認為娘家自製的油炸冬瓜角好吃多了，後來師傅把這冬瓜角的份量做法記好，帶回廣州做給老闆親嚐，老闆吃過讚不絕口，更建議把三角外型改為圓形，不用油炸用烤爐烘焙，這個upgrade改良版當然也被叫作老婆餅！

香港灣仔史釗域道1號（灣仔店）／新界元朗大馬路86號（總店）
電話：2477 9947　營業時間：0800am-0900pm
同樣是元朗老餅舖，旗鼓相當的除了以月餅亦以老婆餅一較高下。
為了符合現代健康原則，改用植物油代替豬油焗製老婆餅，
吸引新一代注意健康的食客。

榮華餅家

九、十、十一、十二

把搓好的油水皮包入油酥皮中，捏緊更擀回圓餅狀，在烤盤中一一把餅排好，掃上薄薄的蛋漿，一切準備就緒。

十三、十四

烤爐中烘得老婆餅金黃飽滿，一啖下去驗證酥軟層次，絕配喚作「老婆」的親暱叫法。

精神大使

出版社行政總裁 李偉榮

說到食糧這回事，可以很實在的談到用作飽肚的米麵糕餅，這些主食在我們這一代人來說實在得來太輕易（？！），的確少了一份珍惜尊重。意識裡全天候可以吃的雜食太多，又或者單是吃菜吃肉又一餐，主食可有可無。亦有人相信這些澱粉質食物是致肥的原因，極端起來避之則吉，所謂食糧這個概念也變得模糊鬆散。

再從另一角度談到精神食糧，從最基本的報刊書本到音樂到電影到戲劇舞蹈及各種視覺藝術創作，方方面面的滿足平衡，啟發指引我們的健康生活，在這個全民皆愛吃的時勢環境裡，如何製作出版推廣真正好吃的精神食糧，的確需要很多有心亦能幹的人參與其中共同努力。

數年前認識Derek的時候，他正在籌劃推廣他出版社的第一批書，強調緊貼社會年輕脈絡的這個出版方向，發展下來很被認同。書本從內容到設計都長得健壯漂亮，就像一盤從賣相到口感滋味有水準有要求的好菜。紮根香港的出版物除了在本地推廣，其實更需要動腦筋往外面世界跑，無論在商業上文化上都得站穩腳步。

所以有趟跟Derek聊起書本聊起吃，我笑問究竟一盒可以馬上入口的道地老婆餅重要，還是一本談老婆餅的歷史源流的製作過程的書重要？其實兩者都是食糧，甚至是一個城市的標誌是身份認同。曾經在新加坡工作的他就最清楚港式傳統老婆餅在新加坡朋友中的受歡迎程度，酷愛老婆餅的他自己也經常充當快遞員，飛機新鮮熱辣送貨。一塊好吃的老婆餅，在人家眼裡，就是香港。

年香園

九龍鯉魚門海旁道中43號D 電話：2346 3339
營業時間：120pm-0730pm
以雞仔餅馳名的鯉魚門老店年香園，也提供街坊版本的老婆餅，店面後面工廠現做，小量生產保證熱辣新鮮。

烹飪之道中最講究的「和」，也就在這小小一團又鹹又甜又脆又酥的東西中渾然天成透徹體現。

鹹甜一身雞仔餅

以和為貴

028

怎樣看，我也看不出面前的一團金黃酥香像一隻小雞，難道當中有驚天密碼？又或者，咸豐五年時候的小雞的確長成這個樣子？

關於餅食關於點心源起的種種傳說，經常是引人入勝又發覺終歸是博君一笑。就像面前這一見如故吃不停口的雞仔餅，以其酥脆軟韌集一身，加上鹹甜同體的本事，早就在一眾傳說餅食中突圍而出，成為孩童時代的我認定是最有性格的極品。而其始創的傳說，自然又與清末（？！）時代，鄉間土豪劣紳、奴婢丫環以及茶樓製餅師傅先後穿梭出場有關，通常都是豪紳夜夜笙歌終日睡睡醒醒，午睡後忽然肚餓忽然想吃出爐餅食，馬上要丫環小鳳四出尋覓。小鳳來到漱珠橋畔成珠茶樓，只見製餅師傅們都忙得不可開交地在趕製中秋月餅，無暇製作平日餅食。但這些嘴饞的豪紳卻又是不能得罪的，所以小

九龍深水埗南昌街197號　電話：2729 9440
營業時間：0730am-0800pm

八仙餅家

深水埗街坊老餅家果然名不虛傳，老師傅施展渾身解數，
小巧的雞仔餅鹹甜酥脆兼備，忍不住多吃一個。

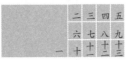

	二	三	四	五
	六	七	八	九
一		十	十一	十二	十三

一　明知故犯，雖然身邊日常有一千幾百條戒吃忌吃的規矩，但碰上新鮮出爐的雞仔餅還是忍不住要互相慫恿，你一口我一口分吃一個兩個以至更多，集體犯「罪」變成一種公開的秘密樂趣。

二、三、四、五　少不了的肥豬肉是雞仔餅的美味靈魂，切成細粒之後用酒、白糖拌勻，加了熟梅菜末、蒜蓉、南乳、瓜子仁以及五香粉拌好，再加入炒熱的糯米粉和花生油，拌勻成餅餡。

六、七、八、九、十、十一　將餅餡放入麵糰中捲成長條，剖開再切件捏成小圈，講究的會放入餅模中定形再敲出，加添放樣甚至寶號大名。

十二、十三　縱橫列陣把已經成形的雞仔餅排放在烤盤中，掃上薄薄的雞蛋液，入爐烤出鹹甜相和，口感酥軟脆硬兼備的美味。

鳳情急智生，就請師傅把製月餅的餡頭餡尾連同麵粉捏成小圈，更加入經過九蒸九曬的類似梅菜的「熟菜」（也可能就是師傅午飯時吃的梅菜蒸豬肉的剩餘物資），匆忙成形烘製新鮮出爐，鹹甜香脆兼備，自然得到豪紳的賞識，讚不絕口地同時問一句小鳳這叫什麼來著，小鳳一轉念也就隨口說，不像貓不像狗就像隻小雞，雞仔餅也因此得名。當然，尊重歷史有根有據一點可以叫做成珠（茶樓）小鳳（丫環）餅。

嘴啖雞仔餅，不知不覺地就把這看來急就章但其實經歷世代匯聚累積的民間飲食智慧和手工感覺一併吸收。烹飪之道中最講究的「和」，也就在這小小一圈又鹹又甜又脆又酥的東西中渾然天成透徹體現。在此多嘴提議江湖類型片的導演大哥們日後有什麼在茶樓講數擺平紛爭的場面，一眾黑衣大漢坐下喝壺普洱之際，不妨上幾個以和為貴的雞仔餅。

年香園

九龍鯉魚門海旁道中43號D　電話：2346 3339
營業時間：120pm-0730pm
來到鯉魚門除了一嚐海鮮之外，懂門路的肯定會捎回幾盒年香園口碑載道的新鮮出爐雞仔餅分發親友——

十四 相對於雞仔餅製作工序的複雜，
芝麻餅就相對的簡單「即食」
了。麵粉、糖、豬油圍起加水拌
勻搓出麵糰壓成餅狀，分別沾上
白芝麻芝麻，一烘便成。巧妙
處就在材料份量比例和入爐時間
火力，酥脆香口絕對可以與名牌
進口曲奇媲美。

十五、十六
老餅家習慣把新鮮出爐的芝麻餅
待涼後放入傳統鐵蓋厚玻璃餅罐
中，倒也不必擔心變潮變軟──
因為不出半天，滿滿一堆芝麻餅
就賣光了。

長命雞仔

演員 張達明

達明今天拿起我帶給他的這幾塊油香撲鼻的雞仔餅，只能看卻不能吃。因為他昨天才剛剛進了一趟醫院急診室，原因是開工拍戲宵夜時吃了不清潔的食物，禍根應該是那碟蠔餅。

禍從口入，老祖宗早就拋過來這一句四字真言，可是生活在上上世紀的人怎樣也沒法想像得到事到如今的確大禍臨頭，從能源耗費到全球暖化到環境污染到病毒肆虐到食物衛生監管失控……樁樁件件連環緊扣，吃，不再是人生最大享受卻變成了最大恐慌。

所以從某一個角度嚴格說來，好像太肥膩不健康的傳統小吃，如果用的都是真材實料古法人手製作，相對那些不知什麼化工原料合成的黑心食物，卻真的是百分百感人至深的良心美味。芸芸傳統老餅中最叫達明印象深刻的，首先是中秋時

分每份供的月餅會換回來的十盒八盒各式月餅之外，還會送上一個有玻璃蓋面的精裝餅盒，裡面的餅不吃也好看，然後就是過年過節家人從元朗買回來的雞仔餅和老婆餅。達明一直都不明白為什麼雞仔餅可以如此濃厚酥香鹹甜滋味共存，而且放在嘴裡咬著，良久良久都吃不完，簡直神奇。

當然以雞仔餅為日常流行小吃的日子早已過去，達明直指是西多士和公仔麵壓倒性地取代了很多唐餅小吃，茶餐廳淘汰了很多中式糕餅店，大集團經營也讓小店舖生存越見艱難──幾乎有三年五年沒有正式吃過雞仔餅的他，肯定會讓一雙小兒女吃雞仔餅核桃酥等等傳統小吃，要讓這些經典盡早在小朋友心裡佔一個位置。他也希望有心業界能夠把茶藝與唐餅店的銷售推廣連在一起思考，如此這般，雞仔才會長命百歲。

香港新界元朗阜財街57號地下　電話：2476 2630
營業時間：0730am-0700pm
早就改用花生油棄用豬油搓製的雞仔餅一樣受街坊歡迎，
特別一提不能不試的是這裡酥脆過人的黑白兩款芝麻餅。

大同老餅家

不像月餅的革命歷史有根有據，
也不像雞仔餅有超過五種老爺和奴婢糾纏的起
源傳說，唐餅舖裡從未缺席的核桃酥，
一直都是扮演著大配角的角色。

一 說得出做得到，看來要身體力行的貫通中西，由自家製曲奇轉到「開發」唐餅，核桃酥應該是較易成功的一個嘗試，至少新鮮出爐的那一刻，油香蛋香撲鼻已經先拔頭籌。

如此曲奇

029

核桃酥實驗中

在移情別戀外來的眾多曲奇和餅乾之前，我曾經是如此純情地愛過核桃酥。

核桃酥似乎從來都不貴，手掌大的一塊核桃酥新鮮熱辣出爐，撲鼻噴香，即使在今天比起有來頭的名牌曲奇，價錢只是四分一左右。也許是這樣，唐餅舖裡從未缺席的核桃酥，一直都是扮演著大配角的角色，不像月餅的革命歷史有根有據，也不像雞仔餅有超過五種老爺和奴婢糾纏的起源傳說。說到身世，粵語中合桃酥的合桃是否核桃的音誤？從來吃的核桃酥其實也沒有核桃（只有欖仁！）追尋下去身邊有人甚至猜是否核桃酥的鬆化裂痕似核桃摺紋，又或者那種餅邊烤得有點焦香的味道很像烤核桃的味道……

最古遠的核桃酥記憶，應該是在兒時深水埗家居附近桂林街上的一家早已忘了名字的老餅家買到的新鮮出爐版本，一兩角有交易，

沙田火炭山尾街23-28號宇宙工業中心4樓B座（工場）電話：2605 6181
不到早上八時，工場裡的師傅已經忙得不可開交。核桃酥是受歡迎熱賣，自然密密製作出爐。

順香園餅家

二	三
四	

二、三、四

用上麵粉、蔗糖、雞蛋、蘇打粉、牛油和豬油
搓成軟潤粉糰,分成小份放烘盤上,略壓平成
餅狀,掃上薄薄一層雞蛋漿,再撒上少許欖仁
──忠於原名的話可換上褪了衣的核桃仁,隨即
放入烤箱烤至金黃酥脆。

是下課後晚飯前的某種獎勵。然而我家心靈
手巧的老管家瑞婆當然就不甘願被坊間美食
搶了風頭,在沒有任何文字資料作材料份量
參考的情況下,她開始用自己的糕餅經驗自
行發明製作核桃酥。

麵粉、豬油、黃糖粉、雞蛋、蘇打粉、欖仁
──瑞婆發揮什麼都是「適量」的精神,進行
實驗。也就是說,我們一家七八口將會目睹
和親嚐形狀大小不一、軟硬程度有異,甚至
色澤深淺變化不同的核桃酥。因為每一種材
料的比例,此家蘇打粉和那家的不同,搓粉
時間長短,進烤箱的熱度控制,都是變數都
會有不同結果。其實從來都認真盡責的她在
這當兒卻很隨意很有玩心,畢竟這不是要開
門做買賣,作為「消費者」的我們也樂意和
她盡興,一旦出爐產品不成功也順便可以抱
怨撒嬌,再央她做粉果、燒賣甚至叉燒包補
數──

九龍旺角彌敦道579號地下1號舖　電話:2394 7668
營業時間:1000am-0930pm

恆香餅家

作為馳名囍餅老舖,恆香餅家的核桃酥自有它的江湖地位。原來核桃酥
也是傳統囍餅家族的成員之一,為食之人當然天天做喜事。

<table>
<tr><td></td><td>六</td><td>七</td><td>八</td><td>九</td></tr>
<tr><td></td><td>十</td><td>十一</td><td>十二</td><td>十三</td></tr>
<tr><td>五</td><td></td><td>十四</td><td>十五</td><td></td></tr>
</table>

五　說來有趣，大多數人早就習慣接受餅食的甜餡中出現「鹹」的蛋黃，但對皮蛋作餡卻多少有點保留。所以皮蛋餅一直被視作囍餅中的另類，也因為另類就更有個性。無論是半個皮蛋加蓮蓉或綠豆蓉作餡，還是一整個皮蛋獨立行事，都值得放膽一啖一試。

六、七、八、九、十、十一、十二、十三、十四、十五　跟大部份酥皮唐餅製法相若，兩層酥皮分別有麵粉、砂糖、豬油和雞蛋的「油水皮」和只有麵粉、豬油的「油酥皮」，各自搓成圓長條後，分開壓扁相疊，用麵棍擀薄，然後包入皮蛋（也有摻進甜紅薑粒的）。酥皮包攏後排放進烘盆，塗上薄薄蛋液，放入烤箱以中火烘約三十分鐘，待酥皮面變成金黃便可趁熱一嚐。

老餅 Cookie 寫作人鄧潔明

人未到聲先到，鄧潔明的笑聲是一眾老友裡面最有「特色」的，剪輯起來只要播放三秒大家一定能猜中這是她在笑，也就是因為笑得這樣狂這樣真，這麼多年一眨眼過去，青春常駐倒不是說笑。

作為一個在加港兩地飛來飛去的寫作人（又稱港、北美人），理應沒有什麼港式經典名菜以至街頭小吃是會吃不到的。但跟她一提起前些日子在元朗吃過的新鮮出爐的核桃酥，她幾乎馬上站起來動身出發要往元朗方向行進。

核桃酥為什麼沒有核桃？這些阿Ming嘻哈出的第一疑問，我只能回答說烘焙好的核桃酥表面鬆化脆裂，像極那據說很補腦的核桃。腦筋轉速比常人快的她，一下子就回到小時候上街牽著外婆的

手，小手揉捏著那盤根錯落的老手，拉扯著那越舊越漂亮的紋理分明的黑綢衣袖，走到街市餅店士多，外婆在玻璃罐內用油紙拎出一個依然鬆化可口的核桃酥，小阿Ming年僅五歲，雙手接過那完整的一塊核桃酥，那可是圓滿的一個開始。

當然稍稍年長目睹表姐一個又一個地出嫁，才知道核桃酥也是傳統囍餅的一個重要組成，從小恨嫁的原因不在天長地久卻在美味可口。問她在新書新劇本一個接一個的密集工作編排當中，還有沒有時間親自走入廚房弄點什麼吃？原來她最拿手的倒真是烘餅焗蛋糕，所有cookie類物體難不到她，看來核桃酥這類傳統老餅將會是她的新嘗試，一切承傳都先在自家廚房開始──

泰興公司

新界元朗流浮山正大街17號地下　電話：2472 2936
營業時間：0800am-1000pm

流浮山眾多海鮮檔口以及酒樓餐館間，專售海產乾貨的泰興也賣起自家手工製的皮蛋酥和蛋卷，一樣香酥可口出色過人。

兩個個體要生活在同一屋簷下，
需要的是包容、忍耐、體諒。
天大地大實在還該有更好的選擇，
為什麼此時此刻選中了你？

囍有此理

030

囍餅一擔擔

當今時世，如果得悉身邊無論短跑或者長跑了多久的有情人終成眷屬，實在已經刮目相看，暗地裡須給新人勇氣獎信心獎毅力獎，更衷心祝願雙方能夠繼續排除萬難——因為身為過來人，很清楚兩個個體要生活在同一屋簷下，需要的是包容、忍耐、體諒，而這都不是公餘進修一個什麼興趣班甚至學位課程可以拿到的證書文憑，都需要分分秒秒調節情緒累積經驗，而且更高班的要學懂放手：愛一個人就要給他／她自由，也讓大家能夠繼續接受誘惑接受挑戰。天大地大實在還該有更好的選擇，為什麼此時此刻選中了你？如何能夠讓大家在以後的日子裡都覺得沒有選擇錯誤？想來想去同時在實踐的是首先要求自己不斷進步，保證物有所值而且不斷增值。

話說多了，也許嚇怕了新人，還是乖乖收口開開心心去喝囍酒，但往往在席中也忍不住

香港新界元朗阜財街57號地下　電話：2476 2630
營業時間：0730am-0700pm

大同老餅家

作為元朗最老字號的唐餅專家，大同除了以中秋月餅盡領風騷，
囍餅製作也是一絲不苟依足古法。也就是這難得的堅持，
叫新一代得以依然可以親嚐古老婚俗美味。

	二	三	四	五	六
		八	九	十	
一		七			

一　不同顏色餅皮的紅綾白綾黃綾酥據說並沒有特別含義，只是放在一起就是很有喜慶吉利氣氛。層層疊疊的「綾」大抵就是大戶人家的綾羅綢緞，有著從此富貴榮華的寓意。

二、三、四、五、六、七、八、九、十
分別有紅豆沙、綠豆蓉以及核桃欖仁杏仁芝麻和瓜子作餡的紅綾、黃綾和白綾，製餅工序方法都一樣，油水皮與油酥皮兩層餅皮分別搓好互疊，包進餡料置於烘盤中，放進爐前更得各自加蓋囍印，依足傳統裝飾細節。

要開口。不是也不該埋怨酒席座位編排桌面佈置或者菜式酒水，因為忙中有錯是可原諒的，只是實在不能接受那些毫無創意的既不大方得體又不敢色情暴力的「玩新郎玩新娘」，落得不湯不水尷尷尬尬胡胡鬧鬧，很是一個污點。

每回面對這個環節這些情景，都覺得一是刪掉算了二是更勇猛地把一對新人擺上檯，接受傳統形式與內容的挑戰——如果兩人能夠一口氣分吃掉傳統囍餅裡最常見最受歡迎的每個淨重四兩的紅綾酥、黃綾酥、白綾酥、皮蛋酥、核桃酥和大蛋糕，更要吃到沒有任何一瓣酥皮和一點蓮蓉呀豆蓉呀五仁等等餡料掉到身上桌上地上，那就真是郎才女貌（或對調），天合之作，功德完滿——不是隨便說說就算而是開口吃落肚，所謂面對幾千年文明傳統的挑戰而又乾淨俐落勇於傳承，恐怕也就是這個意思。

一　在婚嫁禮儀日趨簡化的今時今日，什麼是三書六禮都沒有人理會了，勉強還留得住的是訂親時「過大禮」的習俗。男家在結婚前約十五至二十天，擇好良辰吉日攜帶禮金和各樣禮品往女家，禮品中禮餅必須包括兩對龍鳳餅及一擔（一百斤）中式禮餅，禮物分作「實心」和「酥皮」兩種。紅綾蓮蓉酥、黃綾豆蓉酥及白綾五仁酥為之「實心」，而老婆餅、核桃酥、皮蛋酥及蛋糕餅則為「酥皮」。至於其他禮品則包括海味、三牲、魚、椰子、酒、四涼果、生果、茶葉、芝麻、帖金、龍鳳燭、對聯等等。當女家收到男家聘禮，需將禮物的一半或其中屬於男家福分的物品回禮，整個儀式才告完成。若女家的最長一輩還健在，男家更要再另外購買十至二十斤餅食讓老人家按喜好自行派贈親友，俗稱派「太婆餅」。但此等來往禮儀大多變成隨喜帖寄發的唐餅券，一切自助自動了。

蓮香樓

香港中環威靈頓街160-164號地下　電話：2544 4556
營業時間：0600am-1030pm
曾幾何時製作多達三四十款的唐餅，老牌茶樓兼餅家蓮香如今也只製作長青款式。除了年年旺市的中秋月餅，嫁女囍餅當然也是這裡的強項。即使不是嫁娶訂購，還是可以在店堂買到每日限量生產的新鮮囍餅過過癮。

十一　儘管現在囍餅送贈都採取餅卡制，而且早就分門別類獨立包裝，但如果有特別要求，餅家也會「借」出一兩個按傳統式樣裝置的餅盒，放進可以真吃的「樣本」，以供過大禮時使用。

十二、十三、十四、十五、十六、十七、十八　除了老婆餅、皮蛋酥、核桃酥幾款已經轉化成為日常餅食的囍餅，這個撒滿欖仁的蓮蓬狀大蛋糕也是獨當一面的傳統糕餅。

十九、二十　傳統禮儀形式隨著環境時日變遷改革，什麼才是當下潮流？又會否不日「回潮」，倒是有趣的討論話題。

囍上眉梢

製作籌劃 招振雄

好久不見，振雄劈頭第一句就是，我要結婚了。

他是那種相識了幾乎二十年，分明一把年紀卻怎樣也不覺怎樣老的朋友。按他自己的說法就是擔心不來的就不去擔心，無謂不明不白的死掉太多細胞。簡單來說，他從來都是個開心人。

與未來太太相識六年拍拖三年，振雄還是笑得眯著眼且有點狡猾說要交上心儀女朋友有兩大秘技，一是養一頭超級可愛的狗（？），二是精通電腦硬體軟體技巧，好讓女孩可以一天到晚借故打電話來問長問短。看來他這兩項秘技也得暫時回收，因為新生活在前，大紅囍字貼在額頭。

談到婚禮婚宴前的一切習俗，振雄馬上飾演支持傳統的好男人。他從口袋裡掏出一大疊中式囍餅券以證明身體力行。單看他從來就這麼有份量的體態，

就知道他愛吃的項目一定不會少，竟然連囍餅也是日常點心，最愛是豆沙餡酥餅。一旦自己當起主角的時候，傳統的囍餅又怎可以缺少。

記憶力驚人的他竟然記得童年時候在尖沙咀舊火車站月台上目睹那些用扁擔挑著一擔又一擔女餅回鄉的婦女，悠悠顫顫地就走過了木頭大紅漆盒到卡紙禮盒精裝的年月。全無派餅經驗的我問他在派餅券的時候如何把中西禮餅券的比例分配，他很準確地說出一個六比四的關係，而一向細心體貼深知好友口味的習慣的他，保證所有收到或中或西餅券的一眾都會分享喜悅吃得高興。

身為樂壇資深幕後製作精英的他，面對自己這個人生大場面，坦言不會做成一場娛樂性豐富的商業大show。熱鬧過後兩口子開展新生活，除了繼續可以一口半個紅綾白綾黃綾囍餅，還有那由他親自下廚炮製的江湖聞名已久的瑤柱燕窩粥——

九龍九龍城打鼓嶺道7號地下　電話：2383 0052
營業時間：0900am-0800pm

和記隆潮州餅食之家

作為和記隆這個老招牌的始創者，此間生產的潮式糕餅款式齊全口味正宗，難怪「潮」人鄉里嫁娶囍餅都指定要在這裡選購。

一

小小一個杏仁餅也有
加蛋黃肥豬肉杏仁粒
的富貴增值版與純粹
綠豆粉加糖加豬油的
平民版本之分，有的
餅模有寶號大名有些
卻無名無姓歸於平淡
只留花紋。無論如
何，吃到酥脆恰當，
軟硬適宜，齒頰留香
的杏仁餅，已經心滿
意足。

這些作為家裡奉客和出門當作乾糧的炒米餅，
一不小心勾起了老爸兒時在鄉間遊蕩旅行甚
至戰時逃難的回憶，這是生於太平盛世又怨餅
太硬的我這一代人無法想像連繫的。

031 當炒米挑戰杏仁 硬打一仗

從來吃杏仁餅的時候就會想起炒米餅，吃炒
米餅的時候又會想起杏仁餅。

當然硬要把兩者分開，炒米餅的確就是比杏
仁餅硬。歷史上也肯定有人在用力對付炒米
餅的時候咬崩過牙。家裡老管家瑞婆晚年時
候牙齒掉得差不多，半塊家鄉炒米餅就在口
裡磨蹭半天，依然「健在」。撥個電話去逼老
爸口述歷史，追問為什麼炒米餅總是這麼
硬，他就解釋這些用炒米研粉加糖漿混好然
後直接烘焙的餅食，通常在年晚時分製作，
因為材料異常簡單，不易變壞，只要保持乾
燥避免受潮地存放好，一吃就吃上幾個月以
至一整年。這些作為家裡奉客和出門當作乾
糧的炒米餅，一不小心勾起了老爸兒時在鄉
間遊蕩旅行甚至戰時逃難的回憶，這是生於
太平盛世又怨餅太硬的我這一代人無法想像
連繫的。為什麼餅這麼硬他始終沒回答——餅
硬，命硬？

陳意齋

香港中環皇后大道中194號 電話：2543 8414
營業時間：0900am-0700pm（周一至周六）0900am-0630pm （周日）
當一般零食店舖都只是代理澳門或者內地來貨的各式杏仁餅，陳意
齋從來堅持自家工廠手工造杏仁餅，小巧精裝還有原顆杏仁在內，
口感奇佳。

二	三	四
五	六	

二、三、四、五、六

年香園老師傅示範基本功，綠豆粉加入砂糖
再拌入叫人又驚又喜的豬油，以人手混勻。
要吃得出細緻口感，不能忽視用雙手把粉粒
搓拍至乾鬆幼滑的程序。

其實根據家中這位老餅口述，炒米餅也有混入像綠豆粉、原粒砂糖以至花生碎及肥豬肉做的高檔版，但這已跟杏仁餅開始靠近了。這種升級版通常不會用力在餅模裡把米粉糰敲打壓實，就讓它烘烤後還是鬆鬆的易入口。還有一種上品是用爆米花混入糖水及芝麻，模成餅再焙好，又是米餅的另類口感。

至於本來只用綠豆粉裹進一片以砂糖醃製的肥豬肉做成兩頭尖似一顆杏仁的「杏仁餅」，初時竟然沒有任何杏仁成分，只是這兩頭在運送過程中極易崩爛，才進化成現在的圓形，也開始真正地加入杏仁碎增添杏仁味。原籍中山的杏仁餅是澳門的著名手信，不知怎的始終沒有被香港一眾餅家搶來瘋狂大規模自製，這也好，總算給大家一些買買賣賣禮尚往來的空間。

九龍旺角彌敦道579號地下1號舖 電話：2394 7668
營業時間：1000am-0930pm
堅持用炭爐焙烘的杏仁餅，小巧獨立包裝以免途中砸碎，
入口鬆酥得不能作聲！

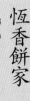

恆香餅家

十一	十	九	八
十三	十二		
	七		

七　善其事利其器，一個結實的雕花餅模是製餅必備工具。

八、九、十、十一
　　老師傅熟練的一壓一推一刮，把餅粉不多不少的填進餅模中，再用
　　餅棍有序的敲打餅模四角，好讓餅身能夠完整脫模。

十二、十三
　　小心將成形的杏仁餅整齊排放在烤盤中，放入烤箱中烤得一室飄香
　　——這個沒有任何添加的杏仁餅倒也吃出原始真味。

中山好人

導演Ronda

Ronda的媽媽是一個厲害的中山人；當然，是一個好人。

那年Ronda大概十歲，不抽煙的媽媽買了一包薄荷煙，拆開來要她們六姊妹兄弟人手一支，然後說了一句要她們他們用盡一切方法把這支煙「吃」完。十歲的Ronda不知如何是好，只知道煙是要先點著的，然後用力的抽，幾個小傢伙自然都因為不得其法而嗆得半死。然後，這麼多年過去，Ronda和她的姊妹兄弟對香煙都印象很差，沒有一個成為煙民。說起來大家都不明白，為什麼媽媽當年會想到這樣一條苦肉計，只犧牲了區區一包煙，就換來六條性命。

也因為媽媽是中山人，Ronda八歲那年跟著爸媽和所有姊妹兄弟回到中山溫泉區去度假，這是Ronda

記憶中第一次也是唯一的一次全家總動員去遊山玩水。八歲的Ronda不知當年內地流行用各種動物（例如大熊貓）做Q版垃圾桶，她和兄姊們爬上溫泉賓館門口那隻大熊貓，拍了很多很多的照片，很開心，到後來才知道這是個垃圾桶，拍掉整整一捲底片丟了又覺很浪費。

然後媽媽買了兩盒中山特產杏仁餅，還是有肥豬肉作餡的那一款。一盒一家人吃，一盒留著帶回香港送禮。Ronda怕肥，一邊吃一邊把肥豬肉揀出來，把餅弄得支離破碎。媽媽很生氣，要她完完整整地再吃完一個有豬肉餡的杏仁餅。自此不知為什麼Ronda就對杏仁餅很有感情，也許是因為中山製造的關係，而且她每次吃杏仁餅，都會覺得這個餅是她媽媽親手做的。

八仙餅家

九龍深水埗南昌街197號　電話：2729 9440
營業時間：0730am-0800pm
沒有豪華包裝更沒有廣告宣傳，最樸實最基本的杏仁餅倒也吃出獨有的民間人情味。

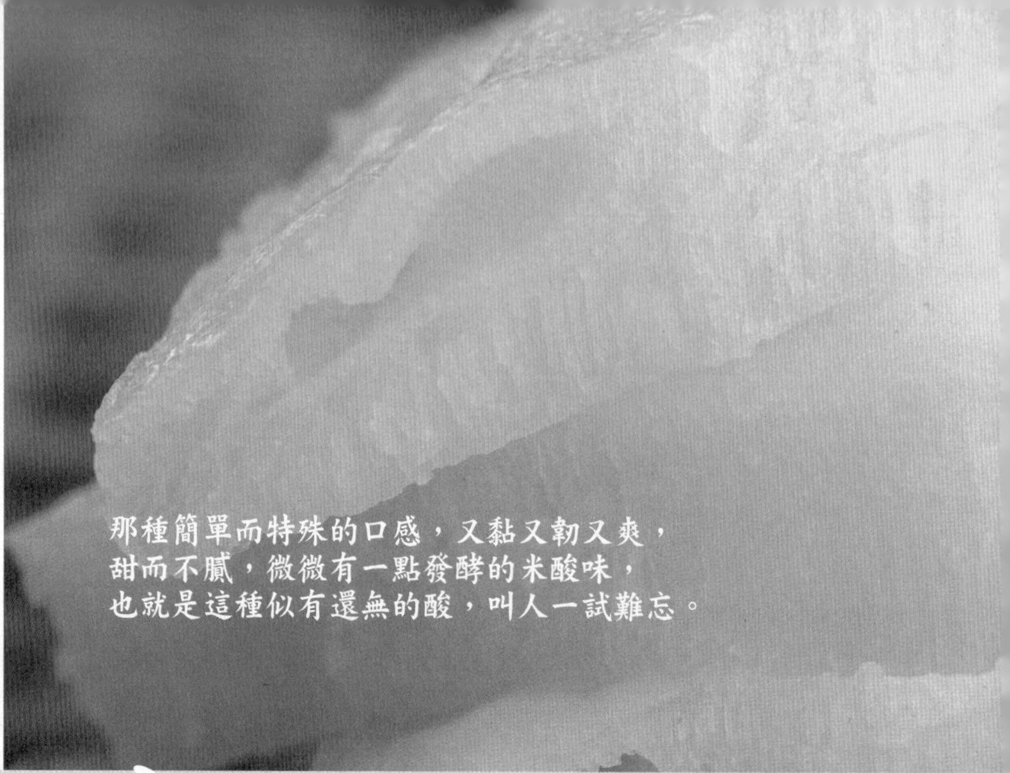

那種簡單而特殊的口感，又黏又韌又爽，
甜而不膩，微微有一點發酵的米酸味，
也就是這種似有還無的酸，叫人一試難忘。

素臉迎人

無印良品白糖糕

032

白——糖——糕，有白糖糕賣——

這一聲接一聲悠長細遠的叫賣吆喝，也許只在香港歷史博物館的當年今日多媒體光影秀中重錄再現，又或者極其稀罕地在某部磨損得斑駁花白的粵語長片中偶然有不知名小角色扮演小販甲，肩挑手挽白糖糕沿街叫賣，身為工廠皇后的女主角穿著一身花布衫褲拎著搪瓷飯壺，在下班的路上停下來花一毛錢買一塊晶瑩素白來作零嘴。

用今天的稱呼，這叫直銷這謂之互動。

和身邊伴談起白糖糕，這一小塊即使未算摯愛但也確實感情深厚的傳統小吃，還是印象深刻津津樂道的。

住在當年廉租屋徙置區的一眾同齡，總記得隔天就會有個穿白背心的阿叔或者阿伯，人

九龍深水埗福華街115-117號 電話：2360 0328
營業時間：0730am-1000pm
深水埗區白糖糕不二首選，甫出地下鐵便見小小店面外面排了長長的人龍，人手一個白糖糕的場面早已慣見。

坤記糕品

一　晶瑩雪白，清甜軟潤，糕身裡那獨一無二的橫豎氣眼自成均勻結構，該是糕點界第一代 air cushion。

二　工欲善其事必先利其器，白糖糕出爐後切記要放在這負責疏風透氣的特製竹籮上吹爽待冷，保持糕身在一定時間內依然軟韌，不致太快變潮變酸。

未到聲先到，白──糖──糕──吆喝吸引出樓上樓下饞嘴為食的大人小孩。阿叔肩挑手挽一大桶預先切割成三角形間疊好的白糖糕，重負攀爬一層一層樓，在走廊通道上已經被一眾「攔截」，交易順暢成功。

手捧用一小方半透明白雞皮紙包住的一片白糖糕，顫顫騰騰的一口咬下，那種簡單而特殊的口感，又黏又韌又爽，甜而不膩，帶著白糖和米糕的清香，微微有一點發酵的米酸味，也就是這種似有還無的酸，叫白糖糕和別的甜食一味的甜有所區別，叫人一試難忘，記憶良久。

我們都習慣去蕪存菁地把過去的簡單美好留住，在那個沒有過多選擇的年代，白糖糕當然是榜上有名的吃食，甚至會成為清明重陽掃墓追思故人的食物，也許是它的純正樸素本身就是一種尊敬吧──我就很清楚記得一口燒肉一口白糖糕的狼狽相，不小心更會讓白糖糕沾上了燒紙錢的灰燼，得用清水輕抹一下，繼續以一張素臉迎人。

一　白糖糕又叫倫教糕，相傳始於明代順德縣倫教鎮石橋頭一家粥品糕品店，該店剛巧設於當地清泉旁邊，以泉水洗糖盡去濁質，混入發酵後的米漿做成的糕點清甜可口。後來有人開始在煮糖水後加入蛋清去濁，亦成獨特「古法」。有說造糕前選米應以優質隔造米為佳，因為隔造米膠質較少才能造成糕身爽潤彈滑。

三德素食館

香港北角英皇道395號（華豐國貨公司旁）電話：2856 1333
營業時間：1130am - 1100pm
深受街坊擁戴，人龍早晚不絕的這家素食店，臨街櫥櫃除了有各款巧手素食點心，素淨的白糖糕也以清香爽軟吸引人。

三 因為年少時候早晚幫父親做米漿以致疲累不堪拖垮學業，坤記老闆曾經反叛埋怨，但事過境遷重執父業，反加倍努力鑽研造糕技巧，摶得街坊不絕讚許廣泛支持，吃過他做的白糖糕，就知道他這個驕傲的架式絕對站得住腳。

四、五、六
白糖糕的製作說來容易，但其實當中要注意的技術細節也頗為講究。將粘米打成米漿後放入布袋以大石擠壓出的米水稱作老米漿，而布袋內的米糰另外加水成新米漿，兩種米漿混好更要沖入煮沸的白糖水（有以蛋清濾過）。拌勻待冷後加入糕種，靜置約十小時讓其發酵，直至漿面有均勻小氣眼出現，放入盤中搗平入籠蒸約半小時即成。

	四	五
三	六	

微酸之謎
香港社區組織協會幹事霍天雯

問她是否覺得有些時候吃白糖糕會吃到一陣微微的酸味？Iman毫無疑惑地笑著回答，白糖糕不就該是有這種微酸的味道嗎？

雖然三番四次求證於好幾位經驗豐富的糕點師傅，大家一致認為並以各自的功夫保證，只要材料份量準備充足製作步驟有規有矩，白糖糕絕對是清甜而不帶酸味的。米粉漿跟酵種一比一混合，蒸熟後不會有任何酸味，大家印象中記憶裡那種酸，是由於酵種發酵時間過長的緣故。坊間白糖糕在售賣時被覆蓋在白布裡擺存，糕身可能輕微變酸，加上從前的小販肩挑手攜在室外叫賣白糖糕，日曬雨淋沒有固定通風室溫，才致使白糖糕出事——雖然有這個那個解釋，很可能我們嚐過的第一口白糖糕就是在這種狀態底下

出現，所以那種微酸就變為性格，理所當然。

即使我們現在還能在為數不多的糕餅老舖裡吃到依舊廉價品質依舊有保證的白糖糕，但作為年輕母親的Iman也覺得現在的小朋友有太多繽紛顏色選擇。在芸芸糕點中肯定先挑西餅，很難愛上這平白無奇亦沒有包裝的白糖糕，更無法想像父母輩當年生活在仍可上門吆喝叫賣的公共屋邨裡跟小販叔伯有人氣十足的互動交往。

因為抱負因為信念，長期在舊社區為弱勢社群服務的Iman，手執一件白糖糕，無論是新鮮現做的清甜，還是些微變酸，箇中跨時空好滋味，恆常在心。

一　簡單如面前小小缽仔糕，都教曉街坊至少有兩種選擇：一是黃糖調色調味，一是白砂糖椰汁調味，製成品便有兩種長相。有的店家堅持全用中國產舊粘米磨漿，有的卻新舊米互混，唯是都堅持把米浸軟浸透再磨出幼滑米漿，拒用現成粘米粉開水代替，才會蒸出又滑又彈牙的缽仔糕。

當我們面前有這樣那樣一千種日新月異的糕點選擇，我們有誰會覺得缽仔糕是必然首選，非吃不可？

馬路天使

033 適者生存缽仔糕

中環，傍晚下班時分，或回家或赴快樂時光或去運動或去上瑜伽課或去進修或走出來吃點什麼之後再回辦公室的各有面目的匆匆人潮中，有一對穿著破舊的老夫婦，像影片中的慢鏡甚至定格，佔據了這個全港最忙最急的時空一角，兩人沒有怎樣發聲，默默守著一輛簡陋的塑料紙糊上蓋的木頭車，賣的是缽仔糕。

兩人大抵都年逾七十，動作明顯的緩慢，甚至可以說根本無力應對這個發瘋失控的都市節奏。然而也正是這樣強烈得奇特的反差對比，倒叫好些路人突然放慢腳步，即使沒有打算要買甚至從沒吃過缽仔糕，也都會掏出十元八塊，跟兩老買幾塊長相平平、食味一般的糕點，算是一種善意幫忙一種真心憐憫，希望老人家可以快快賣完這車食物，早點回家休息。

這其實是否也就是我們對待缽仔糕這種傳統

信興隆食品

九龍紅磡土瓜灣銀漢街19號G地下　電話：2356 1211
營業時間：0900am - 0600pm
保持零售批發日賣一千個缽仔糕的紀錄，更衝出土瓜灣老區老舖到葵涌開設分店，矢志把傳統糕點街頭小吃發揚光大滋味共享。

二	三
四	五 六

二、三、四、五、六
　　走進工廠就如走進大
蒸籠,但能夠親眼目
睹坤記老闆傳先生如
何一人親手把米漿注
碗、放豆,再層層疊
疊架起蒸籠,很有一
種生活進行中的陣勢
——待成品熱騰騰出
爐,早已拿著竹籤的
我已經忍不住伸手向
指定目標。

糕點的心態呢?當我們面前有這樣那樣一千種日
新月異的糕點選擇,我們有誰會覺得缽仔糕是必
然首選,非吃不可?我們會把缽仔糕視作一種民
間傳奇,對土瓜灣林伯經營的信興隆缽仔糕仍然
堅持用舊粘米浸軟磨製米漿,用潮式黃糖粉調
味,用皮薄身軟豆味香的天津紅豆作配料的老實
手工做法敬佩尊重,路過時買它三五塊,回家回
辦公室與眾共享,一邊吃一邊說好味道好味道,
皆大歡喜。然而大家也很清楚這是個物競天擇適
者生存的商業社會,手執竹籤也不一定指向缽仔
糕,一句看看各自造化就合理解釋了這種那種舊
日傳統民間低價糕點的消亡原因。

那批在童年時代就吃了不少缽仔糕的不知不覺已
到中年的食客如你我,應該在有生之年還是可以
吃到食味長相都不俗的缽仔糕,至於之後的小朋
友口福運氣如何,就看其時是否還有如馬路天使
一般的兩老在鬧市中擺賣這來自另一個時空的傳
奇美味了。

九龍深水埗福華街115-117號(地鐵站B2出口)　電話:2360 0328
營業時間:0730am - 1000pm
人工手作遠勝機器大量生產,小店經營也沒有過份膨脹野心。
守著一家街知巷聞有口皆碑的老舖已經心滿意足。

坤記糕品

```
        十
        一
      七
  八 九 十
```

七　為了避免損耗過多，大多數店東都採用白瓷碗盛米漿蒸糕，但卓越餅店的師傅卻堅持原汁原味，用上瓦缽更突出鄉土氣息。

八、九、十、十一
當你早已通曉自家製作英式牛油鬆餅美式巧克力曲奇甚至和式起士蛋糕，你可會按圖DIY試試來趟缽仔糕之旅？

放心粗鄙
攝影師、衝浪人包瑾健

有包瑾健存在的一日，缽仔糕看來都不會敗亡。

當然靠包瑾健一個人，絕不可能支撐消耗市場上所有每日新鮮製作的缽仔糕，但以他這個人見人愛的長相，手執竹籤叉起一個缽仔糕大街小巷四處逛，肯定會吸引一眾少男少女重新發現這傳統糕點的可親可愛處。

缽仔糕可親可愛是因為它平凡，阿包的可親可愛是因為他粗鄙——他自己說的，我只是覆述所以不構成謗諑。草根在地down to earth，在種種奢華時尚充斥的浮誇環境裡，若要保持難能可貴的一種單純，早午晚日食一至三個缽仔糕看來是個有效療法。

很難想像阿包小時候會乖乖地跟著外婆到菜市場買菜，為了叫他不會一邊走一邊大吵大嚷，外婆買來一個又便宜又好味的或黃或白的缽仔糕讓他小手執著。看來所有小孩都喜歡甜的、滑的，甚至會彈跳的玩意，無論是把它當作點心還是索性以之飽肚，因為用碗盛載新鮮現造，叫大人小孩都安心放心。

問這位縱橫闖蕩江湖搞亂一潭死水的攝影師最近有什麼新動作，他笑笑口說一星期至少有三天在衝浪。這種行樂及時與年齡體能搏鬥的姿態也真的不曉得如何評價——是長不大的孩童本色，還是入世老練的成人心思，看來他都是。問阿包為什麼還這樣了無牽掛大膽放肆，包兄瑾健眨了眨那永遠精靈的眼睛回答道：我便宜我賤，我吃了缽仔糕！

卓越餅家

香港西營盤皇后大道西183號地下　電話：2540 0858
營業時間：0830am - 0800pm
小小瓦缽盛載軟滑米糕，將鄉土情懷重新注入煩囂鬧市，為街坊提供又一窩心選擇。

這種種日漸疏遠的食物當中倒有一項是絕對健康的，
就是那始終飄著淡淡蔗糖香和米香，
咬下去鬆軟柔韌的鬆糕。

鬆糕的實實在在

近鄉情怯

034

每趟因為這樁那件事重回到小時候住過的老區，都會有種奇奇怪怪的忐忑感覺。無論是嬰孩襁褓時代居住過的土瓜灣，還是童年至少年時代跑跳浪蕩過的深水埗，那種既熟悉又陌生的街巷，樓房幾度拆建裝修，餐館商場人面全非，心裡自動有個聲音在唸「少小離家老大回」的古詩，雖然我並沒有那動不動就搬出一堆風扇呀傢具呀海報呀出來懷舊的習慣，但也禁不住再三反問自己，是我走得太慢（太快？），還是社會周遭走得太快（太慢？）。

人長大了，直接一點說是老了，居住環境改了，生活方式變了，連飲食習慣也再不一樣。從前肆無忌憚吃的甜的鹹的煎炸的肥膩的，現在都以健康理由拒之於千里之外──實說是千里也只是幾步之遙，因為實在嘴饞忍不住又越走越近，伸手抓住正要

九龍深水埗基隆街251號 電話：2386 1034
營業時間：0630am-0660pm
老街老舖有它一成不變的傳統老味道，新舊來去，
多一份思考多一份珍惜。

鴻發糕品

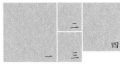

一　近距離細看那鬆軟的層次結構，兒時一定想像過這是超級大軟墊。

二、三、四
米漿磨好靜待發酵再拌入黃糖水調勻，每日重覆又重覆的工序看來簡單不過，實在亦不能掉以輕心，累積多年的經驗就是專業水準，信心保證就是好滋味。

放進口又有內置警鐘響鬧，進退維谷導致悶悶不樂，不快樂又何來健康？

但這種種日漸疏遠的食物當中倒有一項是絕對健康的，就是那始終飄著淡淡蔗糖香和米香，咬下去鬆軟柔韌的鬆糕。也許是我現在日常行走的街巷已經容不下這些蒸製傳統糕點的老舖，也許是我肚子一餓就馬上有一千幾百種潮流熱賣大中小點偷步取代鬆糕的地位，也許是我根本忘情不念舊，也許是鬆糕根本沒有與時並進，沒有巧克力味沒有流沙奶黃餡沒有獨立包裝而保鮮賞味期限也不長久……

如果我有種種藉口冷落小時候一度喜歡的平實無奇的鬆糕，如此涼薄地放棄擁抱民間真滋味，那麼有天當我忽然被這急速「發展」的社會拋棄，也是一件理所當然的事。

— 作為一種十分平民的廣東道地小吃，鬆糕原來有一個暱稱叫「大石」（？！），大抵形容的是鬆糕蒸起時候鬆軟膨脹狀似大石，所以吃鬆糕又會叫做「的」（捧起之意）大石。

— 鬆糕的製作按部就班，大米粉漿經過發酵後加進蔗糖水拌勻，放置蒸籠內蒸製便成。微黃的糕色，滿佈針眼小洞的糕身，又鬆又軟又彈牙，香甜可口，難怪長久以來成為受平民百姓喜好的日常糕點。

坤記糕品

九龍深水埗福華街115-117號　電話：2360 0328
營業時間：0730am-1000pm
小小店堂巧妙堆疊擺放十數種糕點，來來往往各有捧場熟客。今天吃一個鬆糕明天買幾塊芝麻糕後天一口缽仔糕。

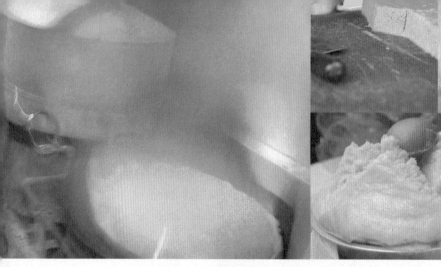

五、六、七

老店鴻發經營數十載都是以十來種傳統糕點滿足街坊，在選擇花款口味日增的今時今日，平凡如鬆糕隨時面臨被淘汰的危機。

八　碰上傳統喜慶節日，嫁娶儀式，祭祀習俗，各種大小形態的鬆糕還是會欣然登場，成為不可或缺的角色。

微波少年

電影製作 丁裕軒

我身邊其實的確有一千幾百一萬幾千個像叮叮這樣的男孩。

這樣說他也許會不高興，因為叮叮也的確是獨一無二的。這麼年輕就這麼義無反顧地愛電影，也因電影之名做了這麼多的壞事；比方說不睡覺，一連開工二十八至三十七小時，然後才睡他十七八小時；抽大量的煙，灌幾瓶蠻牛；又或者剪接回他在美國讀電影的那些日子，基本上做了幾年微波少年，頂多只是開車到外面吃些自覺也不知所謂的；幾年來大抵在廚房拿起過一次鑊鏟，煮了什麼來著？我問，他當然是忘了。

所以當叮叮繼續倒敘他由小學五六年級到中三那一段日子，晚餐幾乎都是吃媽媽為他用微波爐加熱的茄汁意大利麵，其時他的體重最高曾達一百八十磅。再早期小學一至四年級的午餐都是麥當勞薯條漢堡加可樂。雖然他有補充說，家裡也有正常飯餐如蒸魚，但下的油很少，不及魚柳包好吃——我忽然像明白了很多，因為明白了，也就無話可說。

我沒有怪叮叮，也沒有怪叮叮的家人，因為我不知道該怪誰。我問叮叮，你不怕早死嗎？他有點口硬地說，不怕，但怕病（怕的是一旦病了，就不可以一連開工三十七小時？）。他又忽然插進一句，我不享受過程，只享受結果。對的，吃，其實是個過程，而不在飽肚或者說好吃好吃那一刻。當我們放棄過程，其實就連自食其果的機會也放棄了。

我從包包裡拿出幾個剛買的鬆糕，來，嚐嚐看。叮叮沒有抗拒，也因為他餓了，一下子就吃掉兩個，一邊吃一邊說，原來不錯。

不好意思翻查最高紀錄，曾幾何時一個春節究竟我行走串門一個人加起來總共吃了多少盤蘿蔔糕，如果把芋頭糕也計算在內，那就更不得了。

一 | 二

一、二

很難想像我們的日常鹹食糕點裡沒有了蘿蔔糕或者芋頭糕，那種熟悉那種直接滋味足以令從來也怕麻煩不入廚的「潮」男「型」女也會心血來潮的在年節時分，要親手自製一趟來證明自己還是有一點天份，未至於被摒棄在美食大門以外。

報時訊號

家傳蘿蔔糕芋頭糕

035

在那些只有冰冷三明治、燈照保溫牛角包和即沖咖啡紅茶以及冷飲出售的這個跟那個沒有分別的歐陸機場候機室旁小食亭裡，我左右來往徘徊無法作出決定，究竟可以買點什麼吃的去平撫那因為航班誤點而導致的嚴重不耐煩，無論那煩人的重覆廣播如何道歉，無名火起是沒有方法可以安撫我的了，除了給我一點好吃的，此刻想到的是蘿蔔糕，噢，芋頭糕也可以。

如果有人端出一盤剛剛蒸好的鮮甜蔥味的蘿蔔糕，又或者把那咬下去一口粉嫩芋香的芋頭糕切方煎好上碟，哪怕你準備登上的是飛往哪裡的航班，我是矢志決定尾隨不捨的了。

不好意思翻查最高紀錄，曾幾何時一個春節究竟我行走串門一個人加起來總共吃了多少盤蘿蔔糕？如果把芋頭糕也計算在內，那就

八珍醬園

香港中環威靈頓街75號 電話：2545 6700
營業時間：1000am-0730pm
年近歲晚，不難發現原來友儕分別專程購來互送的蘿蔔糕芋頭糕都竟是八珍出品，足料好味沒話說。

更不得了。自小訓練過年時節是不用吃飯的，只要準備好胃口，就可逐家逐戶品評其掌廚的蒸糕工夫造詣。當然，現在如果還肯陪著長輩去拜年，大抵也只能努力去分辨這家餐館與那家餐館對傳統食物的認識了解和包裝技巧宣傳策略。

即使我們一年四季無時無刻都可以吃得到蘿蔔糕芋頭糕，但總覺得有了農曆新年造就一個氣氛環境，入口的傳統糕點會格外好滋味——當然有人堅持用石磨米漿而不只用現成粘米粉、澄麵粟米粉混成的米漿，有人肯花時間千挑萬揀芋頭要挑紫筋粉心荔浦芋，蘿蔔狠狠去皮只取最鮮嫩部份，更用刀切條而不用刨磨蘿蔔，連臘味也挑本地手工巧製的高檔貨色，至於炒蘿蔔時加糖，拌粉漿時加胡椒粉等等細心小動作，就更是把蘿蔔糕芋頭糕昇華成世間美味的家傳秘技——

候機室裡東歪西倒地塞滿久候航班的人群，眼見面無人色的一眾該都在苦苦記掛心中家鄉美味吧。

九龍深水埗基隆街251號 電話：2386 1034
營業時間：0630am-0660pm
街坊老舖四季全天候都有芋頭糕供應，平實口味幾十年如一日。

鴻發糕品

	四	五	六	七
	八	九	十	十一

三

三　蘿蔔去皮擦成蓉的這一個工序是製作蘿蔔糕全程當中最消耗體力的一刻，這當然也是蒸好糕後多吃幾塊的最佳理由。

四、五、六、七、八
準備蒸糕前擺滿一桌的白蘿蔔，肥臘肉、臘腸、冬菇、蝦乾、白芝麻、芫荽、蔥，當然還有粘米粉和生粉等等，已經是一派豐衣足食的景象。然後按部就班地把浸軟了的冬菇和蝦乾切小粒，臘肉和臘腸也切小粒，爆香炒熟，再把刨成絲的白蘿蔔翻炒煮沸，以粘米粉和生粉混合的稀米漿傾入蘿蔔蓉中拌勻，再把炒好的材料一併放進，加入豬油、胡椒粉等調味，就可以鏟起放入塗了油的糕盆裡準備蒸糕。

九、十、十一
年近歲晚糕點工廠的師傅當然日以繼夜施展渾身解數，一盆又一盆的蘿蔔糕熱辣辣出籠滿足一眾捧場客。入蒸籠以旺火蒸約四十五分鐘至一小時的蘿蔔糕已經大抵蒸好，出籠前再把預留臘腸粒放在糕面，全熟後亦趁熱撒入炒香的芝麻、芫荽和蔥花──說說寫寫容易，看來還得下定決心DIY實踐。

夜半蘿蔔

作家黃寶蓮

當寶蓮把她的蘿蔔糕故事說到一半的時候，我已經忍不住咯咯地大笑起來。她繪形繪聲地描述當年她母親在大除夕夜總是東摸摸西碰碰的處理一屋永遠收拾不完的雜物，拖拉到三更半夜還未開始蒸蘿蔔糕，可憐的小寶蓮即使嘴饞，也無法徒手把早就切好的生鮮材料就吞下肚裡，光嚥口水也不知反反覆覆多少回，不知何時才等到那蘿蔔糕熱騰騰出爐的好時辰。

我一邊忍住笑一邊告訴她我也完整的經歷過這個場面。我家老管家瑞婆可能俐落一些，但大節當前還是會比較失控，這邊一堆還未下鍋油炸的油角煎堆，那邊一大盆處理到一半的芋頭糕蘿蔔糕粉漿。我沒有寶蓮那麼乖，以試驗為名，逕自把一小勺蘿蔔糕粉漿下鍋煎得香噴噴吃了就去睡──早睡早起說不定還可以趕上蘿蔔糕

出爐的那一年伊始最豐膩甜美的一刻。

從蘿蔔糕蒸好煎好那顛甸甸入口的畫面，剪接到冬日菜田裡開著黃色小花，彩蝶紛飛的台灣鄉下童年過年景象，寶蓮的傳統飲食經驗比我們這些從小在都市裡長大的小孩總是多一些層次。當然多年在國外的生活經驗也叫她的蘿蔔糕故事十分國際化──她就曾經在文章裡寫過一個夢到俄羅斯菜市場的段落，市場裡同時在販賣用較多的油煎得金黃香脆的資本主義蘿蔔糕，以及爐火溫吞，少油，灰頭土臉賣相極差的社會主義蘿蔔糕，當然賣社會主義蘿蔔糕的還堅持自己的理論和理想，好不好吃有沒有人買賺不賺錢倒沒關係──還好我們大家都慶幸，這樣難吃的蘿蔔糕已經很難吃到了。

東方小祇園

香港灣仔軒尼詩道241號　電話：2507 4839
營業時間：0845am-1000pm
素食老舖的蘿蔔糕都格外清香甜美，無論是過年還是平日都是熱賣。

看著那冒著騰騰熱氣的淡褐色的成品慢慢冷卻定形，很有信心地預知那即將切下來放入口的一小片將會是香軟幼滑糯而不糊。

036

家鄉原味

年糕年年高

家裡從來位高權重的老管家瑞婆當然是我認知裡的首位廚神，三星五星不必往她襟前貼，因為她做的菜從來就沒有商業考慮，只為了我們一家幾代人吃得安心開心。憑她多年跟隨外公外婆遷徙轉戰大江南北海內外，博聞強記且勇於實踐，在自家各地大小不一的廚房中就地取材練出一身好武功──好，其實也是相對的，既不是競賽評比所以也沒有專業公認的所謂好，而她做的菜是否道地？她拿手的上海菜飯其實有福建甚至印尼口味的影響，早就自行fusion起來。想來最叫我感興趣的是前半生東奔西跑幾十年的她如何在各地的廚房中在中國農曆新年的日子裡，蒸出一盤又一盤她的廣東新會家鄉蔗糖年糕？

如果嚴格地要從浸糯米磨漿的水、磨糯米的石磨、黑蔗原糖，以至後期摻入的少許玉米粉和澄麵粉、拌粉時的花生油以及製作過程

香港中環威靈頓街75號　電話：2545 6700
營業時間：1000am-0730pm
雖說吃年糕也是意思意思的習俗傳說，但要吃到甜軟香滑恰到好處，
還是金漆招牌老字號最有保證。

八珍醬園

一　年糕年高年年高，從春節的「專利」食品發展成日常點心，總覺得少了一點冀盼熱情，所以本著對年糕的「尊重」，還是十分守紀律的只在年節時分才買年糕吃年糕。

二、三、四
傳統的廣東蔗糖年糕用上糯米粉和粘米粉混合拌勻，加入用蔗糖（黃片糖）與清水煮溶的糖漿，邊滲邊攪並加入適量的油（傳統配方自然是豬油，現在大多改用花生油），既辟走粉味也令賣相更加亮澤，糕漿隨即倒入塗過油的盛盆中以中大火蒸約二小時便成。

五、六
為了年糕賣相更佳，也有出動十分鄉土情調的竹葉藤蔓盛之，別有風味。

中種種先後程序一一挑剔的話，恐怕是過了元宵也未有蒸好的年糕。所以小時候在廚房蒸鍋裡目睹那「決定性」的掀鍋場面（也就是傳統說法裡的蒸年糕途中不可掀鍋查察，為這平實正常的製作過程添加了一種權威神秘！）。看著那冒著騰騰熱氣的淡褐色的成品慢慢冷卻定形，很有信心地預知那即將切下來放入口的一小片將會是香軟幼滑充滿蔗糖原味，糯而不糊，恰當的韌度和嚼勁更使年糕有別於其他糕點——但我也很清楚隨著原材料的生產供應的變化，瑞婆年老體力大不如前，去年今年明年後年的蔗糖年糕無法完全一樣——悲情一點地說「年年難過年年過」，歡樂一點的就大鑼大鼓地齊唱「歡樂年年」。無論如何當中首要堅持的，就是用上那頭輪黑蔗原糖，那是真正的家鄉原味，性格所在。

一　有人省時貪方便，過年過節買來年糕煎煎過癮，亦有人堅持要自家製才了心事，家裡老人家口傳把年糕煎得外脆內軟的小秘訣：先把年糕切薄片，放入油鑊以小火煎軟，灑進少許冷開水才取出以蛋液浸勻，再以中小火煎至金黃，此法既令蛋液容易黏住已經軟身的年糕，蛋液亦不會因為久煎而太老。

一　同是蔗糖年糕為何會有不同色澤不同軟滑程度？資深糕餅師傅明言這是一般粘米粉與水磨粘米粉之別。先經洗浸才磨成粉的水磨貨色，比乾磨的來得幼滑，多了一個工序自然價錢也較貴。而用上顏色較深糖味更原始更香濃的原蔗糖，自然就比一般的片糖來得「出色」。

榮華餅家

新界元朗大馬路86號　電話：2477 9947
營業時間：0800am-0900pm
年節時分，無論工廠與店面都忙得不亦樂乎，正宗圍村年糕依足古法全程蒸熟，與坊間的半蒸煮的省時方法明顯有區別。

		八	九	十
七				

七　年節時分，八珍的年糕是忠心捧場顧客的送禮佳品。

八、九、十
能夠與蔗糖年糕平分春色甚至後來居上的當然是椰汁
年糕，製作方法大同小異，只是糖漿換成椰漿、冰糖
液和淡奶，蒸成糕身香滑軟糯色澤雪白柔和，趁熱切
片或者蘸蛋煎香都是進食好方法。

龍虎密碼
財經高級客務經理 周子龍

濃眉大眼的子龍其實不像一條龍，他像虎，實在有七分像漫畫裡的王小虎。

無論是龍是虎，普天下的龍虎門徒在過年時節都要從良，都要回家吃媽媽做的年糕。

實不相瞞，子龍有天跟我說，他其實很怕吃年糕。

不知怎的他自小對甜品沒有特別興趣，尤其媽媽每年做的傳統鄉下版蔗糖年糕──勁甜、無餡，而且咬來十分黏牙。從小到大每年至少被迫吃一次年糕的他也忍不住跟媽媽說，今年可不可以有點新意思？然後得來的新意思一如子龍建議的，把年糕切片蘸蘸蛋漿煎熱來吃而已，如是者又吃了幾年。

到了大學畢業進入職場，子龍開始離家自住，過年時候就可以借一堆不成藉口的藉口避年和避年糕了，如是者竟也成功地與年糕保持了幾年距離。直到前年過年的時候，子龍回家之際竟然發覺媽媽沒有做年糕。大惑不解的他問媽媽為什麼？只聽到幽幽的一句：你也不喜歡吃。

到了這裡子龍才開始明白，這二十多年來過年過節媽媽做的年糕煎堆角仔，不為什麼其實只為了身邊親人的一些關注一點肯定，意頭不意頭好吃不好吃甚至不是重點。子龍不至於慚愧得下跪道歉，但也真的忽然懷念起年糕那黏黏的甜甜的口感滋味。這黏這甜，也許就是年糕把一家人連結在一起的公開密碼吧。

九龍紅磡土瓜灣銀漢街19號G地下　電話：2356 1211
營業時間：0900am-0600pm
以蚱仔糕打出名堂的街坊老舖，過年時分再勞累也會
製作一批年糕賀年，一樣贏得食客讚許。

信興隆食品

一　晶瑩通透，清甜軟滑，生磨馬蹄糕是眾多廣東傳統糕點中比較亮眼也最積極與時並進的。從基本材料出發，演化出椰汁馬蹄糕、蔗汁馬蹄糕、白果馬蹄糕甚至橙汁馬蹄糕等等，於我還是鍾情最原始最簡單直接的版本。

印象深刻六、七〇年代家居附近有家蔗汁店號「別不同」，霓虹光管扭成的招牌和不再手繪的椰林放大照片成牆紙實在時尚，連專櫃內售賣的各式糕點也是切成長方後用印有商標的膠紙獨立包裝方便外賣。

時尚切片

037

來一塊椰汁馬荳糕

年來根據手頭搜集資料沿街逐巷地拜訪各類餐館食品製作坊代理商，實在眼界大開而且大飽口腹，得知無論是街坊生意還是集團經營，都在一方面努力守業一方面尋求突破，作為饞嘴食客的除了無言感激，當然就是要多多捧場。但也有碰上一些人去樓空以及人面全非的情況，最叫人惆悵失落的是有回刻意去找一家蔗汁涼茶老舖，發覺舖名已改成另一家連鎖經營的涼茶舖，而原來的五六〇年代經典湖水綠紙皮石和土黃地花灰水磨石牆的上半壁還在，但落地另一半已被硬生生地鋪上俗艷顏色防火膠板和亮面膠片，好端端一個博物館級數的生活場景就此糟蹋，實在是多飲幾杯火麻仁或者銀菊露也無補於事。更不要說那些一度沒有附屬專櫃販賣的馬蹄糕、椰汁糕、紅豆糕、綠豆糕、芝麻糕和椰汁馬荳糕等等點心用來意思意思了。

東方小祇園

香港灣仔軒尼詩道241號　電話：2507 4839
營業時間：0845am-1000pm

除了保留多年一直口碑載道的馬蹄糕紅豆糕馬荳糕芝麻糕，亦不斷研發新品種如山楂糕令傳統老店煥發朝氣。

二	三	四	五
六			
七			
八		九	

二、三、四、五

看來並沒有難度的製作過程其實有不少訣竅：馬蹄碎的顆粒大小影響口感，得按需要早作決定。馬蹄粉加清水攪拌之前需浸透，沖入熱糖水前要先攪拌以避免沉澱起糰，而且一邊沖也得一邊攪拌，才能成為半生熟的粉漿，蒸後糕身才會爽滑且有彈性。蒸的時間亦不宜太久，旺火蒸約二十五分鐘至剛熟透，以免糕身質地粗糙，而切件上碟前須完全冷卻，否則刀口難以俐落。

六、七、八、九

紅豆糕當然也是受歡迎的糕點小吃，粒粒肥美鬆化的天津紅豆和軟滑糕身相配，不知不覺吃光一塊又一塊。

印象深刻六、七○年代家居附近有家蔗汁店號「別不同」，有別於更早期的老派裝飾，用上的是亮麗而且流線一點的裝飾風格，霓虹光管扭成的招牌和不再手繪的椰林放大照片成牆紙實在時尚，連專櫃內售賣的各式糕點也是切成長方後用印有商標的膠紙獨立包裝方便外賣。眾多糕點中我情鍾椰汁馬荳糕，軟滑香甜的糕身中又有馬荳的嚼勁，一時間贏過了比較傳統的紅豆糕和芝麻糕。

當然後來多吃了一些中式糕點才比較出這些蔗汁舖裡的糕點已經是西化了的款式，用上較多的魚膠粉而不是用米漿做糕，爽滑口感與傳統的綿糯又的確明顯別不同。隨著時代更替，蔗汁舖這種載體已經逐漸殁入歷史，即使這些糕點並沒有因此消失，但所謂一時鼎盛各款各式紛陳的場面也從此不再。

九龍佐敦新填地街7號地下　電話：2388 9335
營業時間：0600am-0730pm

街坊小舖經營不易，想不到除了有招牌粉果和粥品，
作為陪襯的糕品竟也有獨當一面的主角風範。

彩龍煲仔粥

		十二
十一	十四	
十三		
十	十五	十六

十、十一、十二
多少繼承了往昔蔗汁舖涼茶舖的西式甜糕風格，用上魚膠粉代替米漿，無論是芝麻糕、椰汁紅豆糕、生磨馬蹄糕以及紅莓藍莓糕等等，都是獨立小杯分盛，賣相好食味佳，接近完美。

十三、十四、十五、十六
各家各派各有配方，難得的是都配合當今健康飲食大趨勢，盡量少糖少油但又保持滑嫩口感，留得住老主顧亦吸引新一代食客。

馬荳移民

口琴演奏家、錄像工作者 **陳錦樂**

看來Mark也還未做足調查研究，還未翻開列祖列宗家庭事件簿，所以他還未明瞭為什麼母親會有如此厲害的入廚手藝。但他倒是十分肯定而且十分驕傲地告訴我，盛讚當中沒有私自加添任何感情分，母親的確是心靈手巧真材實料！

光是聽光是想像是不夠的，一定要找個機會和Mark跟著伯母回到西營盤舊居老區，在那相識光顧了幾十年的糧油雜貨店買馬荳，在另一家香料舖買現榨的用塑膠袋裝妥的椰漿，材料都準備好了，足料椰汁馬荳糕即將動工製作，馬上就出場。

無論是現做現吃還是煎香熱吃，伯母做的馬荳糕都得在兩三天內吃完，否則放久了就會變壞，所以這種甜美回憶對Mark來說也是飽滿充實得有點

放肆。其實除了馬荳糕，伯母的拿手好菜還有肥美豐腴的可以汁撈幾碗白飯的滷豬肉，更有親人聚首開年飯中的紅燒魚翅，就連一碗讓他在下課回家再出門練口琴前先吃著飽肚的簡單不過的炒飯，也是好吃得不得了，一般家常大菜小炒完全難不到陳伯母……

興奮道來叫我們都肚餓了，但Mark有點可惜的說，因為飲食健康緣故，母親已經很久沒有做滷豬肉了，而從前一家子幾十人都移民四散，親戚聚首亦再也難復當年的熱鬧喧嚷，下廚的人最怕是用心做了一桌好菜卻沒有足夠的人吃。社會家庭結構在這幾十年來的急劇變化，以及居住空間的限制，肯定令很多家常菜式就此失傳——說到這裡就越覺得肚餓得咕咕作響。

蘭苑饎館

九龍旺角西洋菜北街318號（太子站A出口，新華銀行後面）電話：2381 1369
營業時間：1230pm -1100pm（周一至周六）／1230pm -1000pm（周日）
以古方龜苓膠作為號召，家庭飯菜作為吸引，到了甜品時間的各款涼糕，都有叫人眼前一亮的驚喜。

這些從廣東鄉下輾轉到城市的毫不值錢的糕點
還光明正大的存在著，偶爾點心，
沒有企圖要做到人人愛吃，的確很酷。

茶果酷盡人人愛？

038

如何能夠做出一款人人愛吃的點心？

如何能夠做出一款叫香港人、九龍人、新界人，或者更仔細的叫土瓜灣人、深水埗人、尖沙咀人、跑馬地人、華富村人、屯門人以及西貢人和中環人都愛吃的點心？

這不僅是香港中華廚藝學院的中式點心導師要問他學生的問題（搞不好他自己也不知道答案），也是七分鐘車程之遙的香港大學社會科學系的教授問他學生的問題（肯定他自己也不知道答案）。

答案也許是，根本沒有一款點心可以人人愛吃。

如果說我第一次看見烏黑烏黑的雞屎果就發瘋了地喜歡，那肯定是騙你的，而且有濫情之嫌。但事隔二三十年，當我在深水埗基隆

九龍深水埗基隆街251號　電話：2386 1034
營業時間：0630am-0660pm

先是旁邊的大會堂有婚姻註冊署，再來是大會堂內庭公園方便親友賓客與新人拍照留念，加上面向維港景觀開闊，當然還有美心集團的菜式和服務信譽保證。

鴻發糕品

一 當有一天我們可以接受自由演繹的原則與態度，也許就是我們的飲食傳統文化得以真正保留的一天。光看茶果這種典型的廣東家鄉小吃，粉皮與餡料百變，造型和包裝也各有不同，各村各例匯流成各自精彩的局面，叫為食一眾直呼過癮！

二、三、四 無論裹進去的是豆沙、椰絲還是花生甜餡，還是沙葛、蝦米、臘肉的鹹餡，茶果的粉皮還是需要用力把糯米粉和粘米粉搓捏均勻，釋粉的熱開水也得比例恰當，餡料包進粉皮後用塗了薄油的竹葉小筐盛載，是最原始的「獨立」包裝。

五、六、七、八 茶果一般放進蒸籠蒸熟，亦有用開水像煮餃子的煮熟。為了賣相更好，或蒸或煮的茶果都會在熟透後掃上薄薄一層油，更有用筆點上紅紅食用染料——也是點睛的意思吧！

		二	三	四
一		五	六	七	八

街的糕餅老舖鴻發跟那粒粒黏結成像一餅未解體的魚蛋一樣的雞屎果重遇，買來撥一粒入口，那獨特的草香那煙韌的口感，卻肯定是一試難忘，無法替代。

如果急急把現今廣告宣傳包裝推銷手法借來一用，大可以把雞屎果包裝成很草根很懷鄉懷舊又忽然很酷很niche，一個穿一身黑色Dior Homme禮服，燙貼白襯衫一如既往沒有扣衫鈕的瘦削少年把幾粒黑色雞屎果一次塞入口，風吹散髮面不改容，那該是多麼厲害的視覺震撼！當然，不能確定這個少年和他的同輩就真正喜歡雞屎果，以及其他用蕉葉荷葉托底或竹葉圍邊的或白或黃或綠的茶果，以及各種豆沙呀芝麻呀甚至鮮果作餡的黏上椰絲的糯米糍，但畢竟這些從廣東鄉下輾轉到城市的毫不值錢的糕點還光明正大的存在著，偶爾點心，也從來沒有企圖要做到人人愛吃。但說真的，吃雞屎藤做的雞屎果，的確很酷。

坤記糕品

九龍深水埗福華街115-117號　電話：2360 0328
營業時間：0730am-1000pm
小小一家糕餅店同時兼顧白糖糕、芝麻糕、紅豆糕以及茶果等等招牌熱賣，即使是一元幾角的買賣，難得都是水準上乘之作。

十一	十二	十三	十四

	九	
十五	十六	十七

九　特別情商請來多年老朋友鄧達智的母親為我們示範元朗
　　屏山茶果真傳，鄧伯母還為每個肥壯飽滿入口軟糯的茶
　　果蓋上「百子千孫」的硃紅印章，與眾分享喜悅。

十、十一、十二、十三、十四
　　分別用上花生椰絲以及臘腸、白蘿蔔、葱花或綠豆、眉
　　豆、豬肉作甜鹹兩餡，仔細修捏並壓入餅模中成形。

十五、十六、十七
　　真正的民間滋味得以在家中保留，作為嘴饞為食的下一
　　代可得向長輩好好拜師學藝。

霎時腰封

漫畫家 楊學德

忽然有天我們發覺自家身體出現了這樣那樣的毛病，或者痛，或者暈，或者心跳太快，或者眼花撩亂，更糟糕的是睇不好，最恐怖的是連吃也不想吃——我常常跟身邊的為食兄弟說，如果有天在我們的對話中再聽不見我在談關於吃這回事，看見我沒精打采的勉強在吃或者根本不想吃，恐怕要替我準備打理後事了。

那天跟阿德吃飯，他首先婉拒老火湯料碟中的那一塊酥軟溶化的肥豬肉，然後吃炸子雞時又千挑萬揀一塊不帶皮的白肉，一反他平日不肥膩不吃的習慣，我知道一定是出狀況了。當然在座兄弟都知道快要做新郎的他即將要穿得正式一點去行婚禮，有一樣平日不怎麼需要的東西叫腰封。也許是為了在那張歡天喜地的大合照中留一個美好身段，臨急瘦身一下以配合腰封呎吋也

是情有可原的。

但既然是兄弟就要扮演魔鬼角色，趁他有天試禮服路經上環之際，我把阿德約到皇后街街市的熟食檔，讓他接受一次婚前的終極誘惑——面前是這個潮州漢從小吃大的家鄉道地潮州粿，鹹的有蘿蔔餡、椰菜餡和韭菜餡，甜的有綠豆餡、豆沙餡、芋頭餡，個個粉皮軟糯黏滑，油亮油亮的十分吸引，當然一吃就將會不停口，一發不可收拾。阿德一見「舊相好」自然喜上眉梢，馬上記起祖母當年親手做的他最喜歡的韭菜粿，還認真地一一壓上花紋餅印——這位準新郎點了兩個蘿蔔餡油煎了馬上熱吃，我也慫恿他買了兩個甜的回去跟準新娘一起吃，至於途中有沒有已經被他忍不住吃掉，幾天後他還擠不擠得進那個腰封，這個責任就不在我了。

香港灣仔軒尼詩道241號　電話：2507 4839
營業時間：0845am-1000pm
異曲同工卻不必蒸煮的又一熱賣甜食，
素食老字號的糯米糍做到不膩不甜，軟糯芬香。

東方小祇園

炸鬼炸檜，可以代代相傳而且滿足口腹，
實在是深謀遠慮而且實驗成功的品牌個案。

一　認定這金黃酥脆外硬內鬆的「油炸鬼」，忘掉「熱氣」的詛咒，聰明地和白果腐竹粥一起和豆漿一起甚至與砂糖熱開水一起，都是晨早爬起來簡單滿足的超級早餐。

039

我來自油鑊

滾油炸出鬼

上刀山是什麼一回事比較難想像，大抵跟爬牆闖關碰上牆頭有破玻璃或者帶刺鐵線圈類似，想起都覺得痛。下油鑊倒比較具體，從小在家裡廚房看著外婆和老管家日常炸蝦片炸印尼豆餅，過年時節炸煎堆油角，外出在大牌檔更震撼，那烏黑的大鑊長時間都注滿（那用了多久的？）油，目睹師傅手法純熟把揉好發好的麵糰拉摺成長方，然後持刀的的嗒嗒地一切一敲，麵筋隨手一揮成長條，下了油鑊忽然又再膨脹成粗壯金黃酥脆，等不及待涼，燙手燙口熱辣新鮮，與白粥呀豆漿呀爭做當天主角。

如果相信傳說油炸鬼是油炸當年陷害岳飛的奸臣秦檜夫婦，炸鬼炸檜，那麼能夠靠這每天早晨都在全國上下幾億人前曝光的油條來讓自己的名字可以代代相傳而且滿

威記粥品

香港中環士丹利街82號　電話：2551 5564
營業時間：0630am-1900pm（周末至1700pm）
中環老區一家白粥油炸食品老店，貌不驚人卻堅持以可口實惠的老派標準去服務街坊，在準則崩壞的今天已是難能可貴。

二 三 四 五

六

二、三、四、五

永遠在店堂裡目瞪口呆地看著熟練的師傅現做油炸鬼，把鹽、臭粉、發酵粉、食粉先溶水中，再於麵粉中和好，三十分鐘內灑水三次然後在案版上鋪開，兩小時後覆折幾回後待鬆筋完成即可將麵糰切成寬條，兩條一組用刀背稍壓至黏成一體，用手一甩拉長入油鑊炸至金黃。

六

當你吃過偷工減料連南乳也欠奉的鹹煎餅，你就懂得珍惜一個忠於原著不花俏取巧的極品了。

― 油炸鬼就是油炸檜就是炸麵就是油條，用來比喻把陷害岳飛的秦檜夫婦油炸的這個說法，叫炸麵麵多了一點集體宣洩恨民間口碑。坊間有把油炸鬼形容為「八寸腰身棺材頭，內似絲瓜瓤，外有豆角泡」，精準地描繪了油炸鬼的外觀以至口感。

― 牛脷酥據說是原產蘇州的牛舌酥，廣東人忌「舌」（等同蝕），改為脷就馬上吉利起來，成為賀年以至日常必備。而鹹煎餅的最大特點是加入了甜中帶鹹的南乳，廣州的德昌茶樓以改良配方的鹹煎餅馳名，鬆軟甘香南乳味濃，老饕也就直呼德昌鹹煎餅。

足口腹，實在是深謀遠慮而且實驗成功的品牌個案。搞不好將來中學語文科也不再把岳飛《滿江紅》收輯進去成必考課文內容，怒髮衝冠憑什麼也不清不楚了，但秦檜夫婦雙雙對對作為油炸鬼油條卻留香百世遺脆萬年，說不定正史也會重寫。

不過話說回來，脆也的確是有時限的，過了一些時間無論油條也好鹹煎餅也好牛脷酥也好，都會回潮變軟，那才真實才安全。報載黑心無良商販不知弄來什麼化工原料放進膨鬆劑裡弄入麵粉中，好讓炸物炸好後更脆更堅挺，結果被驗出鋁金屬元素超標，要知道，這是當年秦檜和岳飛都無法理解也肯定不會接受的。

九龍深水埗北河街56號

深水埗老區街坊叔嬸極力推薦，當一切都求新求變之際，保守頑固的留住傳統真工夫，不會吃出一口油的油炸鬼已經不簡單。

坤記粥品油器

七　比油炸鬼略為複雜一點的牛脷酥同樣是油炸食品中不可或缺的主角，與鹹煎餅、油炸鬼一道成為三大台柱，油酥炸過麵糰部份更見香甜酥脆，成為嗜甜的小朋友的第一選擇。

八、九、十、十一、十二、十三、十四、十五

先把白糖、熟豬油加進麵粉中加水搓勻成糖餡，跟油炸鬼一樣的麵糰揉好後得另外靜置半小時再揉疊一次，然後再隔十分鐘揉一次令麵糰再次膨脹完成，靜置兩小時，開始把麵糰擀壓成長條，包住準備好的糖餡，然後靜候半小時，長條壓扁切條後放進油鑊中反覆炸至金黃，又是一道廣受歡迎的街頭油炸小吃。

	八	九	十	十一
	十二	十三	十四	十五
七				

小心回味

建築師 曾國樑

不只溫馨提示其實要刻意警告Derrick，不要隨便在廣州街頭巷尾吃油炸鬼，因為一個星期至少有四天在廣州工作的他這麼愛吃油炸鬼，一不小心就會吃到那些無良小販用洗衣粉發麵糰，讓油炸鬼炸起來鬆脆碩大夠吸引的黑心食物，而不用追問一看就知，這些完全無社會責任感的攤販用的肯定是黑沉沉的萬年油。

如果讓他的退休前當護士長的媽媽知道兒子身處高危環境（還未把空氣長期污染算進去），不知會否把他急召回英國留在身邊？但始終Derrick有他的事業有他的圈子，早就獨立地飛來飛去在地球這邊那邊學習、工作、生活。問他會否因為媽媽從事醫療行業，會特別緊張家人的衛生健康。他笑了笑說除了家裡真的像一個藥房以外，媽媽因為見多見慣了，很清楚什麼是小事一樁什麼是嚴重要

緊，所以有趟Derrick在學校打球跌斷了手給送到媽媽工作的醫院，媽媽也只是走過來看了一下，沒事，然後走開。

媽媽長時間要在醫院輪班當值，所以少年Derrick就更珍惜可以跟她相處的時候。小學時候上的是上午班，放了學碰巧媽媽下午休班在家，就一定跟她到街市買菜——當然志不在買菜，卻為了街市中小吃攤檔裡的豆腐花、白粥和油炸鬼。特別是那親眼看著在面前一揉一切一拉一甩進油鑊，然後馬上翻滾膨脹、炸得金黃香脆的油炸鬼，熱騰騰一條在手兩邊撕開，不怕燙也要放入口——說起來Derrick實在惦記退休後居住英國的媽媽，一有空回去探望她都會帶她去像樣一點的地方好好吃頓飯——只是那些濕滑擁擠的街市，那些熱鬧喧嘩，什麼也吃得到的大排檔，不要說遠在天邊，就算近在眼前也再不多見。

曾經在一個年宵食品攤位面前向遠方老外朋友介紹一個煎堆，瞎說煎堆上的芝麻是用人手逐粒逐粒黏上去的，就是因為我們人夠多，也重視飲食文化。

人有我有

煎堆角仔有軟硬？

040

中國地大物博多奇珍異寶而且人多，加上大家都相信所謂人多好辦事，所以我曾經政治十分不正確地，在一個年宵食品攤位面前向遠方老外朋友介紹一個煎堆，還用一種介紹故宮博物館裡隔幾十年才難得拿出來特展一次的國寶級古玩的口吻，把煎堆相比那些花幾百個工匠用上幾輩子雕龍刻鳳貼金鑲玉的工藝極品，瞎說煎堆上的芝麻是用人手逐粒逐粒黏上去的，就是因為我們人夠多，也重視飲食文化，這麼精緻花時的東西我們都隨便地一口一口吃掉——難得的是他真的拿著一個煎堆看得目瞪口呆好像相信我說的。

結果實在不忍心，讓他得悉真相之後他沒有怪我，卻在三五分鐘內把一個圓鼓鼓的龍江煎堆搬開，把內裡黏結一團為餡的爆谷花生麥芽糖膠吃光，還連那團像雞冠一樣的紅粉

香港灣仔軒尼詩道241號　電話：2507 4839
營業時間：0845am-1000pm
素食老字號供應的笑口棗有椰絲作餡，一年四季笑口常開。
香酥鬆軟不大不小，是下午點心的最佳選擇。

東方小祇園

		二	三	四	五
		六	七	八	九
	一				

一 小火浸炸至金黃色後即起鑊的九江煎堆，甜香酥脆，少吃多滋味。

二、三、四、五、六、七、八、九
先將爆谷、花生仁、芝麻搗碎，拌入以片糖和開熱成的稠糖漿，混合拌勻後捏成小球，再壓入鋪有糯米粉糰的圓楔中成形，隨即灑沾芝麻，放入油鑊以小火炸至金黃便成。成品鬆化且有蜂巢孔狀，首創於廣東南海縣九江鎮，與另一種來自龍江鎮的滾圓狀的煎堆分庭抗禮，各領風騷。

硬角都吃掉。我見他吃得這麼高興，就把炸得甘香酥脆的扁圓的九江煎堆，以及我最喜歡的糯米軟皮豆沙角也一併堆到他面前，怎知對於食物他還是有原則有態度的，多走幾步挑了一個花邊捏得十分精緻漂亮的油炸脆角仔放進口，還分得出裡面有芝麻、椰蓉、白糖作餡，還說這薄薄的角仔酥皮這麼香色澤這麼漂亮，一定有下豬油和雞蛋——

挨年近晚人有我有，什麼煎堆油角都來者不拒，爭取機會自己也來開一鍋油，把各種捏得奇形怪狀的粉糰帶餡都放進去一炸，為求來年油潤興旺，至於是否需要金銀滿屋，都得看看明年家居裝潢流行什麼色系。

一 相傳唐代長安宮廷食品中已有喚作「油䭔」的油炸小吃，是煎堆的始祖。《廣東新語》亦紀錄「廣州之俗，歲終，以烈火爆開糯谷，名曰爆谷，為煎堆心餡。煎堆者，以糯粉為大小圈，戊油煎之，以祀先祖及餽雜友者也」，加上俗語有說「年晚煎堆，人有我有」。無論有餡無餡，或大或小，都該積極捧場。

陸羽茶室

香港中環士丹利街24-26號 電話：2523 5464
營業時間：0700am-1000pm
時以棗蓉作餡時以豆沙作餡，陸羽的經典甜點都改有典雅名字，伴著好茶慢慢嚐吃，反照店外街巷人潮動態太倉促。

十六　十七　廿一
十五　十二　
十四　
十八　十九　
十　
十一　十三　

十　曾經大如拳頭，強壯有力的笑口棗，如今已經變身成迷你版本，迎合現今飲食習慣口味。這種笑口常開的小吃用麵粉、泡打粉混好，加入蛋液、糖漿和臭粉拌勻揉成麵糰，靜置一會後分成小圓球蘸上芝麻，以慢火炸至浮起裂口，再用中火炸至金黃熟透，稍涼後外酥內軟，從來都是心頭好。

十一　刁鑽一點的笑口棗會有椰絲或者棗蓉作餡，口感豐膩。

十二　同樣撒滿芝麻，酥香皮薄無餡的糯米煎堆，炸得滾圓熱辣入口，是一試難忘的真正街坊滋味。

十三、十四、十五、十六、十七、十八、十九、二十、廿一
　　有煎堆又豈能無油角，無論是以麵粉作皮，花生仁、芝麻、砂糖或者用脆腰果、核桃、糖蓮子、糖冬瓜作餡的酥皮油角，還是以糯米粉作皮，豆沙作餡的豆沙軟角，都一度是年近歲晚的家庭手作，一家大小一室喧鬧捏出精巧細緻的或者勉強合格的版本，這個優良傳統實在有努力保留的必要。

油炸規則

資深傳媒人李照興

團團轉身邊這幾年忽然出現了好一批頻繁地北上南下的姑爺，我們這些沒有下定決心北邊的比較慵懶的在家的，就認定了這位那位駐滬的相熟為特派員，到他們敗兒京姑爺上海姑爺成都姑爺以至廣州姑爺。其實姑爺也只是一種庸俗的說法，我更希望他們是童言無忌的Teletubby天線寶寶，用公開密碼互通此處他方應有的及時的了解認識。

從來精於在街頭巷尾收料，搜索香港城市文化人事脈絡的Bono，經過他的廣州駐守期，現在是上海特派員。以他的主動和拼搏，看來今年歲末時分，應該可以全副武裝登堂入室地和上海的叔叔嬸嬸一道在廚房裡準備傳統過年食品，現場轉播無所不談kitchen talk。

自小就熱衷於這些年節前的家庭集體活動，少年Bono在長輩的指揮下，用手工勞作課堂上練來的武功去捏角仔搓煎堆，把炸糖環的工具當作酷刑刑具，那黃澄澄的一鍋滾燙花生油，就更是祭壇上的法器和祭品一般莊嚴隆重。

口咬一個還算合格的豆沙餡軟煎堆，Bono十分懷念當年的一場又一場親子活動。全家動手寓教育於遊戲，當中傳遞了傳統飲食的規則習慣和創作步驟，考驗一眾本來坐不定的小朋友的定力耐性，鼓勵公開比賽精神，手工好壞一下油鍋馬上有分曉，有本事的家長根本就是這一個家庭劇場的導演兼美術指導兼武術指導。

儀式結束，這些home made成果滋味地吃它一頭半個月，轉眼又到另一個時節該準備另一類傳統食品。然而這些習俗儀式可否代代相傳？女性一度出走廚房之後如何能重新進駐重新發揮作用？這該是Bono關心的為食文化研究又一章。

香港中環威靈頓街75號　電話：2545 6700
營業時間：1000am-0730pm

八珍醬園

從煎堆油角到年糕蘿蔔糕芋頭糕，全數由經驗老到的師傅傳統率精英團隊親手打造，又採又捏又擀又蒸又炸，滋味一流，誠意滿分。

不知從什麼時候開始，粵語方言裡尊稱那些無所事事、不中看又不中用的小混混作「蛋散」。

一　無論是否生性嗜甜，經驗裡身邊很少人能夠抵擋面前這一碟蘸滿糖漿且灑上芝麻的雞蛋散的誘惑，甘香鬆化甜入心，管它吃得黏黏的一手一口一地。

041 甘心蛋散

不脆無歸

從來不是能言善辯的角色，雖然好勝，但也實在知道自己的缺點比優點多出一萬倍，所以除了不小心碰上生死攸關大是大非的大事件，否則都會慢個四五拍，在熱鬧紛亂以外八卦旁觀，真正忍不住才插嘴說兩句──不像我身旁的真正有領導人的能力和風範的，站起來坐下去一舉手一投足都叫人觸目讓人佩服，所以在這些隨時比我年紀還輕的大哥大姐面前，我甘心做蛋散。

不知從什麼時候開始，粵語方言裡尊稱那些無所事事、不中看又不中用的小混混作「蛋散」。對人不對事，能夠被稱做蛋散其實也無傷大雅，只是這樣說來對那些炸得又香又脆還淋上糖漿撒上芝麻、一吃就不能停口的真正的蛋散，就有欠恭敬。

蛋散這種從來就在身邊的小吃，製作成形看來並不複雜，但要做得精彩卻一點也不簡

西苑酒家

香港銅鑼灣恩平道28號利園二期101-102室（銅鑼灣店）　電話：2882 2110
營業時間：1100am-1145pm（周一至周六）／1000am-1145pm（周日）
每次到西苑午飯或者晚宴，都要很堅定的反覆的告訴自己：大哥叉燒之後還有……爵士湯之後還有……仙鶴神針之後還有……蛋散一出場─再來一碟！！

| 二 | 三 | 四 | 五 |
| 六 | | | |

二、三、四、五、六

雞蛋散與沙其馬雖然長相截然不同，但其製作原料以及前期做法其實十分類似。先將麵粉發粉拌勻，加入雞蛋液和少許臭粉混成麵糰，反覆揉出筋後靜置半小時，再將麵糰擀成麵片，切成長方形小塊，中間剁一道，兩頭互疊再從上下反穿成蛋散生坯。下鑊油炸後的麵片自然金黃酥脆，瀝去油後淋上以白糖和麥芽糖以中慢火熬成的糖漿，全天候受嘴饞男女老幼擁戴歡迎。

一 雞蛋散與沙其馬一樣，都是歷史悠久的回民點心，北京友人吃著粵式和沾滿糖漿的蛋散憶起在老家也有不沾糖漿的版本叫「排叉兒」。作為佐茶鹹食的南乳蛋散亦有一個更輕巧的版本直喚「薄脆」。早期的薄脆有用米粉製作，現多採用麵粉擀好油炸而成，成品薄如紙，一樣香酥入口吃不停。

單。以麵粉（筋粉）、雞蛋加上豬油揉成粉糰，靜待發酵兩小時，反覆再揉再發酵一次。麵糰用麵棍壓，壓成信用卡一般的厚薄，用刀裁成長度大小隨意的長方，然後居中用刀一割，熟練地執起一端穿進割口，再順手一拉一扭就成了形。放進油鍋炸它半分鐘，金黃酥脆的蛋散馬上成形，再淋上用黃糖煮好的糖漿，隨意灑點烤過的白芝麻黑芝麻，迫不及待拿起黏黏入口。

坊間出現的蛋散，從六、七〇年代起（或更早期）有小販叔叔伯伯在肩挑的透明塑料紙箱或者手推的有塑料上蓋的木頭車裡沿街叫賣，到後來登堂入室成為酒樓茶市的甜點，從加有南乳提味的鹹食始祖版本到淋上糖漿的甜美選擇，從形體賣相到入口滋味已經接近完美——一條蛋散是不必勉強求新求突破的，只要它（以及我）甘心，就可以做一條好好的蛋散。

香港中環國際金融中心二期3008－3011室 電話：2295 0238
營業時間：1130am-0230pm／0600pm-1000pm

時有創新的利苑點心師傅們居功至偉，除了傳統的有沾滿糖漿的蛋散外，
也有多層薄脆形的蛋散不沾糖漿卻撒上椰絲和糖粉，
又是甜品時間的一大驚喜。

利苑酒家

七　本是同根生，身形嬌小一點的蛋散是鹹食版本，通常加進南乳、白糖甚至蒜蓉來調味。麵糰擀得較薄，麵片也切得更窄小，同樣經過又刮又扭的工序，炸成金黃，鹹香酥脆。由於沒有沾上糖漿，可以保存較久，是傳統過年應節小吃。

八、九、十、十一、十二、十三、十四、十五、十六
難得闖進八珍醬園的工場，目睹新鮮熱辣鹹蛋散的誕生，手工講究有條不紊，難怪每年春節前夕，八珍的店堂都擠擁著趕辦年貨的人潮。

八	九	十	十三
十一	十二		
十四	十五	十六	
七			

開心蛋散

香港大學學生事務長、通識教育總監 周偉立

說到蛋散，Albert和我你眼望我眼，都忍不住笑了。兩個原來同齡而且出生相差不到十天的男子，其實並沒有在江湖「混」過，這些年來都算循規蹈矩的在一些比較正經乾淨的環境走動，認識的交手的都是一些老師、學生、文化人、傳媒人。大家都恭恭敬敬謙謙君子自我感覺良好──唯是相對於外面的凶險，我們也太像被保護動物，又或者在某些人的價值觀裡，這一類頻臨絕種的，大抵也都是可有可無的「蛋散」。

當然也不是說蛋散其實有多麼的偉大，但這個小吃的甜點的小宇宙裡既然可以有馬仔有湯丸也應該有蛋散，質感口味不同，各有特色，最重要的是讓大家有選擇。能夠做一件人見人愛的甘香鬆脆而又不太黏太甜的蛋散，也是一種修為。

自小在慈雲山屋邨長大，卻又乖乖聽從父母吩咐不會在球場街邊遊蕩，以免被壞份子滋擾的Albert，其實還是會聰明地利用上學放學的機會，吃到自己要吃的街頭零食。這個習慣一直延伸到為人師表的日子，最尷尬的是一次在街頭吃煎釀三寶的時候被好幾個學生碰個正著──其實也並沒有什麼大不了，學生們根本也不當什麼一回事，只是「長大了」的他連臉也紅了，打哈哈也很難完場。

說到當年今日飲食環境與內容與包裝的一些轉變，他還是情有獨鍾那些有點失序的什麼都可以吃得到的街頭販賣模式，那種最庶民的最自然最沒有隔膜的美味關係，分明也就是凝固起那好幾代人的向心力認同感的最佳催化，如此說來，又怎可以低估沾滿糖膠的蛋散的作用與意義。

八珍醬園

香港中環威靈頓街75號　電話：2545 6700
營業時間：1000am-0730pm

回到過去也是回到未來，衷心期望在往後的日子裡依然可以有八珍這樣的傳統老字號繼續提供回味無窮的年節佳品。

年復一年地在農曆新年吃到不同出處不同手工的芋
蝦，就更清楚一個輕巧如此的油炸食物，
也有連環緊扣的選料學問和製作技術。

芋蝦芋散芋花
與蝦無關

042

開口叫做芋蝦，當然跟芋頭有直接關係——咬
下去一口鬆化酥脆，油香芋頭味濃，但怎麼
慢嚐細嚼也感受不到蝦的存在。

這又叫我想起筍蝦這種廣東家常食材。經過
醃曬的竹筍乾加上南乳和五花腩肉一起炆，
肉香筍滑汁多味美，是連下三碗白飯的絕佳
好菜——吃到最後也不禁問，究竟蝦在哪裡？

小時候我總愛每事問，家裡老管家不厭其煩
地一邊用刨刨芋皮用刀把芋頭切薄片切細
絲，一邊跟我解釋芋蝦這種華南地區賀年傳
統小吃之所以稱作蝦，是因為這些切好的芋
絲加了鹽加了澄麵和少許南乳醬混好之後，
拿捏少許成形用筷子挾著放進油鑊一炸，長
長的不規則造型多少像炸蝦的樣子——對於她
這個解釋我總是不太滿意，因為我也在她監
管之下親手幫忙炸過芋蝦，但蝦不成蝦，比
較可以稱為芋散，未離鑊已經天女散花，又
或者因此可以稱作芋花？！

香港中環威靈頓街75號 電話：2545 6700
營業時間：1000am-0730pm

八珍醬園

時移世易，像芋蝦這樣美味可口的「大眾」食物竟也變成「小眾」珍
品，幸好還有老字號堅持在年節時分百分百純手工巧製，實在感激。

一　二

一　幾乎只在農曆年時分才會亮相登場的芋蝦，神差鬼使地擁有一個比經常出現的芋頭糕、蘿蔔糕都要高貴難得的超然地位。也以它逾時「不候」的賞味期限，提醒大家該吃的就該快快吃掉這一口酥鬆香脆。

二　老字號八珍醬園的賀年食品款式之多之精彩早已街知巷聞，成功要訣之一在於深明工欲善其事，必先利其器的道理。

所以就憑多年前那回實戰經驗，我對能夠湊合成事作一團的芋蝦已有三分敬意，而年復一年地在農曆新年吃到不同出處不同手工的芋蝦，就更清楚一個輕巧如此的油炸食品，也有連環緊扣的選料學問和製作技術——用上手感結實但入口粉嫩的荔浦芋，豐富的澱粉質可以在油炸後更酥更香；為了讓芋絲成團要下澄麵黏合，但下澄麵不能太多太急，薄薄一層撒上然後隨手鬆起芋絲握捏成團，就可放進油鑊，更避免了芋絲久醃出水。至於加南乳醬甚至加芝麻加芫荽的做法是個人變化選擇，於我看來只要芋頭夠粉夠香夠好，倒不必別的什麼提味。

至於油炸的時間和技術，經驗豐富的老師傅甚至會建議分開用武火和文火兩鑊油，先用武火將生芋絲炸熟再用文火將芋蝦炸透，而在工廠裡老師傅當然不像家裡用普通筷子和單頭笊籬，手執一個一次放進四球芋絲的專用工具，一炸炸出不再像蝦的超好味道。

一　典型的屬於廣東南海、番禺、順德等地區的傳統賀年食物，完全沒有鮮蝦成分稱為「蝦」，大抵是早期炸這芋絲圈的時候並沒有特製的器材固定其形狀，炸成不規則長長一隻狀似金黃的炸蝦，因而得名。以今日拿捏成球亦有特別炸籬定形，要正名的話也許該叫芋球。

公鳳

九龍九龍城衙前圍道132-134號地下6號舖　電話：2382 2468
營業時間：1100am-1000pm
應有盡有的零食店時有驚喜，不定時間歇出現的芋蝦雖然硬了一點點，但勉強可解相思之苦。

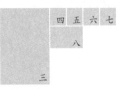

四	五	六	七
		八	

三　三

三　一年一度管它是否油膩熱氣，以武火定形再以文火炸透的芋蝦實在是
　　一發不可收拾的香口特色。

四、五、六、七
　　先將粗壯肥大的荔浦芋刨皮切薄片再切成寬若2-3mm的芋絲，下油鑊
　　前再輕輕以少量澄麵和鹽拌勻一下，過早過多都恐怕會令芋絲受醃出
　　水，影響黏結。師傅更熟練的用陰力把芋絲握成球狀放入炸鑊，過鬆
　　便散過實便硬，看的完全是拿捏手勢。

八　　粗料細作的又一絕佳例子，芋頭賤物經過這巧手處理，先以武火把芋
　　絲炸出金黃外觀，再調至文火慢慢把內層炸酥炸透。只見老師傅一夫
　　當關地舞弄出熱辣酥香堆成小山的幾十個芋蝦，很有富足的感覺。

平民奢侈
飲食旅遊專欄作者 陳俊偉

俊偉著實是比我十年前認識他的時候胖了一點，但相對於他這十年來跑過這麼多的地方看過這麼多風景嘗盡這麼多的美食，只作過這好一些詳盡的輕鬆的叫人有若親歷其境的叫人垂涎以至腹如雷鳴的稿子，如此看來他又不算很胖。至少一個喜歡吃的人是該有一個飽滿圓潤的樣子的，吃出好心情，心廣何妨體胖。

因為工作真正近距離深入認識食物，有喜有惡同時吃出一種主觀／客觀態度。從最初一個不吃魚不愛蔬菜只愛吃雞翅的小朋友慢慢發展到連續吃上四天來自全球各個海域的生蠔，一餐吃遍龍蝦六種不同烹調方法，吃多識廣，自然就懂得珍惜，開始明白到不只是一粥一飯其實也得來不易。即使是廉價如番薯如芋頭也可以「變」出甜美的番薯糖水和芋蝦，尤其是強調古法的版本，就連一塊番薯都要又削又切又曬才夠資格下鍋。芋頭變成芋蝦的程序更是繁複，難怪始終無法在當今時世流行普及，因為人工手作就是luxury，時間就是奢侈。

說來俊偉竟然沒有在小時候吃過芋蝦這種年節時候的油炸食品，認知只在媽媽親手做的角仔和煎堆身上，搞不好還鬧過芋蝦是不是一種蝦的笑話。後來也就是因為工作機會經常出入舊式茶樓過年前夕在一堆蘿蔔糕芋頭糕年糕中間發現了限量版且有賞味時限的傳統古法手工芋蝦——隔了這好些年月終於與芋蝦相認，相逢未恨晚，用了一個專業的身份親口嘗試，少吃多滋味，尋常不尋常，吃到的是一些時間和人情的附加值。

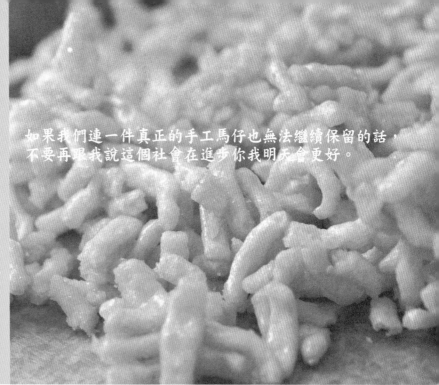

如果我們連一件真正的手工馬仔也無法繼續保留的話，
不要再跟我說這個社會在進步你我明天會更好。

一 已經黏滿糖漿還未上
框壓成立方的炸粉條
是沙其馬的「前身」，
嗜甜的我早已忍不住
伸手拈來進口，吃得
一嘴香脆。

馬失前蹄

043 生死存亡沙其馬

我不賭馬，也從來沒有興趣看賽馬，幾次鮮
有地走近馬場都是到馬會的中菜廳吃飯到貴
賓房試酒，當然也很難想像如果香港有朝一
日沒馬跑，廣大馬迷會如何起哄暴動。但如
果有人告訴我，在不久將來很可能再也吃不
到手工製的「馬仔」沙其馬，我肯定會悲從
中來呼天搶地。

當你領教過那些在超市和連鎖餅店有售的用
塑膠袋獨立包裝的新派馬仔，也許很方便很
衛生，還加了芝麻呀椰絲呀核桃呀甚至腰
果，可是入口不是太甜就是太硬甚至有一陣
油「益」，你千萬不要因此從此唾棄馬仔——
你該問準門路找出那些還是每日新鮮現做，
以整板完裝出現，每件切成丁方三吋的金黃
馬仔，趁熱放一小塊入口，讓它慢慢融化留
香。加了足夠蛋液的麵粉炸條香酥誘人，麥
芽糖及砂糖現煮的糖膠甜味黏度適中，隨手
撒上少量芝麻再添滋味，這才是真正值得保

順香園餅家

沙田火炭山尾街23-28號宇宙工業中心4樓B座（工廠）電話：2605 6181
作為一個唐餅的小型製作工廠，順香園的師傅團隊身經百戰無所不能，
有的獨力專門負責沙其馬或者光酥餅，有的組成夢幻三角相互呼應「變」
出一盤又一盤熱騰騰——

二、三、四
先將麥芽糖混合白糖炒煮糖漿，快慢拿捏手勢講究，太快的話兩種糖難混合，太慢的話又怕糖變味。炸好的蛋味香濃的麵粉條與糖漿在鑊中混撈，行內叫「炒馬仔」的這一工序最考師傅，一見粉條已經黏勻糖漿就得起鑊，否則就會過於結實黏身。

五、六、七、八
「炒」好的馬仔置於框中，用手輕輕拍打壓實成形，稍待涼後使用刀把整板馬仔切成立方。

九
沙其馬永遠是新鮮即食最酥脆最香甜，每天由工廠批發到零售店舖也很快被懂門路的街坊一掃而光。

— 暱稱「馬仔」的沙其馬本是京式糕點，由來說法不一，一般認為是滿州餑餑（點心），製作存放要經過「切塊」和「碼放」兩個環節，切的滿語為「薩其非」，碼的滿語為「瑪拉木壁」，所以沙其馬火拹就是這兩個詞的縮寫。

— 另一傳說認為沙其馬是在廣州誕生。駐守廣州的一位清代滿族將軍姓薩，外出打獵時總要帶著由家廚為他準備的點心，當中最愛的就是由雞蛋麵漿炸成、淋上蜜糖壓成方塊的甜食。將軍問起家廚此物如何稱呼，廚子隨口回應叫「殺騎馬」，日後民間傳開也就叫沙其馬—

— 順香園糕餅部分售賣點：
　1.啟泰地產
　　觀塘瑞和街130號　電話：2342 9391
　2.楊紹記
　　上水石湖墟街市2樓8-9舖　電話：2673 3665
　3.昌珍士多
　　柴灣柴灣道394號地下

留的手工藝真正值得回味的民間美食。

如果我們連一件真正的手工馬仔也無法繼續保留的話，不要再跟我說這個社會在進步你我明天會更好。當大型超市把小雜貨店趕盡殺絕，當舊區重建淘汰街坊老店，當大規模機器生產的各類食品從內地源源襲港，以低成本打擊本地的小規模食品製造業，直接受損的就是我們的口腹。不少中老年的唐餅師傅枉有一身好本領，只能抱著一日做一日的捱打心態，即使他們一上崗位還是用心用力使出渾身解數，但當他們累了撐不住了決定退下來，新入行的小徒弟就再也沒有那種足料心意可以把老師傅的絕活功夫承傳下去。

正如曾幾何時有此保證「馬照跑」，馬仔沙其馬作為一種零嘴也應該不會馬上消失。唯是終有一日此馬不同彼馬，粗製濫造變種充斥，為食如你我聞不到香也不必下馬了。

香港中環皇后大道中194號　電話：2543 8414
營業時間：0900am-0700pm（周一至周六）0900am-0630pm（周日）
作為馳名零食小吃老店，每日限量新鮮製作的全蛋沙其馬是叫
小小店堂絡繹不絕地有客上門的主要原因。

陳意齋

	十一	十二	十三	十四
十五	十六	十七	十八	十九
十				

十 　同一工廠同時有另外一批師傅熟練地製作其他餅食，十年、廿年、三十年或以上的各自實踐經驗加起來就是一個寶貴的智囊團，說得出做得到。面前的花生餅香脆硬淨，活像加入花生的核桃酥，分明就是這裡的一個原創。

十一、十二、十三、十四
　原料不離麵粉、雞蛋、糖、豬油、蘇打粉……師傅手到拿來，舞弄出一種輕鬆隨意，從開始搓拌到烤烘出爐還用不到四十五分鐘，叫旁觀的我也即時分享萬無一失的成功喜悅。

十五、十六、十七、十八、十九
　一批花生餅、光酥餅和核桃酥先後出爐後，又到了製作蓮蓉卷的時候。只見師傅把蓮蓉包在擀好的麵粉皮裡面框壓成長方條狀，然後剔出橫紋髹上蛋漿，烘烤後切件包裝，輾轉分銷到港九新界各地，滿足大家嗜甜好胃口。

保馬一系

百老匯電影中心負責人主腦麥希聖

前前後後向Gary作了不下三四五次道歉，其實帶給他吃的這幾塊沙其馬該是換過更新鮮的從一整板現做的沙其馬方方正正切割下來，用白雞皮紙包著，不介意讓糖膠弄得一手黏黏稠稠的，吃起來芝麻和核桃仁都黏在嘴角，那才街坊那才有真正風味。

可是手中的幾塊沙其馬卻是用塑料紙妥貼包好，據說還可以「保鮮」地放上十天八天。吃著這塊隔了幾夜的沙其馬，明顯潮濕了不夠鬆脆，而且有點太甜──如果我們還堅持一定的標準還可以刻意選擇，我們該放下這塊已經不合格的沙其馬嗎？

大事小事堅持原則執著態度，Gary對待生活對待工作對待食物都如是。追尋家族為食DNA，Gary那曾經是雲吞麵店東主的父親對食物要求很嚴謹，一切加工過的食材如罐頭和蠔油之類，都被禁止帶進家裡，唯一的例外是豆豉鯪魚──是因為豆豉？還是因為鯪魚？而母親的一手精彩廚藝，叫一眾親戚每逢過年過節便聯群結隊蜂擁而至。

既然有違禁物當然也有中門大開受歡迎的，父親對中式糕點特別鍾情，所以什麼糯米糍、白糖糕、缽仔糕以及崩砂呀馬仔呀都可以入屋而且可以隨時在家裡吃到。

因此Gary自小認定沙其馬是一家大小分享的甜甜蜜蜜的健康食品，也因為積累了多年沙其馬經驗，很清楚知道好壞準則。說起來可惜的是這些傳統食品的生存空間很有限，集團式經營和機器大量生產的往往放棄了手感特質，沒有新人入行接班製作，跑得不快的馬仔可有一天被趕盡殺絕？剩下的難道只有這一張塑料包裝紙？

福臨門酒家

香港灣仔莊士敦道35-45號　電話：2866 0663
營業時間：1130am-1100pm (點心至0300pm)
一般街舖餅家難見新鮮沙其馬，本來平凡不過日常小吃轉身出現在高檔酒樓成為午間茶市的飯後點心，以福臨門一貫對待茶點的精準態度，這裡的沙其馬香酥鬆化不在話下。

有人喜歡硬淨香脆，有人喜歡鬆化酥香，
但無論如何，於我這個笨手笨腳的，
每回吃蛋卷都是天花亂墜好戲一場。

044 欲罷不能雞蛋卷

一身土地

說起雞蛋卷，似乎大家不約而同馬上就想到澳門，然後再想到杏仁餅、水蟹粥、葡國菜——一個曾經安靜的小地方，很專注地做好幾種送禮手信幾道特色美食，就會在中外旅客心中留下深刻印象培養出消費習慣——香港也許太匆忙太熱鬧，好像人有我有什麼都不缺，A項到Z項都在爭出鋒頭，一路競爭下來結果又好像這樣那樣都不夠突出未算最好，待到過年過節收到香港自家製造的雞蛋卷禮盒，很多香港人才面露驚喜地察覺這些百分百made in Hong Kong的雞蛋卷其實也的確不錯。

從獨沽一味專門做家鄉雞蛋卷的五十年老字號大舖「德成號」到做街坊生意手工蛋卷的小檔「齒來香」，印象中早年港九街頭巷尾還該有好些小本經營的手推車蛋卷小販，都在提供這些不是什麼高技術，但也得熟練才能

香港北角渣華道64號高發大廈地下　電話：2570 5529
營業時間：0930am-0730pm

德成號

走進店堂，陣陣蛋香牛油香先叫人心動牙癢，還有那堆疊如山醒目亮麗的鐵盒精裝，馬上叫人想起該送一盒給姨丈一盒給姑媽
一盒給多年不見的老同學——

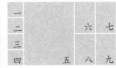

一			
二		六	七
三			
四		五	八	九

一、二、三、四
　　從糧油店脫胎換骨變成獨沽一味人工手作雞蛋卷店，一眨眼經營超過五十年的德成號是街坊老舖。雞蛋卷鬆香酥化，蛋味十足。店堂內堆疊起專用鐵罐，過年時節用各式花紙包裝送禮，留住一種流失中的老派習慣。

五
　　德成號的蛋卷分作原味、牛油味和椰汁味三種，每回我都挑選原味，一開罐就一發不可收拾，三數天後吃得差不多，還用手撮起罐底的蛋卷碎屑，吃得更放肆。

六、七、八、九
　　除了大廠生產蛋卷採用流水線作業，一般家庭式經營人手操作都得經過這幾個步驟：先用雞蛋、頂級麵粉、糖，混成蛋漿，舀一匙放在蛋卷機的電熱板面上，合上鐵蓋靜待幾十秒然後掀蓋，馬上用鐵棍把蛋皮捲成蛋卷。有的蛋卷機比較「先進」，機關連接腳踏，手腳並用方便掀蓋，手勢熟練完成一條蛋卷全程不到一分鐘。

巧手成形的雞蛋卷。看著師傅用頂級麵粉調進打勻的北京蛋或者頂級湖北蛋液，加糖以及牛油以至少量椰漿調味，然後一勺一勺地放進兩片黝黑油亮的生鐵板上一壓烘成蛋片，馬上再捲成蛋卷。新鮮烘製，蛋香撲鼻，懂得吃的當然知道這批人手新鮮烘捲的雞蛋卷比起那些機械操作大量生產的貨色，無論色香味都肯定優勝得多。

有人喜歡硬淨香脆，有人喜歡鬆化酥香，但無論如何，於我這個笨手笨腳的，每回吃蛋卷都是天花亂墜好戲一場。即使事先做足準備擺好陣勢，還是會吃得散屑一手一身一檯一地，為了免卻清潔收拾的煩惱，很多時候我索性就用原盒原罐盛回散落的蛋屑，也因此忍不住一條又一條蛋卷放入口，一口氣吃完一盒或者一罐，絕對正常。

一　蛋卷製作就是活脫脫的民間手工藝，過程其實並不複雜，其巧妙細節在於各家調製蛋漿時雞蛋的來源，麵粉和糖和水的比例，有些亦加進椰汁或者牛油來提味。而因應天氣變化，潮濕的春夏時分蛋漿便得少下點水，以免蛋卷太易受潮。一般長身蛋卷會在一層捲好成形後再加捲上第二層，口感更加酥化，短身蛋卷會一次捲上三圈，做成硬淨脆身口感。

齒來香蛋卷

香港西營盤第三街66號福滿大廈地下　電話：2975 9271
營業時間：0900am-0730pm
港島西區半山老舖，由街頭鐵皮攤檔轉移入舖，現場即做蛋卷鳳凰卷等傳統餅食，亦有各式自家製餅乾及曲奇。

	十二	
十一		
十三	十四	十五

十　光是蛋卷滿足不了要求多多的顧客，從圓筒蛋卷發展至放進餡料左摺右摺
　　再包裹成形的鳳凰卷，同樣大受歡迎。

十一、十二、十三、十四
　　用上製作蛋卷的蛋漿烘成蛋皮後，各適其適，鋪進砂糖椰絲或者芝麻肉
　　鬆，再用銅叉把蛋皮翻捲摺疊成形，隨手包裝入盒送禮自用。

十五　小本經營家庭手作，相對於大廠出品總是優勝在多了幾分親和感情。

後繼有人？

媒體IT人文善恆

問他在過年過節以及親友有什麼喜慶時候會不會買雞蛋卷來送禮，阿恆實在猶豫了好一陣，然後還是不得肯定地說，這麼普通這麼平凡的東西，超市和便利店都隨時可以買得到，用來做禮物是否太輕巧了一點？

繼續追問他習慣買什麼來送禮？馬上的回答是即食燕窩——那麼你有沒有試過這些燕窩呢？阿恆裝著鬼臉打個哈哈，sorry，並沒有。那你沒有聽新聞有調查報告說那些即食燕窩都是含量稀少甚至造假的嗎？嗯——

無意再挑戰這位實在也很喜歡吃蛋卷的I.T.男，他要求蛋卷新鮮酥脆有蛋味，不喜椰絲或者紫菜或者肉鬆作餡而獨愛原味，其實已經是有準則有要求。加上他也覺得雞蛋卷除非不做，一做就得走

新鮮限量、手工精裝的高檔格局，才會令這種傳統小吃的地位得到提昇，相對那些大量機製的便宜版本，真正嘴饞的人一定會支持保留看似微不足道但著實豐厚細緻的民間飲食傳統。

並不太複雜花巧的製作過程，一條蛋卷在手中完成，看來不會像花式西餅甜點一樣廣受吹捧贏得太多誇獎，這也是為什麼沒有年輕一族願意入行接班的原因，以至這些吃得一樓一地蛋卷屑的平實好味的貨色，始終未被消費者如他列入送禮首選。我有點天真而且冒昧地跟阿恆說，蛋卷有沒有未來就看你們這群三十出頭的了——說來言重，但要真的後繼有人，製作生產營銷商以至消費者，都必須有更完整更準確的共識，買買賣賣才能更有意義。

新界元朗流浮山正大街17號地下　電話：2472 2936
營業時間：0800am-1000pm
假日時分流浮山熙來攘往的街巷中遊蕩的你一定會被撲面而來的
蛋香吸引住，隨手拈起吃得一口酥化——

泰興公司

報章統計中香港人平均每天吃掉375萬粒魚蛋，重量約共55噸。這無疑是一種至死不渝的厚愛，量多而且重。

串串愛

045 魚蛋魚蛋我愛你

實不相瞞，最近十年八載都沒有在街頭小攤檔吃那歷久不衰越變越辣的咖喱魚蛋和幾近絕跡沾滿豉油和海鮮甜醬的滾油現炸小魚蛋，情形有如小學五年級下學期的某一天，完全沒有預告地突然結束了持續五年的瘋狂集郵，把那沉甸甸的幾本當時認為比生命還重要的郵票簿用厚膠袋封好，狠狠放上老家舊居和弟妹共處的睡房書架最高最隱閉的一角。自此之後的三十多年間，每次回到那已經變作父親畫室雜物房的房間裡，抬頭看看那已經封了厚塵的膠袋，越來越沒有膽量拆封這史前珍藏──怕的不是一旦開啟曝光，這些郵票都會灰飛煙滅或者化蝶翩翻，只是一時間也不曉得如何面對當年收藏累積的感情回憶，和那毅然告別童年的霎時衝動。

說起來我跟咖喱魚蛋的恩怨愛恨也是這樣戛然終止的。雖然說不上是從小極愛這些用廉價魚肉加粉拌攪成漿唧製成形再經油炸，然

北角英皇道413-423號，僑輝大廈地下（在新光戲院側）電話：8100 5428
營業時間：0700am-0900pm（周一至周六）／1000am-0800pm（周日及公眾假期）
以用心精製傳統牛雜馳名的這一家街坊小店，咖喱魚蛋原來也十分出色，
秘製汁料又稠又濃又香，一再迫我破戒破限額。

十三座牛雜

一

二　三　四　五

一　實不相瞞，平均港幣五元就有六至八粒的咖喱魚蛋，是全世界街頭小吃當中最沒有製作難度、最不神秘的。無論你覺得這粒魚蛋偏大那顆魚蛋偏小，那顆口感較軟這顆口感較硬，還有那似是而非的魚味——的確間只是魚味而已，坊間最劣等的用來油炸後做咖喱魚蛋的，說實在跟魚蛋粉麵用的高價貨質素也相差一截，都是批發入貨，鮮有由店家自家做，但這都不打緊，最重要最關鍵的就是那標榜自家炮製的咖喱汁。

二、三、四、五　熟悉的工具、動作、聲音、環境、氣氛、香味……每個香港人都有過或長或短的一段咖喱魚蛋迷戀期，也肯定有一批一日無魚蛋不歡的捧場客，否則不會有那些一個小檔攤動輒日賣近二千串的紀錄。

後以各種香辣材料煮汁調味的咖喱魚蛋，但也總是三五七時隨手一串的慣性小食。多少是因為後來開始關注街頭的惡劣衛生環境，也因為近十數年都只穿白T恤白襯衫，當街當巷吃那沾滿流動汁液的咖喱魚蛋是很容易出事的。也許就是經歷過那麼一兩次腸胃不適，也因為手腳笨拙醬汁四濺報銷了三數件心愛白T恤白襯衫，所以就此結束了我跟咖喱魚蛋的一段長達三十年的關係。

據說這個世界上沒有無緣無故的愛，也就沒有無緣無故的恨——我並沒有恨魚蛋，所以更能明白報章統計中香港人平均每天吃掉375萬粒魚蛋，重量約共55噸。這無疑是一種至死不渝的厚愛，量多而且重。誰說街頭無真愛，誰說香港人不重感情——如果你是魚蛋，小辣、中辣、大辣的愛永不息止，有彈性有口感有嚼頭，一年五季，一天廿八小時，每小時一至三串。

一　翻開坊間越見仔細深入的咖喱歷史研究專著，驚嘆這已有二千五百年以上的源自印度的混合調味法，真真都是跨越時空的種植史交通史移民史殖民史，絕對值得溯源尋味，而身處此間手執一串咖喱魚蛋，最基本也得知道製作咖喱的常用材料有辣椒、生薑、丁香、肉桂、肉豆蔻、草果、蒜、芫荽、茴香、芥子、罌粟子、八角和黃薑等等。

津味魚蛋

九龍花園街174號
營業時間：1000am - 1000pm
捉準顧客心理，當坊間一般店舖的咖喱魚蛋一串六粒，這裡都一直堅持一串八粒，而且香辣軟硬度適中穩定，人氣長期鼎旺。

七　八

六

六、七、八

各家各派各顯神通，有的咖喱汁混入果皮，有的加入辣椒絲，有的有薑有蒜，亦有回到麻辣版本，只要做到濃香撲鼻，熱辣入口軟硬適中，哪管你是藏在絕密街巷盡頭，一旦贏得街坊口碑，長期有十人八人排隊捧場，已經是成功熱賣保證。

魚蛋馬拉松
運動健兒 何良 何亨

無論在電視上看轉播，還是在現場賽道旁看那些馬拉松長跑健兒揮汗如雨苦樂夾雜七情上面，我都會摸摸自己日漸「隆重」的股腹，有那麼一剎那的閃念，以為終有一天我會作出決定做好準備，認真操練一番，與大伙一同在這個熱鬧熙攘、充滿能量的隊伍裡出現。但這不夠三分鐘的熱情當然迅速冷卻，坐言起行這四個字，於我來說是在計劃早午晚三餐和宵夜吃什麼的時候才最適用。

作練習準備。兩人精神爽利活力十足，叫我馬上變成老弱。

約好在山腰的獅子亭見面，L和H是要讓我見識一下運動員的另一面：運動員也是人，也為食，要補充體能，更要保持一個愉快心境，所以中場休息時餐桌上出現的有山水豆腐花，有咖喱飯，有餐蛋公仔麵，還有，竟然還有咖喱魚蛋！雖然不敢說這裡的魚蛋是全港最好吃，但運動途中忽然傳來這熟悉的香氣味道，怎能不

所以看見何良和何亨兩位曾經是電台節目拍檔的老兄一身運動裝束，趨前握手時近距離聞到的不是一身汗臭而是剛洗浴過的清爽氣味，十分驚喜十分佩服。原來兩人已經完成早上的鐵人賽，稍息過後又繼續越野訓練，迎接即將來臨的毅行善舉，亦為不久後的公開馬拉松長跑

讓人手一串吃不停口——因為有運動有消耗，也不必這麼科學這麼嚴格地計算什麼卡什麼里。只是大路仍然在前，如何努力不懈為自己的身心健康運作正常作仔細規劃，何良何亨兩位越跑越年輕的選手，有太多為食經驗可以跟大家分享。

九龍深水埗欽州街114號地下　電話：6407 5539
營業時間：0330pm-1000pm
從調製蒜味特香特濃的咖喱醬汁開始，店主事事異常專注投入，
有條不紊的招呼應對晚間放工時分大排長龍的捧場街坊。

小食部

一　真真假假經過歷代變身出一碗貨真價實的碗仔翅，曾幾何時從戲院門口街頭巷尾的流動攤檔簡陋至一個銻盆中熱騰翻滾的胡混貨色到如今坐在光猛明亮店堂裡評頭品足湯料有多豐富刀工有多幼細，小小一碗湯羹的演變也反映出一個社會生活素質的提昇。

「假作真時真亦假，無為有處有還無」——
不知怎的，每回口啖熱騰騰的碗仔翅，
腦海裡竟然都浮起這兩句。

真真假假

046

如假包換碗仔翅

從來記性差，翻一本小說讀到三四十頁，已經記不起頁首開場的情節故事人物，所以這樣一路下來什麼畫面對白都是支離破碎的，不知是否就此養成了一向東湊西拼的好／壞習慣。就如《紅樓夢》這類經典名著大部頭，人事糾纏複雜車輪轉，縱有插圖輔助有人物出場事態發展的圖表提示，我還是沒法理清來龍去脈，倒是牢牢記得卷首一副對聯「假作真時真亦假，無為有處有還無」——不知怎的，每回口啖熱騰騰的碗仔翅，腦海裡竟然都浮起這兩句。

碗仔翅是假的，因為用的都是人造翅，碗仔翅也是真的，因為自五六○年代開始有大酒家酒樓伙計用婚宴用剩的翅尾熬湯，加入粉絲、雞絲、肉絲、木耳、冬菇等等材料，在街頭廉價賤賣風行起來，碗仔翅也就成了集體心照不宣以假亂真的民間美味。說實在，那些動輒上百成千港元的包翅排翅不是日常飲食，經濟高峰期魚翅撈飯的豪奢也是曇花

呂仔記　香港筲箕灣東大街121號（地鐵B1出口）電話：2885 8590
營業時間：0100pm-1200am
說起呂仔記，身邊一眾有鍾情它的足料碗仔翅，有推崇它的自製魚肉燒賣，亦有盛讚它的家傳喳咋糖水，但還有一個主要原因就是一睇掌門人賢哥的風采！

三	四
二	五	六

二、三、四、五、六

絕對可以用「大堆頭大陣仗」來形容呂仔記「研發」出的精裝碗仔翅：用上老雞和金華火腿足火熬製的鮮美湯底，配上浸發薄切的冬菇、木耳、手撕的雞絲肉絲，還有日本進口的像真度極高的人造翅，加上掌門人賢豪哥親手落力勾一個稀稠合適的馬蹄粉芡，難怪捧場客當下起誓不必再吃那實在殘忍的魚翅！

一現，倒是一碗從開始三五七毛到現今十元八塊的碗仔翅，最得民心最叫人動真感情。

也因為生態紀錄片的揭發，從來視魚翅為高尚食材的大眾忽然驚覺捕鯊取翅竟然是慘無人道的一場深海大屠殺，很多只是貪求一時口爽甚至一刻虛榮的食客也自覺拒絕或者少吃「真」翅，因為這「真」根本就不善不美。

因此自小習慣在婚宴中爭先恐後多吃幾碗翅的饞嘴路人如我，就把覓食焦點鎖定在其實也貨真價實的碗仔翅中了。用上像真度極高的日本進口人造翅，以金華火腿和老雞熬成的不下味精的湯底，加入浸發了一天的薄切成片的冬菇，手撕的鮮雞絲和肉絲、木耳、粉絲或者芋絲，用馬蹄粉勾的芡不稀不稠，入口鮮甜味美，眼前也不會出現殺鯊割翅的血腥場面，心安理得一碗吃罷再來一碗。

當年發明「碗仔翅」的叔伯，萬萬想不到這般街頭巷尾無為之作也竟成了香港良心，什麼是真什麼是假？什麼該愛什麼該恨？竟然由一碗碗仔翅細說分明。

九龍大角咀埃華街9號 電話：2180 9655
營業時間：1200pm - 1200am（周一及勞工假期休息）
地處邊陲的一家街坊小店，能夠吸引刁鑽食客越區尋訪然後讚不絕口。
碗仔翅和生菜魚肉都是熱賣，特別版魚翅撈菜飯值得一試，
嗜辣的還得吃一口自家製辣椒菜甫。

車品品品

	八　九
七	

七　良心足料碗仔翅固然百吃不厭，不相伯仲的生菜
　　魚肉（湯）也是民間「自發」的流行熱賣。

八、九
　　簡單不過的工序卻絕不馬虎，至鮮至美是原則態
　　度：新鮮生菜洗淨切絲，新鮮魚肉絞成魚漿調粉
　　調味，擠入大熱水煮成條狀再配上上湯及菜絲，
　　加上大量胡椒粉吃喝得冒一身汗，也有貪心為食
　　者把碗仔翅和生菜魚肉雙拼，稍稍保守的我還未
　　如此放膽嘗試。

平民國宴
綠色和平市場推廣總監梁佩鳳

人人嘴饞為食，當我和佩鳳小姐專程在下班繁忙時間花了半小時坐了十二個地鐵站車程，到了我們的目的地小吃店，點了我們分別要吃的碗仔翅和腐竹白果糖水，正要趁熱入口之際，前輩星級飲食節目主持人蘇絲黃就帶著一隊攝製隊闖進來。

阿蘇以爽直嘴刁見稱，既然她也聞風而至細心品嚐，多少又再肯定了這小吃店的江湖地位。當然吃吃喝喝是十分個人口味喜好的主觀事，不能依賴所謂美食家。但媒體正面報導又的確能造勢，特別能夠對艱苦小本經營的店舖有刺激鼓勵支持。你好我好，造福為食人。

自小在放學回家路上吃不停的佩鳳，跟我相視暗笑沒有來錯，但她也坦言面前這碗仔翅一勺舀起來吃下去好像感覺太稠，一方面材料太多一方面勾芡有點厚，食味倒是很滿意，而且很夠熱——如果你試過半涼不熱的碗仔翅你就知道有多難受！一邊吃佩鳳仔細分析其豐富用料，對那厚切的冬菇絲和素翅的運用很有好感，而奇怪的是吃到一半時，P小姐覺得那太稠的感覺沒有了，也許是吃掉了一半的料，湯就忽然清起來。

佩鳳娓娓道來的是她在澳洲唸書時，曾經動員宿舍一群香港同學合力炮製一大鍋似模似樣的fake shark-fin soup給來自五湖四海不同國籍的同學品嚐，把這平民道地小吃擺了上國宴大檯。以佩鳳對碗仔翅的忠誠度（她堅持不把碗仔翅與魚肉與生菜兩溝三溝！），我對那年那月那夜那鍋由當事人單方面口述作供盛讚的碗仔翅還是蠻有信心的。

無論是結實飽滿的燒賣還是通透滑溜的粉果，
雖然只是十元八塊，都在說明對事對人有
沒有心的道理。

燒賣粉果一家親

三五成群

047

從來都認為專注工作中的男人是最有神采甚至是最性感的，全神貫注一言不發也好，眉飛色舞得意忘形也好，把自家的生平絕活公諸於世，無私可愛贏得敬重──其實我們每個人都有這樣的機會把自己最好的一面展現，就看我們有沒有方法真正的專注起來──比方說，剁好肉調好味做手打魚肉又摔又拌的時候，總得專心不二朝同一個方向。

約好以街頭小吃著名的「呂仔記」的少東賢豪哥去為他的擁躉示範製作他店內的駐場熱賣碗仔翅和魚肉燒賣，還有他正在研發的墨西哥雞翅。爽快的他一口答應，而且更準備好二十四人份的實習材料，和太太、小女兒和友人一道，早就到教室現場打點妥當，更動用了他女兒的「座駕」嬰兒車來運送大包小包乾濕食材，叫我這個叔叔真的不好意思。

香港筲箕灣東大街121號（地鐵B1出口）電話：2885 8590
營業時間：0100pm-1200am
能夠將普通不過的街頭小吃用心提昇到一個叫目相看的層次，即使
不是什麼石破天驚的大發明，已足以叫人感動。

呂仔記

	二	五			
	三	六	八		
一	四	七	九	十	十一 十二

一　相對於上茶樓飲茶的各適其式的「正式」燒賣如蟹黃乾蒸燒賣、豬膶燒賣、鵪鶉蛋燒賣，流落到街頭的魚肉燒賣走的是更大眾的路線。即使草率隨便得用燒賣皮裹著一團有魚肉味的粉，加了蔥味的豉油和辣椒油，也勉強吸引得住一群嘴饞起來不太講究的食客，但當一眾吃過魚肉燒賣中的用心極品，他們她們才知道原來真的別有選擇。

二、三、四、五、六、七
　用上新鮮採碎手攪好的魚肉，加入鹽、糖、味粉、生粉、胡椒粉拌勻，再加水攪拌後再打成魚膠，加點麻油、生抽和果皮粒，拌勻後成為餡料。手掌放好燒賣皮，熟練地把餡料一挑一抹一捏，個個飽滿。放入蒸盤以猛大火蒸好，再移到小蒸爐熱著保溫。

八、九、十、十一、十二
　除了普及版以魚肉作餡，也有出奇制勝的以比例較多的鮮豬肉加上冬菇和少量鯪魚肉混合作餡的另類版，汁多味鮮夠嚼勁，加入辣椒豉油更是錦上添花。這家位於元朗鬧市的小舖最高紀錄日賣上千粒燒賣，可見別出心栽顯示實力也是險中求勝之道。

示範進行中，賢豪哥揮灑自如，熱情大方地向好奇一眾示範解釋了自家如何花心思對這些看來普通不過的街頭小吃不斷改進提昇，演繹出一種獨門性格。當中的步驟細節殊不簡單，而更要因應天氣，食材水準變化來微調配合，這完全就靠他自小在父母經營的小食攤檔幫忙時積累出的實戰經驗以及那種存活拚搏精神。沒有因為粗重勞苦而放棄，更沒有看輕自己──作為嘴饞食客的我們由衷告訴他：他和他的魚肉燒賣、碗仔翅和喳咋對我們是多麼多麼的重要──每趟一聽到讚賞，賢豪哥的被大家公認的俊臉就嚓地一下的紅了。當被要求跟他的擁躉學員們拍照留念，十分上鏡的他還是樂此不疲的。

無論是結實飽滿的燒賣還是通透滑溜的粉果，雖然只是十元八塊，都在說明對事對人有沒有心的道理。當我們清楚了解小舖經營之難競爭之烈，就更體會到這些為求做好一粒燒賣一個粉果而作的堅持努力是多麼可貴。

妙舒　新界元朗阜財街11號B舖　營業時間：10am-0300am
即包即蒸即賣的冬菇鮮肉燒賣，傍晚下班時分引來大批捧場客，嘴饞的還可以買走未蒸熟的生燒賣回家加工做宵夜和早餐。

		十三
十四	十五	十六
十七	十八	十九
二十	廿一	廿二

十三 好過份，真的好過份，從來未吃過這樣柔滑
　　香甜的粉果，甘願冒著被燙嘴的險，還是要
　　趁熱把這個即蒸，有著花生、粉葛、韭菜和
　　少許蝦米作餡的潮式粉果，一口吃下去，然
　　後很滿足的，繼續再來一個又一個。

十四、十五、十六、十七、十八、十九、二十、
廿一、廿二
　　簡單俐落新鮮餡料，包出來的粉果好吃與否，
　　看的完全就是師傅的手勢。十二歲就入行學做
　　點心的店主林師傅，身經百戰卻從來沒有掉以
　　輕心──餡料即日現做，包粉果前才以熱開水
　　沖進澄麵，隨手不停攪拌凝成糊狀麵糰，趁暖
　　將麵糰混合生粉和生澄麵，搓成更柔靭的麵糰
　　再分粒研平。手持麵皮將餡料包入封捏好，儘
　　早入爐蒸熟以免麵皮軟塌及餡內花生變潮，影
　　響口感。

粉果男

寬頻製作
呂強有

說到牙齒的狀況，本來一直吃著粉果喝著粥也一直笑著的Mac，不禁露出一點無奈──對一個愛吃能吃的人來說，這未免是一個遺憾。

有一次Mac在吃粉果的時候，一隻牙齒忽然啪地一聲斷了！拿著那半顆斷了的牙，他也不知好氣還是好笑，去看牙醫才被診斷說他牙質不好，一不能吃太黏太靭的食物，二是太硬的東西必須切得很細而且要慢慢咀嚼，就算是看來很軟很易入口的魚，也因為會有未去淨的魚骨，暗藏「硬」機，也是高危。此外，他本身並不能吃辣，吃了口腔會很容易破損──

但即使是這樣，他還是一個嘴饞的人，還是興致勃勃地跟我談起當年的元兇──那一個（其實是一吃十個）粉果。

時為八〇年代末身在深水埗黃金商場當電腦軟體推銷員的Mac，一趁舖裡比較空閒，就開始在周邊街巷那些熱鬧攤檔的小吃攤吃個不停，其中印象最深刻是一檔賣粉果的，個個小巧，粉皮通透，餡料豐富，熱騰騰一口氣吃它十個以上。我問他這樣豈不是不用吃正餐不用吃飯，他卻清楚記得每天還是正常的有米飯到肚，而且他是十分十分重視一家餐館是否煮得出好的米飯，哪怕菜色多麼厲害，如果煮的飯太硬或是太軟，都不是一家好店。

至於那個實在好吃而餡料應該硬不到哪裡的粉果，為什麼會弄斷Mac的牙？至今仍是不解之謎。

九龍佐敦新填地街7號地下　電話：2388 9335
營業時間：0600am-0730pm
街坊小店老闆林師傅，堅持親手自製店裡面的全部點心，
從即拉腸粉、菜乾粥、菜肉包、春卷到芝麻卷，
當然還有熱賣的鎮店粉果，都傾注全部心力。

彩龍煲仔粥

很多人愛吃豬腸粉其實是愛混醬，迫不及待地把豉油、甜醬、辣醬和麻醬都狂放進去，還切記要撒入很多很多炒香的芝麻。

一 既然不以牛肉、叉燒、鮮蝦、豬膶、燒鴨、臘腸、冬菇或者上素做餡吸引嘴饞一眾，白白淨淨的豬腸粉就得加入豉油、甜醬、辣醬、麻醬，還可以灑炒香芝麻令視覺味覺升級。

嚴禁白吃豬腸粉

原來混醬

048

如果我有什麼天大過失，請罵我打我五花大綁公開批鬥我，但千萬不要迫我吃沒有加上任何豉油甜醬辣醬芝麻醬的又白又滑的豬腸粉，即使還是熱騰騰燙嘴的也不要，不要。

也許從小真的就被寵壞了，明明在家裡吃過有老管家瑞婆手工自製的咖央白麵包、班戟、中式包點、煎薄撐、臘鴨頭菜乾豬骨粥、炒米粉諸如此類，但一揹起書包跑出門，馬上就準備再來第二輪早餐，而且全都是一路上可以現買現吃的，當中有酒樓門口外賣檔的超巨型雞球大包（裡面竟然有整個水煮蛋！），有上海式皮厚無餡但撒滿芝麻和葱花的鍋煎大餅，有從冒著熱氣的蒸籠裡跳出來的潮洲粉果和糯米卷，當然更有那一定要下足醬料才好吃的豬腸粉。

身邊的人竟然一致舉手說豬腸粉最好在早上吃，這個我並不同意，因為午後下課回家前

合益泰小食

九龍深水埗桂林街121號 電話：2783 4613
營業時間：0630am-0830pm

老區老店早成街坊傳奇，零售加批發相傳日賣一萬條豬腸粉。每日新鮮自製的腸粉滑溜有米香，自家調製的各種醬料更是味之靈魂所在。

二	三	四
五	六	七	

二、三、四、五、六、七

實不相瞞，每回乘地下鐵經過深水埗站，都有衝動偷它十數分鐘從C1出出走走地面，兩步跳進街坊小舖合益泰，來它五元一份的豬腸粉，自調各式醬料吃個不亦樂乎。吃得半飽還可以站在小巷邊見識一下這裡的老野計阿姐如何爽快倒落地應對那絡繹不絕的外賣人龍。

也不妨熱騰騰再來一回，但我更覺得很多人愛吃豬腸粉其實是愛混醬。在檔口捧著搪瓷小碟上鋪白雞皮紙，先塗一層豉油，拿起剪刀把豬腸粉嚓嚓剪成一小段，然後再迫不及待地把豉油、甜醬、辣醬和麻醬都狂放進去，還切記要撒入很多很多炒香的芝麻。無論是大熱天時還是天寒地凍，都爭取在校門外不遠處那一檔賣豬腸粉的嬸嬸處，在上課鐘放聲大響前用三分鐘把這第二輪早餐解決掉，說實話不因肚餓，完全是饞嘴而已。

在這累積了幾十年的豬腸粉經驗中，當你領教過久經蒸焗又軟又爛的粉糊，又或者極爽極滑得離奇古怪的「膠」條，又或者蔥太多太腥，蝦米太硬，甚至冰冰冷冷了無生氣的也敢自稱豬腸粉，你就會懂得感激那些用粘米磨粉有米香，用澄麵代替石膏粉以助凝固，然後蒸出薄薄一幅粉，人手捲成圓潤滑溜的粉卷，再加上自家調出的各種醬料，越簡單越見真功夫，即日現做現買現吃——所以有天在超市看見那些包裝入袋，賞味期限竟長達幾個月的豬腸粉，不禁啞然失笑。

香港灣仔馬師道／駱克道382號地下 電話：2572 5207
營業時間：1200pm-0100am（周日休息）
一年四季都以臘味糯米飯為鎮店主打的小舖，炒豬腸粉也是風騷熱賣，
好胃口的還可以來碗足料正氣綠豆沙，完全滿分。

強記美食

八
十
九
十一
十二

八　　換一個深宵場景，灣仔強記的熱騰騰的炒腸粉也是眾多夜歸夜不歸人
　　的午夜慰藉，充份發揮了小吃不只是小吃的超級偉大功能。

九、十、十一、十二
　　加入蔥花與蝦米的豬腸粉在平底煎板上以少許油快速煎炒，炒過的蔥
　　花與蝦米更見香口蔥味，腸粉皮脆內滑，再加足夠醬料芝麻頓成夜半
　　美味。

禁忌的豬

設計學院講師、視藝工作者 陳碧如

今天早餐我吃了豬腸粉！碧如這位剛畢業初來的美術科老師在教員室內興奮大嚷。好吃，當然要推介給一眾同事分享。但她馬上發覺整個氣氛神色都有點不對，有幾位老師甚至黑沉著臉——是不是他們她們早餐都吃得太飽了，連聽到另外的早點也不高興？又或者教員室該是神聖莊嚴清靜地，不得隨便喧嘩？結果這疑團在午飯時候被另一位老師把她拉到一旁點破——

碧如，你要知道這是一所信奉伊斯蘭教的學校，豬腸粉無疑是用米粉和水調和蒸製的食品，但調味的醬油調料裡有豉油有芝麻醬有甜醬辣椒醬還有豬油！豬，可是伊斯蘭教的飲食禁忌，而且豬腸粉顧名思義如豬腸，這——

說起這個十數年前闖的禍，碧如和我當然是笑得連手中用竹籤戳著的沾滿醬汁和芝麻的豬腸粉也在顫顫地笑。好吃好吃，好久也沒有吃到這麼滑溜而且醬汁這麼對勁的豬腸粉了，碧如興奮地說。我提醒這位早已成為素食者的老友說，這醬汁裡面可能真的有豬油，才會這麼香這麼滑，她笑了笑，哎呀，這該怎麼好呢？然後也管不了那麼多，繼續吃。

一如我們膽敢誇口從小吃豬腸粉長大的，住在彩虹邨的碧如每天清早上學前在村口麵包店買過維他奶和菠蘿包作早餐之後，還是忍不住再買一小包豬腸粉。那種吃食時候把豬腸粉「還原」成河粉皮一塊，保證內外外都沾了醬的搗蛋玩意，喂，現在要不要再來一趟！

極之好

九龍旺角豉油街21號C地下　電話：2780 2629
營業時間：0700am-0500am
以車仔麵聞名旺角的極之好，加入蛋絲菜絲以及XO醬調味的炒豬腸粉堪稱豪華升級特別版。

一串最愛牛肺拿在手裡，
還要加很多很多黃芥辣，一口吞下一嘴軟滑，
就等那馬上嗆到眼淚直湧的迷糊一剎那。

049 雜大成 日月天地牛雜精華

一字曰雜。

從來對「雜」這個字這一種狀態有好感，管它
是複雜、混雜、閒雜，還是雜家、雜碎、雜
誌，當然還有雜技，就是喜歡那種千頭萬緒，
百味紛陳，什麼都來什麼都有的情況，assort-
ed還嫌太有規矩，mix就正好，match甚至更高
級的mismatch就更過癮，因為一步由低至高從
繁到簡，雜，是一個開始，是一個必要。

然後說到吃的，牛雜馬上出場。

小學年代每天放學後的高潮所在，就是那在回
家路上小吃攤簡陋自製的手推車中那一鍋永遠
沸騰冒煙，永遠飄香誘人的牛雜：牛肚、牛
腸、牛肺、牛膀，剪刀習習，老闆手起剪落剪
剪剪，我就這樣站著吃完一串一串又一串。早
已滷得入味，汁水直滴的一串最愛牛肺拿在手
裡，還要加很多很多黃芥辣，一口吞下一嘴軟
滑，就等那馬上嗆到眼淚直湧的迷糊一剎那。

北角英皇道413-423號，僑輝大廈地下（在新光戲院側）電話：8100 5428
營業時間：0700am-0900pm（周一至周六）／1000am-0800pm（周日及公眾假期）
不知怎的，每回在業哥的「十三座牛雜」店面都是百感交「雜」。小小一個店
舖幾乎不合成本效益地堅持用新鮮牛雜，泡製出回憶中的食味口感，
令家傳秘技得以承傳保留，感動，感激。

十三座牛雜

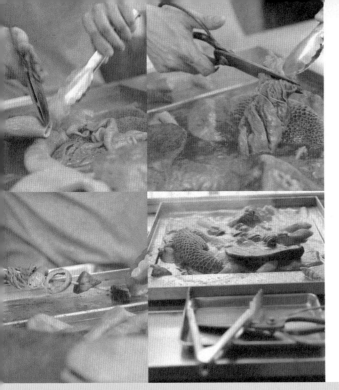

	二	三
一	四	五

一 外在美固然不可少，內在美也實在重要，如果連內在也美味的話，嘿嘿，當然求之不得——還得加點芥辣生色提味！

二、三、四、五

十三座牛雜業哥的熟練手勢不只是把牛肚牛胃牛腸牛肺牛膀剪開方便進食而已，一切都大小攸關的考慮到不同部位每件牛雜最理想的咀嚼形狀大小，沾浸承接汁液的面積，甚至串成一串時先後有序的口感對比分別。這當中也許不是什麼大學問，但一切美妙就在這細節之中。

許多年過去，直至有天在北角碰上驟看絕不起眼的小舖「13座牛雜」，牛雜還未入口就憑那襲來的一陣香氣，竟又馬上撩起那幾乎遺忘的為食回憶。

笑言自幼吃牛雜長大而且從不生厭的檔主業哥，也就是因為在外面一般餐館怎樣也吃不出當年父親炮製的牛雜，在幾位童年好友的鼓勵下，毅然轉業經營起這一家以牛雜為主打的小吃店。說是小吃，但要花上的精神時間心力卻是超乎想像：如何齊集父親當年那鍋滷水汁中香料包裡用上的二十四種包括花椒、八角、桂皮、丁香等等等等材料？如何在市場裡挑選最新鮮最好的草肚、金錢肚、牛大腸、牛粉腸？如何不厭其煩地作無數嘗試，一心調校好滷水的味道和滷煮牛雜的先後時間……業哥和拍檔們就憑著要把這種既平實又神奇的街坊口味得以承傳發揚的信念，起早摸黑，親手翻洗搓擦刮燙那些本非矜貴的「下水」，變身為人間美味，而在處理香料包中份量分配的過程裡，又學到了如何平衡，如何相互牽引的關係。特別是該在什麼時候為那濃縮得屬害的「舊滷」作過濾做補充，那就更是關乎既敏感又細緻的新舊銜接承傳。

一 牛肺就是牛肺，來貨時質地有軟有硬，得按情況把煮好的肺剪成相應大小，硬的要剪得小一點，軟的要剪得大一點，氣管部份要拿掉，顏色太深的可能瘀血未除亦會帶腥。

草肚是牛的第一個胃室（瘤胃），體積最大，有如絨布表層口感綿軟。

金錢肚是牛的第二個胃室（網胃），內壁成蜂巢狀結構，口感爽脆。

牛柏葉是牛的第三個胃室（瓣胃），瓣狀結構，多獨立抽起另賣，脫離牛雜家族。

牛傘托（沙瓜）是牛的第四個胃室（皺胃），分量極少，口感似豬肚，被視為牛肚的上品。

牛大腸煙韌滑溜，鍾情者眾，往日會刻意保留牛腸壁內的脂肪，甘香肥美。如今因健康理由只餘薄薄一層。

粉腸也就是牛的小腸，口感黏實，而竹腸是小腸頭，短短一截爽脆甘香。

牛膀也就是牛的胰臟，烹煮得宜就可保留內裡膀漿，口感粉嫩細滑。

水記

香港中環吉士笠街2號排檔 電話：2541 9769
營業時間：1130am-0530pm（周日休息）

每天先把新鮮來貨的牛雜牛腩連同牛骨烚煮兩個小時，再放入盡吸日月精華的滷水汁裡再滷上個多小時，不求飽肚不與粉麵同吃的來一碗淨牛雜，大有人在。

六　業哥笑言多聲多氣，最宜站在前線，反之與他拍檔的哥哥沉默寡言穩守後防，在工廠負責處理牛雜。每日花上七八小時仔細認真清洗烹煮，不同部位大小厚薄得憑經驗先下後下。

七、八、九、十、十一、十二
　　花它十元八塊吃得簡單方便，試想想製作過程經過清洗、去潺、汆水、風乾、烹煮等等工序的複雜就真的無話可說。一份七十多斤新鮮牛雜買回來辛苦處理過後真正賣出去的也是二十斤左右，稍不留神還容易出錯。

十三　從回憶中搜尋出父親當年烹煮牛雜所用的滷水中的十八種香料，因為每批買回來的香料味道都不一，所以每越都要重新拿捏用量輕重，為求達至調和平衡的最佳效果，工廠中用上特大容器燜煮後，更在賣前放入小煲讓牛雜進一步烹調入味，人家眼中的「多此一舉」，卻正是小店贏得口碑的其中主要原因。

青春牛雜期

資深傳媒人洗偉強

洗偉強說他小時候不吃牛雜，看見那一鍋滷水裡翻滾中的牛膀牛肺牛肚牛腸，總是不明白為什麼身邊的大人會如此瘋狂如此投入地在習習剪刀聲中吃個痛快——如果找個什麼專家來分析，可會是孩童保護自己潔淨的一種本能？

如果要更仔細具體地分時期，從孩童魚蛋期到少年牛腩期到青春牛雜期，阿洗願意正式接納牛雜進入他的飲食規律習慣，是廿五歲以後的事。當年的他剛入職場，工作需要時常出差，常常等不及回港回家才吃自家口味，衝進任何一城一鎮中國餐館就是為了熟悉的叉燒炒蛋、乾炒牛河甚至魚腩粥，當然習鑽美味如街邊牛雜魚蛋碗仔翅等等肯定欠奉，因為有，就不珍惜，因為沒有，就開始牽掛。

在長期不斷的編採和攝影工作裡，越是對工作積

極投入，就越注重餘閒生活素質，吃，肯定也是其中一大題目。獨居時代處身南丫島，假日裡阿洗從下午兩三點就開始飲香檳、讀宋詞直至日落西山然後一人燒烤，十分十分享受，用上大半天的時間去消除長久積壓的工作壓力其實也算是種奢侈。換了在街頭巷尾覓食，他學懂分辨一鍋牛雜裡哪個部位耐煮哪個部位易糊，如何能保持鮮明獨立的口感個性，就如攝影師巧妙地運用不同的器材發揮準確的操控能力，說到底不求轟天動地，但至少也要恰如其分。

即將再榮任爸爸的他，近年南來北往大展拳腳，日夜惦掛的就不只那一鍋原汁原味的牛雜了——不知有這樣嘴刁的爸爸，小朋友們會不會提早開始他們的牛雜期？

快，多選擇，相對便宜，管它是否味道風格統一，
一日車仔麵，一世車仔麵，我自有我
混雜口味，十分香港市井核心價值。

一　雞翅、魚蛋、生菜、
滷水蛋、炸豆腐、油
麵……自行配搭出自
家精選，應有盡有七
彩拼貼大雜燴就是車
仔麵的核心精神。

050 一往無前車仔麵

車去人在

如果你曾經活在那個時空，你至少試過一次
顛顛顛顛地手持一個碗口有少許磨損崩裂的
描花公雞碗，碗中有一堆還未熟透的蛋黃色
粗麵，幾粒咖喱魚蛋幾塊豬皮加幾段滷水豬
腸半束韭菜，碗內還有那燙手的快要滿瀉的
熱湯，你就像忽然在鏡頭前做了主角的臨時
演員，尷尷尬尬地站在那裡，吃也不是不吃
也不是──因為你根本沒有筷子，因為兩分鐘
前你面前那位車仔麵檔的老闆還問你要不要
再加一串魷魚和幾塊蘿蔔，但說時遲那時快
他聞風「走鬼」去了。小販管理隊公事公辦
執行職務管衛生管秩序，和街頭小販追趕跑
跳碰。作為小小食客的你，和我（我就站在
你後面同樣捧著不同內容的大碗一個），只是
我稍稍幸運，我有筷子在握可以站著吃麵喝
湯。

車仔麵、喇喳麵、（豬）油渣麵，打從五〇
年代出道以來，就註定是小流氓是孽子，註

車仔麵之家

香港灣仔晏頓街1號A舖　電話：2529 6313
營業時間：0700am-0700pm（周末休息）
鍾情此家的軟腍入味的牛腩蘿蔔和豬大腸，午飯時候和附近辦公室西裝筆
挺的上班族擠在一起吃得不亦樂乎。

二	三	四
五	六	
七	八	九

二、三、四、五
要令一家車仔麵店成功上位
而且長期受嘴刁食客擁護支
持，材料既要多選擇亦要夠
特色，每日開始營業前花時
間在烹調準備多達二十款的
餸料的工夫殊不輕易簡單。

六、七、八、九
及至顧客千挑百選作好決
定，師傅眼明手快下麵撿料
照單配置那一刻選得準確無
誤以贏得滿分。

定為貧苦低下層填飽肚皮，也沒有打算要高攀上甚
至不是親戚的雲吞麵魚蛋粉以至牛腩麵。流動小販
推著簡陋木頭車上街賣麵，一角錢有一團可幼可粗
的麵條，再加二三角便可有一堆雜七雜八的配料：
豬皮、豬紅、韭菜、蘿蔔，再來是魚蛋、魷魚、豬
雜、牛雜，漸次發展到有切片香腸、滷水雞翼尖、
冬菇，以及油麵、河粉、米粉、粉絲、烏冬等等選
擇，一眨眼已經是到了八、九〇年代了。而車仔也
不再可以沿街流動，都正正式式的成店成舖，唯是
少數念舊的老闆還會把車仔格局當作店內裝潢，不
再奔波流動的車仔終於登堂入屋有瓦遮頭。

快，多選擇，相對便宜，管它是否味道風格統一，
一日車仔麵，一世車仔麵，我自有我混雜口味，十
分香港市井核心價值。一日香港，一世香港。從窄
街陋巷閃閃縮縮，發展到大街大巷天價旺舖，連執
行尊貴會員制的馬會餐廳也一度追捧起車仔麵，視
為香港飲食的另類特色傳統。坊間車仔麵專門店連
點菜單也有全英文版本方便老外自由行，車去人氣
在，一往無前！

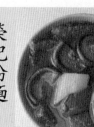

香港銅鑼灣糖街27號愉景大廈地下　電話：2808 2877
營業時間：1130am-1030pm
固然可以滿滿一碗四五款車仔餸足料吃個夠，
但只給我豬皮和雞翼尖也好滿足。

榮記粉麵

十、十一、十二、十三、十四

　　港九新界十八區肯定都有車仔麵忠心捧場客，清楚認識區內眾多車仔麵檔的優劣高下。銅鑼灣區餐館林立競爭激烈，但以早午晚長期排隊人龍和店堂的擠擁度來判斷，榮記的車仔麵肯定是排名前列。一嚐之下，味濃質滑的滷水豬皮以及雞翼尖看來都是吸引顧客的主因。

十五、十六、十七、十八

　　每日經手處理「剪接」的車仔麵不下二三百碗，如果保持有層次有先後的吸引賣相而不是隨便堆疊，就真的考師傅的細心和功力了。

十九、二十

　　牛肚、牛膀、魚蛋、豆卜、冬菇、魷魚、煎豆腐、豬腸、鯪魚球、雞翼尖、紫菜、蟹柳、韭菜……留個好胃口，何時來一碗極之好的超級豪華版車仔麵？

車有車道

讀書人 梁文道

　　從某一個角度某一種意義看來，車仔麵「養大」了梁文道，所以面對這堆滿韭菜、豬紅、蘿蔔、雞翼尖、紅腸和油麵加上又濃又辣的湯底的一碗比其他店舖要顯得巨大的車仔麵，他是心存感激的。

　　在台灣度過童年的他，身邊的雜食只有那些對發育時期的少年來說真是微不足道的一口一碗的擔仔麵。所以當他84年回港的時候，作為一個窮學生，在街頭攤檔的魚蛋燒賣碗仔翅雞蛋仔炸蘿蔔餅堆中，給他發現了完全可以充當正餐的車仔麵，簡直欣喜若狂。

　　那個時候正是少年文道近乎飢渴地吸收消化著一切文化養分的年代，上課之餘頻頻來往於大會堂劇院音樂廳、藝術中心、二樓書店、進念二十面體會址、電影節指定戲院以及CCDC在黃大仙的城市劇場之間，身邊幾乎所有的錢都花在買書買票付入場費上了，只能想方法最便宜地解決三餐，車仔麵也就這樣救了他。

　　文道印象最深的是從黃大仙地鐵站一出地面往CCDC的路上——冬日傍晚，沿路大光燈把炊煙四起的熟食攤檔映得一片昏黃，來自五湖四海的坊眾包括下班後依然披著西裝戰衣的白領、買菜回家前的主婦、嘴饞得到處找零食的學生、龍鳳豹紋滿一身的古惑仔，無不興高采烈地在吃著吃著他們她們的晚餐或者小吃，尤其是捧著一碗熱騰騰的車仔麵，隨時要和攤子一起「躲警察」，那種真實的庶民的生活節奏，盡在一車之中。

　　梁文道笑著把面前的這碗一點也不細緻的車仔麵比喻作有湯麵的盆菜，因為什麼味道都會在這碗中被同化，呈現出一種獨有的粗糙的豐厚。這種社區味道這種生活氣息在八〇年代還是強烈的，從九〇年代開始慢慢被策略性地（！）淨化被消滅，車仔麵從街邊慢慢轉移入舖，行車改道，原汁原味從此消失——

極之好

九龍旺角鼓油街21號C地下　電話：2780 2629
營業時間：0700am-0500am
以「炒丁」聞名的街坊餐館亦以車仔麵招徠，海陸空足料豪裝挑戰大胃王。

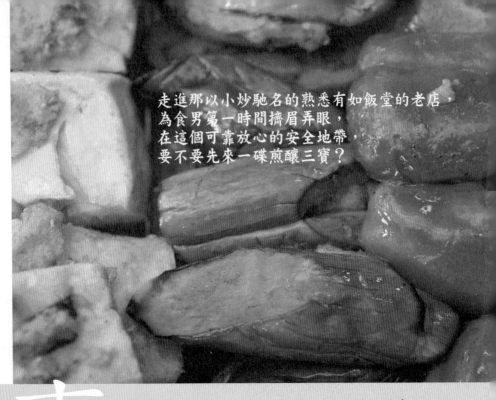

走進那以小炒馳名的熟悉有如飯堂的老店，
為食男第一時間擠眉弄眼，
在這個可靠放心的安全地帶，
要不要先來一碟煎釀三寶？

051

事出有因

錯怪煎釀三寶

傍晚近黃昏，在外頭風風火火地談完這件事見完那個人，終於可以回到自家工作室案前坐下來——一坐下來才馬上覺得餓，可是餓起來又因為太累而沒有什麼心神去想該馬上去吃點什麼。談到吃，從來認為是測量自己狀態的指標，通常都會興致勃勃地去應戰，從閒談到辯論，從淺嚐到狂啖，從旁觀到出手，都自覺自己有要求有意見夠挑剔夠刁鑽——可是一旦人太累，無精打彩地連吃也提不起勁，那就是出狀況的先兆了。

眼見我像一個開始洩氣的氣球，工作室另一端另一個為食男趕緊把他放在案頭一角的一個雞皮紙袋遞過來，剛在街邊小吃攤買的煎釀三寶，釀青椒釀豆腐還有釀茄子，應該各自還剩下一件，得趁快趁熱吃——我累起來也真的沒多想，二話不說，馬上撿起竹籤對準目標把三寶一口氣放入口，然後馬上發覺大事不妙。

不是說這三寶有多難吃，其實這些簡單不過的

香港筲箕灣東大街 59-99 號　電話：2569 4361
營業時間：0500am-0300am

金東大小廚

臨街「開放式」廚房除了有長年熱賣的出爐點心，還有掌廚阿姐不停手即叫即煎的煎釀三寶，堂食外賣坐著站著吃得嘴角一抹油好痛快好滿足。

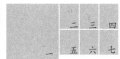

	二	三	四
一	五	六	七

一 有人會咬文嚼字引經據典的解釋「釀」、「鑲」、「穰」甚至「鑲」幾個相關醞釀、雜和以及填塞的字義，但面對那半煎半炸得油燙熱辣的一圍魚肉與茄子與紅椒青椒與豆腐甚至與苦瓜連體，早就不理三七廿一的吃了再算，管它釀鑲穰鬷。

二、三、四 用上新鮮鯪魚肉剁碎滲粉調味再人工手打而成的鯪魚肉漿，分別釀進豆腐、青椒及茄子裡，文火煎香，集脆軟鮮甜於一身（三四身）！

五、六、七 隨心所欲個別挑選，街坊式盡興，別忘了澆點特別調配的豉油加色加味。

經典小吃，從造型賣相到入口滋味，怎樣差也差不到哪裡。新鮮材料釀上手打鯪魚肉，吃的時候沾上甜豉油或者辣醬夠滋味，只是錯在那一鑊用來煎甚至炸這一類小吃的油，常常都是一馬當先「可持續發展」的，循環用完又用，難怪被稱為「萬年油」。

我的喉嚨天生對這些萬年油極為敏感，一沾上用這些油煎炸的食物，不出一分鐘就喉嚨痛聲音沙啞甚至沒法開聲。屢試不爽的我今天就是一時沒有了戒備，馬上後悔也來不及。一心企圖拯救我脫離勞累的為食男想不到自己做了幫兇，也不知如何作危機處理，只懂得問要不要替我再去買點別的吃的諸如豬腸粉魚肉燒賣或者雞蛋仔。我真拿他沒法，只得自行從抽屜裡拿出小包食鹽，跑到洗手間去用鹽擦洗喉嚨，這是家傳土方法，也著實解決我經常「禍從口入」的苦惱。

事隔三個小時，喉嚨不再疼痛的我完成一天工作要吃晚飯。走進那以小炒馳名的熟悉有如飯堂的老店，為食男第一時間擠眉弄眼，在這個可靠放心的安全地帶，要不要先來一碟煎釀三寶？

盛記大牌檔

香港中環士丹利街二號牌
大牌檔版本的煎釀三寶除了料鮮餡美還會用豉汁勾個芡，是下飯送酒的好選擇。

八　一面叫嚷怕熱氣怕痘痘，轉頭又忍不住口大快朵頤，矛盾個案才是真實人生。

九、十、十一、十二
可煎可炸的街頭小吃的確層出不窮，炸大腸、炸雞翅、炸雲吞，還該有那幾近消失的炸番薯——

串得起

雜誌編輯曾凡

怎樣分類也好曾凡始終是個不折不扣的文化人，至少是個雜食的文化人。近年他在一家眨眨眼已經有三十年歷史的本地老牌前衛後防進可攻退可守的雜誌當編輯，更加不亦樂乎地把生平喜好都炒成一碟：電影、音樂、文學、建築、設計。當然少不了的還有以城市觀察為名的飲飲食食，據他招供，三更半夜下了班伙同一群同事直闖筲箕灣東大街，預留好位更讓店東親自點菜，無論如何花樣百出，上桌的美味當中一定少不了他的至愛：煎釀三寶。

自問從小喜愛手打魚肉起膠彈牙的口感，即使重手下多了粉下了味精胡胡混混變成魚蛋、生菜魚肉湯以至釀在茄子、青椒或者豆腐裡煎得油香膩

口，他也來者不拒大小通吃。冒著滾油飛濺隨時毀容的危險，更視熱氣臉生痘痘為等閒小事，他從堅守街邊一邊指一邊吃到所有流動小販木頭車已成絕跡轉成上舖攤檔，風味略略不同但食味還算不俗。尤其是有心的檔口東主堅持用上新新鮮大大件的材料釀進手打魚肉，且配上特別調製的帶甜的豉油，滋味分數馬上跟一般貨色拉開距離，最得阿凡歡心。

說來鍾情煎釀三寶，除了要比較勤力的拭走一臉一嘴的油之外，倒是一式保證身心都不會脫離庶民生活習性的招數。既大方隨便又刁鑽講究，既學術理論又街坊粗口，最個人最集體又先進又懷舊。他像千千萬萬個你和我，一串三四件，把香港的核心價值用竹籤串起。

一　說要給你買一包遠近馳名的相傳是全港最好吃的雞蛋仔，可是每回排隊買了滿滿一包，還未上車趕赴你的住處就已經忍不住吃完一粒兩粒三粒了，到最後剩下不到五粒，總不好意思這樣給你吧！

從濃郁蛋味的堅持，半軟半硬的執著，
新鮮出爐逾時棄置不賣的原則，
都是為了把這種街頭美味發揮到極致。

052

基因未變

咯咯雞蛋仔

其實從來沒耐性怕排隊，除非是為了雞蛋仔，排隊輪候十多二十分鐘，把新鮮熱辣、蛋香撲鼻的一紙袋雞蛋仔捧在手裡，也就是因為貪口爽。

從來沒有人正式查證過雞蛋仔的來源出處，這種好像從小就在身邊的街頭小食，大抵是從西洋甜食waffle烘餅變種出來的，人家的確是有紋有路的格格，落到我們手裡就變成另一種有板有眼的狀態，外硬內軟或者一面硬另一面軟，都是經過一代又一代的雞蛋仔高手，心靈手巧地調好蛋漿份量，控制住烘焙時間，然後在眾目睽睽下揭盅收成——

親眼看過有些心不在焉的雞蛋仔叔叔手忙腳亂地弄出一盤燒焦了的雞蛋仔，也看過軟巴巴未成形的勉強登場被喝倒

北角雞蛋仔

香港北角英皇道492號舖位（近琴行街）電話：2590 9726
營業時間：1200pm-0900pm
店東廖伯彷如雞蛋仔之王，幾年來開出港九三家分店，堅持原味，注重烘焙前後細節，難怪店前總有人龍不絕。

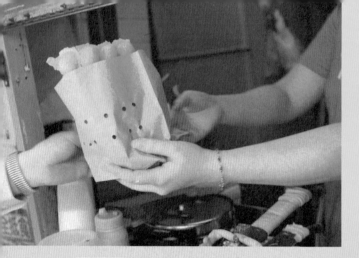

二　趁熱吃固然是又香又脆，但盛戴雞蛋仔的紙
　袋打上細孔，好讓熱氣流散以免令雞蛋仔受
　侷回潮變軟，也是店主細心妥貼的表現。

采，至於那些自作聰明加入巧克力或者綠茶
或者草莓口味的，怎樣也比不上原裝正版，
純粹糖甜蛋香的好貨色。

看來簡單不過的雞蛋仔，在被街坊尊稱為雞
蛋仔大王的廖師傅的用心料理下，從濃郁蛋
味的堅持，半軟半硬的執著，新鮮出爐逾時
棄置不賣的原則，以至根據天氣溫度濕度來
調節蛋漿的輕稠度或者烘培時間，甚至把雞
蛋小紙袋打洞透氣，都是為了把這種街頭美
味發揮到極致。

因此我無話可說，只是一粒接一粒地把雞蛋
仔再塞進口裡，還有半袋是廖伯特別關照的
烘焙時溢出鋁板的邊皮，脆脆的又再加分。

香港西灣河太安樓A3B舖
營業時間：1200pm-1100pm
臥虎藏龍的太安樓地舖商場是街頭小吃集中地，怎少得了獨擔一方長期
受街坊擁戴的雞蛋仔和夾餅，店主一家人腍手胼足忙個不亦樂乎。

雞蛋仔專賣店

三　為了保持每版雞蛋仔都有穩定水準，店主堅持做現賣。一旦做好了還未賣出，超過十五分鐘變軟了寧可扔掉，這種專業精神實在難得。

四、五、六、七
用上北京雞蛋、糖、麵粉和少許發粉拌成蛋漿，不加牛奶、椰汁或香精烘成原味雞蛋仔，在特製的用鉛和錫造的有若球拍狀的重約五斤的模版上澆入蛋漿，烘烤約六分鐘即成。由於模版兩邊受熱度不一樣，所以做成上層較脆中間半空心下層鬆軟的效果，咬來口感就有對比變化，新鮮熱辣噴香，教人如何忍口？

街頭禮儀
記者、旅行作家　陳立怡

立怡外號陳皮，這當然與她酷愛這種生津解渴正氣有益的傳統涼果零嘴有關，也可以想像這位一有空就在荒山野嶺強身健體的女將，行囊裡一定有坊間老店九製陳皮護身解饞，但想不到追問下去，她曾經認真考慮過要開的一家小吃店，賣的竟然不是陳皮，卻是熱辣辣香噴噴出爐原味雞蛋仔。

嘴饞當然是可以多元發展的，雞蛋仔原來也是她的至愛。追溯起與雞蛋仔的前緣，皆因小學時期每回默書拿了高分，母親都會買一包出爐雞蛋加一杯火麻仁以作獎賞。自言特愛麵包蛋糕類澱粉質的她更直覺雞蛋仔是健康而且整潔的食物，至少不像waffle夾餅沾醬吃得一手黏連。凡事爭取第一身經驗，堅持原汁原味的她，自然最推崇本就來自

街頭的依然用炭爐烘焙的雞蛋仔手推車，也覺得這些手工成品是最香脆好味的，但時移世易，這類流動攤檔幾近絕跡，新一代的雞蛋仔幾乎都進駐商舖甚至開始連鎖經營，雖然食味不致相差太遠，但立怡卻很在意店主是否現做現賣，把這視作專業操守，而買來一包剛出爐的雞蛋仔，她一定在街頭把它一口氣吃光，而且一定要用手掰開脆皮軟心逐粒逐粒吃，顧不了街上灰塵滾滾衛生不衛生，這是作為一個雞蛋仔忠心擁躉的基本禮儀。

最近令立怡最興奮雀躍的，是她家樓下竟然開了一家專賣雞蛋仔的小吃店，而且出品合格生意不錯，我笑著問這家店她有沒有股份？她嘻嘻大笑說她只想當顧問。

想來也就是我們這些老餅忍不住嘴饞多口
偶而呼籲，才會有些有心有力的人
繼續製作販售這些上世紀的零食。

老餅翻身

手工夾餅江湖再現

053

身邊一個饞嘴小朋友有天有若發現奇蹟般跑來跟我匯報，說在超級市場裡竟然給他看到有紅白塑料罐盛載的麥芽糖出售，他以為這種用來做麥芽糖夾餅的原材料早已經在市面上消失，只屬於某些老商戶可以通過特殊管道才得到的食材。他還精靈地眨眨眼，以後不就可以自己親手一疊芝麻餅一捲麥芽糖地自製麥芽糖夾餅了嗎？

我當然笑著說對對對，然後告訴他其實這些罐裝的麥芽糖從來沒有消失過，只是我們太不把它放在眼內而已。同時我也隱瞞了一些事實，沒有用白頭阿伯細說當年的口吻告訴他，其實以前獨立包裝零售的麥芽糖是載在一個深褐色的瓦罐裡面的，十分十分鄉下，一時心急嗜糖的我也不知摔破了多少瓦罐，弄得家裡廳堂廚房一塌糊塗，加上麥芽糖本身太黏太稠，把筷子插進去又挑又捲，用力不當的我也不知折斷了多少雙筷子。

流動攤檔

香港銅鑼灣利舞台附近
在笑容滿面的這位糖蔥餅老伯面前，所有顧客都變成心急嘴饞愛吃糖的小朋友，唯一的提示是買後得趕快吃掉，受熱受潮都會溶掉糊作一團。

一　當比較大型的以砂糖煉乳花生碎作餡的蛋麵漿
　　烘成的夾餅已經絕跡，遺下的只有更接近waf-
　　fle原相的款式，格格作為基本盛餡結構，一版
　　對開對摺自成圓邊三角，總算是時空前後斷續
　　連接的一種街頭甜食經驗。

二、三、四
　　植物牛油、果醬、花生醬、白砂糖、煉乳……
　　自行挑選配搭，關鍵就在麵漿的蛋味是否足
　　夠，烘烤得是否外脆內軟。

一旦這麼詳盡地細說從前，小朋友肯定把我當作上世紀
的人。可是想來也就是我們這些老餅忍不住嘴饞多口偶
而呼籲，才會有些有心有力的人繼續製作販售這些上世
紀的零食。說實在我還未老到夠資格用家裡廢物雜物在
收賣佬手裡換麥芽糖夾餅——據說這是這種夾餅在戰後
流行起來的以物換物的源起。

另外一個瀕臨絕種的零食是糖蔥薄餅，同樣用麥芽糖巧
手拉成的雪白的中空若蔥管子成排切成方塊，用麵粉灑
上以免互相黏連，做好的糖蔥和麵粉薄餅皮同時放在小
巧的鐵箱裡，販售時把糖蔥折疊放在薄餅皮上，灑上芝
麻白糖和椰絲，然後捲好交到客人手中，咬下去又脆又
軟又甜又香，完全滿足當年小朋友如我的簡單慾望。

說來還有另一種比較大型大製作的砂糖夾餅，混了蛋液
的麵漿在鐵鍋上煎烘成形，對摺前撒滿砂糖和花生碎，
更有澆上煉奶，然後再切成三角形出售，外硬內軟的口
感令人印象深刻，可是這種老餅卻真正在江湖絕跡多年
了。

北角雞蛋仔

香港北角英皇道492號舖位（近琴行街）電話：2590 9726
營業時間：1200pm - 0900pm

既以雞蛋仔作為熱賣主打，內軟外脆的waffle夾餅也有不俗好評。

	七	八
	六	九	十
五		

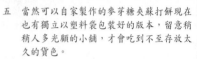

五　當然可以自家製作的麥芽糖夾蘇打餅現在
也有獨立以塑料袋包裝好的版本，留意稍
稍人多光顧的小舖，才會吃到不至存放太
久的貨色。

六、七、八、九、十
偶然遇上肩揹著玻璃罩鐵皮箱糖蔥餅阿伯
在旺角街頭打游擊般販賣這甜食，單看他
當街全情表演已經值得捧場支持。這種源
自潮州的以薄餅包裹糖蔥芝麻白糖和椰絲
的小吃，是在都市街巷杳兒中僥倖僅存而
實在人見人愛的，但以此等微利卻恐怕無
法吸引年輕人入行承傳了。

鹹香甜美

編輯　三三

當三三告訴我小時候家裡曾經經營
小商店，賣的是汽水、涼果、餅乾
之類的小吃，我顧著聽也忘了告訴
她當年我的祖父也開過酒莊開過雜
貨舖和鮮魚檔。雖然父親中途棄商
從畫，伯父倒是一直堅守魚檔直至
退休——這些祖輩們的生計經營模式
可會悄悄地潛進我們的DNA？影響
我們對人對事對物的判斷準則？又
或者影響我們的飲食習慣和偏好？

三三說那個時候的確要幫忙祖母看
舖，也要裝著成熟穩重的像大人一
樣去學習算錢。但不知怎麼長大了
卻對數目的概念完全模糊不清。雖
然每天對著那一大堆零食，卻沒有像同齡的女孩
一樣，吃罷話梅就吃糖薑就吃瓜子就吃軟糖。她
對那些用透明紙包著的零嘴根本不興趣不大，吃了
也沒有胃口吃別的東西（這倒是很適合看舖），而
且對其他小孩一定喜歡的jelly果凍有著莫名的恐

懼——那些帶著顏色的透明感，不軟
不硬滑溔溔，像某種說不清楚的
化學品，就是無法放進口！

反之她對那位推著小木頭車到處兜
售麥芽糖的叔叔就印象猶新，那位
叔叔打開黑色的小瓦罐，用扁平的
短木棒挑出飄著清甜香氣的麥芽
糖，放在充滿芝麻香的蘇打餅上，
那種甜美配上鹹香，對於不大嗜甜
的她，倒是十分合胃口，也可能是
她家的小店裡並沒有賣這種零食，
不容易得到就更加回味。

這麼多年過去，那個麥芽糖叔叔那
輛木頭車和那一片麥芽糖夾餅，會忽然跑進她的
回憶裡，以一個美化了的姿態，為當事人甚至路
過旁觀的都預留一些想像空間——對於一向敏感細
緻觀察入微的她，著實比我們多了這一樣零食的
選擇。

新界元朗流浮山正大街17號地下　電話：2472 2936
營業時間：0800am - 1000pm

流浮山窄窄海鮮一條街，一旁的海味雜貨店也兼營傳統餅食，除了有講
究手工的蛋卷、皮蛋酥之類，也發現久違了的麥芽糖蘇打餅。

泰興公司

陣陣傳來的如此貼近鄉土的香氣，
提醒你我原來我們的長輩就是這樣一步一個腳印的，
又咬栗子殼又剝番薯皮地邊吃邊走過來的。

二
一　三

一、二、三

不知是否又要怪罪全球天氣暖化，一年下來也鮮有幾天真正寒風凜冽凍入骨，令昔日街頭人手捧著一包熱騰騰炒栗子的氛圍打了折扣。但對嘴饞一眾來說，碰上這些秋冬時分才登場的糖砂炒栗子炒白果，還是願意乖乖的排隊等候。

054

鄉土香氣

糖砂炒栗煨番薯

永遠叫我尊敬崇拜的幾位意大利導演如費里尼、安東尼奧尼、帕索里尼和維斯康提，在他們風格主旨各異的好幾部經典電影中，都出現過意大利城鄉街頭巷尾賣烤栗子的小販，都是穿得有點襤褸的年邁瘦削老人，有點像老樹盤根一樣在陰冷風中，在一團白煙熱氣中吆喝叫賣──每每翻看這些經典，都不由得想起究竟我們的港產粵語經典電影裡，又可有留下這些在街頭用糖砂炒栗子、用鐵桶煨番薯的小販的蹤影，那怕只是不經意地出現在畫面的某一角，說實在也從沒人認真地把這些流動攤販當作主角。

現實生活中在米蘭在佛羅倫斯在杜林街頭，當我看到這些烤栗老人在把大顆栗子烤得表皮炭黑，栗殼爆裂後連金黃栗肉也染上炭灰，而且看來乾乾巴巴的，我總有衝動上前千方百計告訴他們，其實遠在香港的同業們用的另一個傳統方法，會叫顧客更有購買剝食的慾望。

流動攤檔

中環機利文街上
中環商廈開市一隅有此一流動手推車攤檔，與這倉促時代「脫節」的架式就像空降一台回到從前的時光機。

四　五
六　七　八

四、五
鮮再有青少年入行當家的流動格
局，是繁忙鬧市中的另類營生。

六、七、八
大鐵鑊中的燙熱黑砂經年累月炒
出油亮粉香的栗子，滲糖的薄殼
一咬即開。由於優質的良鄉栗子
大都賣到日本去了，坊間只能用
青島栗子代替，配合以熟練講究
的炒製程序，還是可以一嚐這鬆
化可口的美味。

糖砂炒栗、煨番薯，每屆秋冬就神出鬼沒的在
這個超速都市的街頭巷尾中出現，告知大家需
要這一點星火這一點溫暖，也就是這陣陣傳來
的如此貼近鄉土的香氣，提醒你我原來我們的
長輩就是這樣一步一個腳印的，又咬栗子殼又
剝番薯皮地邊吃邊走過來的，新鮮熱辣燙口，
有一種最原始最鮮活又最充實飽肚的智慧和能
量。

經年累月混撒砂糖已經炒成黑亮黑亮的海沙放
在大鐵鑊中和栗子一起炒，熱量均勻的傳導到
每一顆栗子中，從外到裡經歷幾重翻炒、撒
糖、篩沙、攤凍再炒的程序，最後從顆顆果殼
中剝出金黃飽滿的栗肉。而另一邊廂的黃皮黃
心、紅皮橙肉以至紫心的番薯，經過收割後略
曬讓水分收乾糖分濃縮，然後再放入自家土製
的烤箱中煨熟，冒熱剝皮香甜入口——不曉得意
大利農家有否現烤番薯的習慣？香傳萬里，當
中必有其普世道理。

九龍旺角花墟花園街對面
炒栗子煨番薯鹽焗白果焗鵪鶉蛋同時在一個攤檔上，兩個人一手包辦。

流動攤檔

九、十、十一、十二、十三、十四
有人專挑紫心番薯的淡香軟糯，有人偏愛黃皮黃心番薯的滑膩香甜，當然也有橙心的選擇。其實只要是炭烤的版本，不難吃得一手黏黏的焦糖，就是最實在的飽暖好感覺。

黑吃黑

心性治療師、作家及演說家素黑

一如既往，素黑穿一身黑的飄來，好久不見其實大家都在報紙雜誌書本上閱讀對方，所以我很清楚她繼續在吃素，她也應該知道我繼續吃得雜七雜八的。

素黑其實很愛笑，應該說是越來越放鬆越來越愛笑，行動證明黑這個顏色可以超越艱苦沉重神秘，也就是說，黑色可以是幽默的。

但黑色其實好不好吃呢？我們馬上想出了好一大堆型格俱備的黑色食物：芝麻、黑豆、墨魚（汁）、黑橄欖、龜苓膏、醬油、黑醋……然後素黑笑了笑說，還有巴黎的栗子。

其實不只巴黎，我大膽補充，基本上全歐洲的烤栗子，都是被好端端的從外到內烤到焦黑。素黑記得十年前十二月寒冬牽著愛人有點冰冷的手，

走在巴黎街頭。看到攤販擺賣那堆焦黑栗子的時候大惑不解，為什麼一個對食物那麼講究的民族會這樣粗率的對待栗子呢？抱著一絲希冀或許敗絮其外金肉其中，但當她倆用冰硬指頭很不靈活地剝開炭黑栗子殼，裡頭也是黑黑的，放進口裡，唔——

雖然這巴黎栗子放在手中還是溫暖的，但實在叫兩人都有點掃興，素黑自覺從未如此強烈地懷念起香港秋冬街頭的糖砂炒栗子。對，那糖砂烏黑得發亮的，令栗子外殼有一種微黏和薰香，剝開來將金黃栗肉放進口，細小、溫暖、甜美，餘香，叫人想到愛。

太熱打不開，冷了不願吃，作為愛情治療專家的素黑這樣分析愛情和栗子，我加一句，廿四元一磅。

黃金戲院側門那些手繪的大幅電影招紙廣告下面，
吆喝叫賣手推車流動零食攤一檔接一檔，
一切該在戲院門口出現的生熟食應有盡有。

黃金歲月

鹽焗蛋滷味烤魷魚

055

自問不是電腦人，只是一個努力又哄又迫又嚇
別人替我用電腦完成必須工作步驟的難纏傢
伙，所以說起那個吸引了五湖四海中外電腦有
識之士經常出沒的九龍深水埗黃金電腦商場，
內裡乾坤我是一無所知的。如果硬要我說點什
麼，我會以少年老街坊的身份為一眾解說，黃
金商場的前身是專門放映邵氏電影的黃金戲院
以及外型十分包浩斯建築設計風格的南針織造
廠，戲院側門的零食攤檔和廠房後門的一整列
十家八家大排檔是我十五歲前口腹認知範圍裡
世上最偉大的美食集中地。

黃金戲院側門那些手繪的大幅電影海報廣告下
面，吆喝叫賣手推車流動零食攤一檔接一檔，
一切該在戲院門口出現的生熟食應有盡有。在
愛看邵氏國語電影的外公外婆的領引下，我很
快就懂得獨立進行自己的覓食活動，而且熟知
哪個攤販該在什麼時候開檔什麼鐘點什麼食物
剛出場最好味。

焗蛋專賣

流動攤檔
香港中環六號坪洲碼頭前面
主動選擇到碼頭附近擺賣，多少也是檔主婆婆從開市中抽身的表現。
再不多見的流動經營模式恐怕是街頭鹽焗蛋的最後見證。

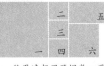

一　雞蛋連殼用鹽焗熟，蛋白變成淡咖啡色，且滲出幽微香氣，一分為二再加上一抹炒過的淮鹽，想不到是如此惹味。

二、三、四　重覆了幾十年的熟練手勢，把溫暖和美味直接交到無數過路人的手裡。

五、六　從戲院門口設攤到碼頭外圍擺賣，幾經改裝的流動手推車現在只賣鹽焗雞蛋和鵪鶉蛋。要自行剝殼的鵪鶉蛋會附上一小包淮鹽方便蘸食，叫人想起曾幾何時差不多格局的攤檔，有半透明蠟紙包裹的鹽焗雞腿和雞翅販售。

印象最深的是那比較大型的手推車裡一整盤有若考古發掘工地的鹽焗雞蛋和鵪鶉蛋，顧客指點下檔主才用工具把岩狀鹽巴敲開，從中取出燙熱的蛋，冬日端在手裡正好取暖，待會DIY剝殼吃蛋還可以灑上附送的用小紙包包好的淮鹽，我就是在這裡認識鹽不只是鹽還有淮鹽這回事。當然那時候也沒有人會告訴我鵪鶉蛋原來膽固醇很高。

看得見的好滋味當前，亦有隔兩條街外也聞到的炭烤魷魚香。擠身近看那用鐵絲網夾著那一塊身厚連頭的乾吊片，明火炭爐上一邊烤一邊搭上自家調製的豉油，鹹香惹味，烤好的魷魚買來其實又咬又嚼很考牙力耐力，恐怕是現今慣吃機製的鬆軟易入口兩下吞掉的魷魚絲的小朋友難以想像的。

至於那把染紅的豬腸豬肝鴨腎以至雞腳滷味放在小砧板上一邊敲擊一邊細切，串好並沾上芥末和辣醬，又是另一種即使不進場看電影也會心思思買一串現吃的。說實在，邵氏電影我真的沒有看很多——

公
鳳

九龍九龍城衙前圍道132-134號地下6號舖　電話：2382 2468
營業時間：1100am-1000pm
零食專門店裡應有盡有集大成，當然少不了有辣有不辣魷魚乾嚼出一口酥香。

```
          ┌──┬──┬──┐
          │八│九│十│
          │  ├──┴──┤
          │  │ 十一 │
       ┌──┴──┴─────┤
       │     七     │
       └───────────┘
```

七　遍尋不獲烘焙中香飄街巷的烤魷
　　魚乾，原隻烤得表面焦香入口極
　　夠嚼勁的魷魚剪成幾段，足以支
　　撐一整場放映個多小時的電影，
　　現在只能聊勝於無的選擇早已烤
　　烘好的版本。

八、九、十、十一
　　各種壓薄切片切絲且有不同口味
　　的魷魚乾，大抵都是進口貨色，
　　唯一有點在地情懷的是放在鐵蓋
　　高身厚身玻璃瓶內販賣。

電影任吃

電影導演、作家 彭浩翔

一如所有嘴饞愛吃的小朋友，少年彭浩翔一天到晚就在為自己的權益努力斡旋爭取。可是每次想起要吃什麼，一開口向家裡大人提出，總是這這這熱氣不能吃，那那那是涼是寒是燥又不能吃，反正很是挫折很壓抑。

唯是全家人去看電影入場前那個特定時空，忽然一切都解禁什麼都讓你買讓你吃，連平日屬於達禁榜首的浸在鹽水裡的切片菠蘿也可以買來在那黑暗的空間裡大吃一通──電影世界就是那麼的不真實，什麼都可以發生──說不定這就是翔仔立志要成為導演的原因。

言歸正傳回到鹽焗鵪鶉蛋，翔仔小時候並沒有特

別迷戀，只嫌它太嬌小不像鹽焗雞蛋可以大口大口吃，但現在因為街頭罕見，碰到總想吃它幾顆，但卻又被家裡另一十十門萬囑不準多吃以免讓膽固醇讀數竄升。越被禁就越想試，彷彿又循環回到少年時。

還有一點令彭浩翔大惑不解的是，為什麼街頭叫賣的鹽焗蛋和鵪鶉蛋總是要跟糖砂炒栗子在一起？我糾正了他的誤會，其實A是A，B是B，兩者本來只是鄰居而不是同居，腦筋靈活的他馬上又若有所悟地說，原來兩者不一定如旁人眼裡是上天注定的怨偶，畢竟感情還是可以有選擇的──說著說著，翔仔的成人版又開始現真身了。

一 本來就脆嫩鮮美叫人不停口，加上蔥味調料更叫這炒蜆成為每桌必點。無論是避風塘時代的食艇熱賣還是大牌檔興旺年月的街坊美食，不登「大雅」之堂沒關係，這正就是庶民飲食的中堅代表。

作為一個路過的為食的，眼見那些看來依然生鮮跳脫的蝦蟹，殼上花紋亮麗內裡肉地結實的螺和蜆，真的是百感交集又愛又恨——

056

超合金海難

又愛又怕東風螺

所謂自律，其實是被迫出來的。

幾乎已經忘了有多久沒有吃過白灼東風螺、豉椒炒田螺、炒蟶子和炒蜆，唯一敢吃的蜆，是每年跑到意大利看傢具展的時候開懷大吃的白酒鮮蜆意大利麵——其實一邊吃也一邊想，為什麼我這樣崇洋媚外會有信心認定這些貝殼類沒有受污染？

一想到這些海鮮和海岸的污染就火起就生氣，身邊的環保鬥士固然最有資格發言指斥當事的工商機構和責無旁貸的政府機關，而作為一個路過的為食的，在那些依然燈火通明的海鮮攤檔面前，眼見那些看來依然生鮮跳脫的蝦蟹，殼上花紋亮麗內裡肉地結實的螺和蜆，真的是百感交集又愛又恨——

愛的當然是貝類海產那種無法替代的鮮甜滋味，爽的脆的滑的夠嚼勁的，各領風騷。還

避風塘興記

九龍尖沙咀彌敦道180號寶華商業大廈1樓（近山林道）電話：2722 0022
營業時間：0600pm-0500am
招牌避風塘古法炒蟹之前的首選前菜，鮮脆的東風螺肉細細咀嚼更見真味。

二、三

種類繁多的貝類海產烹調方法層出不窮，蒸的炒的白灼的油鹽水浸的都各自精彩。走一趟海鮮檔口現場點將保證好口福。

記得小時候在仍未變身作黃金電腦商場的黃金戲院旁的桂林街福榮街交界，一整排日夜熱鬧沸騰的綠鐵皮大牌檔對面，每當傍晚就會出現一列矮小銀色的不鏽鋼面桌椅，桌上像變戲法的瞬即鋪滿一碟又一碟依然在蠕動的東風螺田螺，嘴巴開合的大蜆小蟹，還有新登場的瘦長的蟶子，都是現點現灼現炒保證新鮮——至於乾淨？從來也沒有人可以百分百保證，都說大菌吃細菌，我們都是這樣吃大的。唯是很清楚的，當年的珠三角沿岸海灣一定沒有這麼多因為工業和填海圍海造成的污染，貝類和海產也不會飽含水銀、鉛、鎘、砷等重金屬——多吃貝類海產可成為超合金聖鬥士，這是我們這些六字頭七字頭小時候發夢也想不到的吧！

還記得用那土法上馬的自製鋼籤把東風螺肉從殼裡挑出，清走尾巴蘸上甜醬辣醬的絕頂滋味。還有是炒得烏黑油亮的田螺，放在嘴裡那麼一吮，濃香鮮美，偶爾一口沙——如果要為貝類海產討個公道，請告訴我該撥個什麼電話號碼該上哪個網站該有什麼具體行動？

香港銅鑼灣謝斐道379-389號（近馬斯道）電話：2893 7565
營業時間：1200pm-0430am
豉椒炒蜆炒出一室濃香，此時此刻要親自「下手」
甚至一吮沾滿手指頭的和味醬汁。

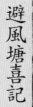

避風塘喜記

四　用鐵叉勾出那一小段鮮甜結實的東
　　風螺肉，沾上調配好的海鮮甜醬滋
　　味絕配。最不願聽到哪裡哪裡海灣
　　又被污染的壞消息，真不甘心就此
　　走上「絕食」之路。

五、六、七
　　找對安全可靠的店家，海產來貨後
　　還經過嚴格處理，在烹調過程中保
　　證把食材完全煮熟，酷愛美食可得
　　有個健康身體作本錢。

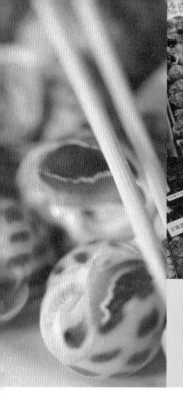

同門中年

設計師　蕭華敬

粵語稱作師兄，普通話叫做學長，前者多少有點武俠的味道，後者就規矩嚴肅一點。說來我們曾經先後唸過的那所學院那個學系，也的確是設計界的少林寺。白紙一張的少年男女走進去，理論上都應該練就出一身好武功，順帶有大致相同的眼光、興趣、口味，至少打算求同存異，也已經有一定血緣基礎。

作為師弟（或者學弟）的我，每次碰見Stephen都會大喊一聲師兄。雖然好長一段時間都搞不清這位黑黑實實而且曾經很瘦的師兄縱橫粵港所幹何事，反正就是很技術性的我怎樣聽也不會懂的，倒是我忍不住會問他每周花了五天時間在內地，究竟日常吃的是什麼？

Stephen看來並不是十分嘴饞貪吃，但說到他無論在什麼城鄉走動，一有機會一定嚐嚐鮮的，竟然是海灘岸邊的藏在泥裡的蜆——如果還可以捲起褲管和衣袖自己走去挖的話，他還很清楚知道從小居住的長洲那個灘頭那個方位向海走去多遠，就是他小時候跟伙伴挖蜆的嬉戲現場。正如所有的惡童日記一定有記述自家發明的烤番薯玉米燒魚和煎午餐肉的方法，把挖來的蜆如何弄熟下肚，Stephen笑說不文明不衛生所以沒有仔細描繪，但說著說著那種原始的鮮美的回憶卻閃亮在他的眼裡，一如當我們說起當年先後在學院裡那些新鮮的好奇的求學經驗，那些通宵達旦趕功課的非常日子，都是在記憶體中最有獨特滋味的存在。

利興

香港西灣河街市熟食中心C2舖　電話：2567 6906
營業時間：0600pm-0200am

街坊心水飯堂當然不以豪華裝修招徠，卻以生猛海鮮和潮式打冷贏取掌聲。笑容滿臉的老闆娘蔡婆婆親力親為令小店充滿熱鬧家庭氣氛。

齋叉燒齋雞齋燒鵝齋鴨腎，又甜又酸又鹹又辣，
而且色彩艷俗，是極大的挑逗和誘惑。

057 七彩齋滷味

齋口齋心

身邊虔誠的佛教徒朋友原來不少，當中更有長期茹素的，有緣同檯吃飯從來相安無事互相遷就，豆腐是豆腐青菜是青菜，即使是魚是肉來來往往也是一種尊重和包容，只是有次談到素食館門外賣的又紅又黃齋滷味，只見我那位得道的好友眉頭一皺，我趕忙也來表白，其實我從來都不覺得這些齋滷味有多「齋」，於我這都是又便宜又多選擇又好味的點心而已。

齋叉燒齋雞齋燒鵝齋鴨腎，又甜又酸又鹹又辣，而且色彩艷俗，想來必是某位道行高深的法師兼掌廚精心推敲發明創造的美味，旨在警惕俗世凡人原來日常食物點心之色之香之味以及正名定位，都可以是極大的挑逗和誘惑。

也許自小就神神化化，也在深夜電視播放的黑白粵語長片中早就認識過由一代粵劇名伶

香港灣仔軒尼詩道241號 電話：2507 4839
營業時間：0845am-1000pm

東方小祇園

歷史悠久的老店卻沒有因循老化，保持簡單美味傳統的同時亦對食材及烹調法不斷嘗新提昇。從一碟前菜齋滷味拼盤開始，已經是安心高質素的保證。

	二	三
一	四	五	六

一 一碟齋滷味簡單直接說明兩個道理：一是色香味足以誘人，二是百變不離其宗——無論是茄汁甜酸齋、咖喱齋、南乳豉油齋，其實都是調味不同的麵筋製品。高筋麵粉加水打成漿熟粉糰，自然發酵後用水多次沖洗，剩下筋性極強的麵筋。

麵筋搓成圓球放熱水中煮熟稱作水筋，麵筋挑起放油中分三段溫度炸過稱作炸筋。由於工序複雜，坊間餐館都向有信譽的製麵筋廠入貨，這些工廠會用上日本高筋麵粉作原料，用上加拿大芥花籽油炸麵筋，保證了產品質素亦合乎現代健康要求。

二、三、四、五、六
早在一九一八年已經創立，經歷數番起落屹立至今的素食老店東方小祇園，堅持每日分次定量製作各式齋滷味。雖然只是作為餐前小食，但製作卻絕不馬虎，無論是用炸筋放進茄汁和白醋加糖調味的甜酸齋，用上水筋炸過再放入以南乳、肉桂、五香粉、生抽老抽加糖的醬汁炆過再掃上麵芽糖的齋叉燒，都軟滑有嚼勁，各有個性。

新馬仔扮演的濟公和尚，這位據說任由酒肉（而且是狗肉！）穿腸過的活佛，以身作則的為一心向善但又忍不住口的信徒如我輩，展示了一種超人的開放和豁達。能夠齋口與齋心雙修當然好，但積極不干預吃的是什麼也更妙。

因此齋滷味是可以繼續吃的，問題只是如何找對一家用上有信譽保證安全衛生的供應商交來的真材實料麵筋，再在自家店裡仔細合適用上咖喱粉、黃薑粉、豆瓣醬來調味出咖喱齋，用上蔗糖來做甜酸齋，用上豉油加上滷水來做豉油齋，更用蜜芽糖來燒齋叉燒，凡此種種都是心機時間，都合乎素食館門外招牌光明磊落地寫著「虔製」的有心有緣的兩個大字。至於近年有調查指出齋滷味都是麵筋油炸物，烹煮調味時含油量和含鈉量容易超標，唔，忍忍口就讓你我是跟循初一十五的吃齋規矩吧。

三德素食館

香港北角英皇道395號（華豐國貨公司旁）電話：2856 1333
營業時間：1130am-1100pm
用上蔗糖代替砂糖做調味的甜酸齋，為咖喱齋調製的咖喱粉裡加上了豆瓣醬和黃薑粉以增加香辣，齋鴨腎和齋叉燒棄用白砂糖換上原粗砂糖，都是這家素食館門外長期有人龍的原因。

七、八、九、十

　　每回跟老外朋友來到店裡，前菜時間都是猜謎活動，一箸入口之前先作觀察，這塊像雞那片像鴨，還有那可堪咀嚼的齋鴨腎，來龍去脈前因後果足以樂上半天說個夠。

十一、十二、十三、十四

　　有人在齋滷味拼盤碟中專挑甜酸的，我卻先向用咖喱粉和椰奶煮過的咖喱齋下手，各有所好各取所需調和融合，這也該是素食店裡的一種信念一種氛圍吧！

慾望與需要

廣播電台DJ蘇耀宗

什麼是慾望？什麼是需要？第一次正式見面的這位朋友，說來清晰自信得叫我有點驚訝。

大家叫他做細蘇，我跟他說不是故意也真的碰巧，一個星期總有兩三個晚上會聽到他在黃昏時段六時至八時的音樂廣播節目，時空氛圍拿捏準確，音樂挑選正合口味，我喜歡。

沒有告訴他的是十八年前的這個時段，我在同一棟樓另一個直播室，也在主持一個叫做「邊沿回望」的音樂廣播節目，我跟他隔了幾代人，都站在各自各的邊沿，竟然有緣相遇。

主動吃素的人該對緣份這回事有一個深刻了解，細蘇在三年前用了一個星期去試著開始吃素，他沒有反覆問自己為什麼為什麼要吃素，卻正面地面對一個更嚴肅的問題，為什麼要吃肉？

細蘇很清楚知道，當我們面對一塊超大超嫩牛排而決定要拿起刀叉一口又一口吃掉，完全是慾望大於營養和能量的需要。說起來我們平日很多選擇和決定，其實都不是因為出於真正需要，都只是想佔有想操控甚至想發洩，吃，只是其中一種表現。

開始吃素，除了在起初三個月忽然食量大增體形暴漲之外，最重要的是發覺自己思路格外清晰反應更加靈敏。當然也叫細蘇苦惱的是，走進平日熟悉的茶餐廳，提供的十居其九都不是素食，翻開一本菜單就像翻開生死薄。下班後並沒有太多時間自己燒菜的他，就會經常光顧相熟的素菜館，從前作為下課後晚飯前點心的齋滷味又再回到一個舉足輕重的位置，一段從小吃大超越時空的緣份忽地重新開始。

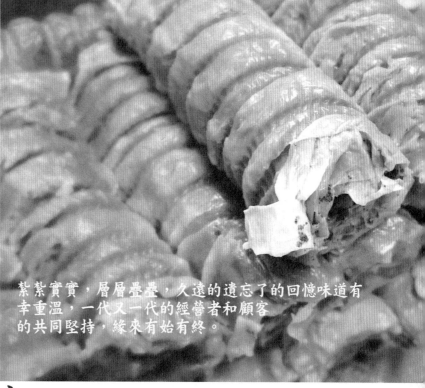

一 還未細切薄片的蝦籽紮蹄，光從賣相就可得知每條所花的人手心力。反反覆覆摺疊捲紮的過程也是一種時間累積沉澱，絕對需要仔細咀嚼才盡得真味。

紮紮實實，層層疊疊，久遠的遺忘了的回憶味道有幸重溫，一代又一代的經營者和顧客的共同堅持，緣來有始有終。

意猶未盡蝦籽紮蹄

層層疊疊

058

有天在工作室忙得一頭煙，剛回來的伙伴笑著遞過來小小的雞皮紙袋，從來爭先恐後自覺與食有緣的我馬上肯定這是好味道。哈，竟然是蝦子紮蹄！對，怎可以忘了也在街角拐彎的經典零食老舖陳意齋！

陳意齋的精巧小食值得大書特寫的當然不只面前的紮蹄，可是這手切得薄薄一片片，入口不硬不軟有嚼頭，而且豆香油香蝦子香互相牽引的近乎手工藝品的美味，卻是最得我心──

好久沒吃過了，顧不得用牙籤照顧，讚嘆聲中伸手拿來就吃。還記得什麼時候第一趟吃這紮蹄嗎？伙伴問。這些年來吃過種種類似紮蹄的腐皮小吃，當中有各式各樣或素或葷餡料的，有脆炸的，有放在稠稠湯汁裡的，不是更硬就是更軟，甚至有親手自家做卻以失敗告吹的，總不及這結實幼細的版本：看

陳意齋

香港中環皇后大道中194號　電話：2543 8414
營業時間：0900am-0700pm（周一至周六）0900am-0630pm（周日）
創辦於廣東佛山的陳意齋本店於1927年在香港開業，一直以傳統零食小吃吸引著一代又一代的嘴饞人。從蝦子紮蹄到鴨膶牛肉乾，從有四粒天津杏仁的杏仁餅到蠔油豆到山楂餅，都叫老主顧不折不扣癡心長情。

二　三　四　五　六
七　　八

二、三、四、五、六

用上炒得香濃鮮美的頂級淡水蝦籽，配頭抽加入玫瑰露酒、鹽、糖調味熬煮成的醬油，再加上頂級花生油，還有來自深水埗腐竹老字號樹記的豆香撲鼻的頂級腐皮……只見老師傅在腐皮上鬆過生油再鬆醬油，摺疊好放入蝦籽再捲起以繩紮好，如何紮得不鬆不緊令紮蹄得得完全熟透又不會散開，就憑老師傅幾十年的經驗。

七　紮好放進蒸爐前的一批紮蹄簡直就是廚房裡的裝置藝術。

八　除了為人口碑載道的蝦子紮蹄，老牌零食專門店陳意齋的涼果、餅食、軟糖、乾果、肉乾以至那迷你裝蝦子麵和獨家燕窩糕，都叫這家小小店堂早晚擁擠著多年捧場的主顧。

過老師傅把精選的金黃腐皮用暖水鬆軟，薄薄再鬆油鬆特製醬油，再放入上等鮮甜蝦子，層層疊好捲起用麻繩紮得穩實，放入蒸籠蒸好待涼再解繩，心機工夫感動滿分，可就是這口感這味道，為什麼於我總是有一種遙遠的熟悉？

直至最近家庭聚餐和父母閒聊起這經典小吃，母親衝口而出說最好的紮蹄當然是陳意齋的出品。四、五十年前父母在中環一家出版社上班的時候，陳意齋的老舖就在附近！母親還說，紮蹄從來是矜貴小吃，捨不得買，同樣嘴饞的她很偶然才會買一點捎回家，而家裡那位霸道獨佔把紮蹄吃得一片不留的，就是大概才三、四歲的我！

我因此沒話說了。紮紮實實，層層疊疊，久遠的遺忘了的回憶味道有幸重溫，一代又一代的經營者和顧客的共同堅持，執著和追尋，緣來有始有終，有根有據。

九龍九龍城衙前圍道132-134號地下6號舖　電話：2382 2468
營業時間：1100am-1000pm

八卦好事的會圍繞著幾家分佈港九的類似店名大作文章，我倒是爽快的看哪一家的東主比較寬容大方好客，這裡的零食水準無庸置疑，笑容也滿分。

公鳳

九、十、十一、十二、十三
　　儘管一般超市便利店都隨時買得到解饞零食，但要有足夠規模氣派，一字排開花樣百出的零食總壇還是該刻意捧場。走進公鳳的店堂，今回主攻的是魚皮花生、南乳肉、蠔油豆──

十四　久違了的順德小吃大良崩砂，上好麵粉加入白糖、南乳、鹽、食粉和臭粉和清水拌勻揉透再擀捲切炸成金黃酥脆，狀似蝴蝶。據說順德俗稱蝴蝶為崩砂，只是現今販賣的大多是迷你版本。

飛天紫蹄

General Manager, yu+co(HK) 黃寶珠

總有點後悔當年沒有趁寶珠姐放下公關要職遠赴溫哥華捧起餐盤的那一段日子飛去探她，一睹她放下身段在餐廳樓面以至廚房從低做起，但也更靠近她更喜愛的飲飲食食事業。我們這些小輩能夠有機會從旁偷師，看著這些大姐大們如何在人生的每個階段中拿捏輕重，有姿勢有實際，真的受用無窮。

一轉眼，寶珠姐又回來再戰江湖。我這個一路跌跌撞撞的有什麼重要抉擇決定之際又可以近距離的向她匯報請示了。說到底，無論在地球這邊那邊長短勾留團團轉，還是會惦念老家的某些人情某些事物某些好滋味，作為零食老店陳意齋的老主顧，

寶珠姐在彼邦常常想起想吃的是紫蹄和齋鴨腎。

當年寶珠姐一家三姊妹在聖士提反女校上學時，學校的小賣部寄賣的竟然有陳意齋的齋鴨腎、齋燒鵝和蠔油豆。作為大家姐的她自言自小霸道，每次買了一包零寧可吃到胃痛還總是佔著自己一個吃光，二個妹妹只能分到山楂餅杏仁餅之類。而寶珠姐的父親也是一個嘴饞但卻十分關照親友的人，每半年回加拿大探親前都會到陳意齋買一打十二條紫蹄，回家馬上放進冰格急凍，計準時間帶上飛機飛到加拿大時剛剛開始解凍不會變壞。

想起當年父親跟紫蹄的一段逸事，今天她放進口細嚼的這片零食別有滋味。

冠華食品

香港灣仔軒尼詩道68-76號新禧大廈地下A舖　電話：2386 2068
營業時間：1000am-1100pm

相對老牌零食專門店，作為後起之秀的冠華也是全力以赴應有盡有。寬敞店堂裡賣個夠，光吃零食把正餐也忘掉。

面對這麼多甜的鹹的淡的精緻雕花的粗獷手工的，
都可以選擇但都該好好吃完，
廚房食物櫃裡某天忽然出現半包史前的
餅乾的經驗是你我共同擁有的。

059

該不該

午夜的抉擇

究竟睡覺前該不該吃餅乾喝牛奶？

我問身旁在大學時期修讀食品營養系但畢業後沒有幹過一份跟食物有關的工作卻跑去畫漫畫和寫詩的老友，在回答我的問題之前他先澄清一點，其實畫漫畫和寫詩也是一種經濟活動，也勉強可以掙一點錢買一點食物，但優質的漫畫和詩未必可以換來大量的食物，所以他一直都很瘦，而因為瘦，也更像一個詩人——

好了，話說回來，關於餅乾和牛奶，他眨了眨精靈的眼睛，就看你吃的是什麼餅乾喝的是什麼牛奶？果然是學有所成的營養師，也太清楚他身旁的經常因為看到那些警告市民大眾不要在睡前四小時內進食任何食物的文章而大感懊惱的我，對，我吃的是牛油曲奇餅或者是奶油威化餅或者是巧克力手指餅，不是吃兩三片而是忍不住口一吃就是大半盒，喝的不是那稀如白開水的牛奶飲品，要

香港西營盤第三街66號福滿大廈地下 電話：2975 9271
營業時間：0900am-0730pm
蛋卷小舖除了新鮮香脆熱賣，還自家烘焙手工餅乾如久違了的椒鹽餅、
煙仔餅，嘴饞人不能不試。

齒來香蛋卷

	二	三	四	五
			七	
一	六	八		

一　先來寵寵自己，拍掉身上平日的街坊平民餅乾屑，來幾塊皇后餅店手工精製的牛油曲奇。

二、三、四、五
先將蛋白和糖加上牛油以攪拌器拌打起，再加入頂級麵粉及筋粉混成餅漿，用專用唧管小心唧出花紋狀餅塊，隨即放入烤箱——

六、七、八
同樣的餅漿用不同的唧花方法，分別配上核桃、櫻桃果漬以及杏仁片，不同款式的牛油曲奇餅香誘人，開始了就停不了。

喝就喝奶味濃郁的全脂奶，天氣涼了心血來潮在小鍋裡小心地把牛奶以慢火煮熱還放幾顆桂圓肉再打進一個雞蛋——

我明白了，他望著我那一團勇敢地出來了就再也不退縮回去的腹肌，微微的笑，很好，開心就好！

因為有了詩人的祝福，我可以愉快的看著他繼續窈窕，也放心的看著自己一點一點地成長，唯一要求自己的就是不偏食也不要浪費。面對這麼多甜的鹹的淡的精緻雕花的粗獷手工的，都可以選擇但都該好好吃完，廚房食物櫃裡某天忽然出現半包史前的（可能還未變壞的）餅乾的經驗是你我共同擁有的：可能是那方方正正的蘇打餅，那長成不同幾何形狀的香酥淮鹽餅，又或者是那奶味薏米味濃郁的馬利餅，層層疊疊的奶油威化餅，還有那曾經瘋魔一時的雞片，香蔥芝麻薄餅……把這久別重逢的「老餅」扳一小塊放進口，噢！潮濕了，軟了，變了，早該丟掉了——

如果我們真的愛吃餅乾，該不該如此？

皇后餅店

香港銅鑼灣白沙道15號 電話：2577 3157
營業時間：0800am-1030pm
從多年前依附皇后飯店的一個角落零售餅食，發展到今時今日成為獨立全面的店堂，麵包蛋糕糖果以外，還有入口鬆化酥香的牛油曲奇。

十四	十二	十二 十一
	十三	
九		
	十五	
十六	十七	

九、十、十一、十二

手拿一塊小時候熟悉不過的嘉頓餅乾，意想不到餅乾生產廠房安全衛生不經人手是如此的魔幻——把自己縮小把餅乾放大成美味軍隊，一口酥化的同時驚嘆食品科技的偉大。

十三、十四、十五、十六、十七

規模大廠生產既有長青暢銷家庭裝餅乾如朱古力架、芝麻蘇打餅、麥芽餅、馬利餅，亦有小巧獨立包裝的花生夾心、起士夾心（時時食）、巧克力手指餅和多種口味威化餅，各家各派各有特色，都是從小吃大的早午晚味道。

餅乾緣

公關、傳媒人 陳惠明

如果有天流落荒島，你會最希望身邊帶著什麼食物？

想出了這樣一條不太有創意的問題，其實也真的不敢拿來問我面前這位點子特多腦筋特靈活的大姐大。倒是 Evelyn 先下手為強，坦言日常生活中總是有一些東西注定被忽視，不會刻意帶在身邊，可是到了某些重要關頭，想要，但偏偏沒有，例如餅乾。

流落荒島也真的是不能帶餅乾的，我說，因為沒有帶熱牛奶。有了熱牛奶，蘇打餅乾才有存在的意義。或者換過來說，熱牛奶是因為蘇打餅乾的出現並且投入才有存在價值的，不過這是人家的私事，我們還是把焦點放回純粹的餅乾身上——

隨便舉個例，Evelyn 說，看著辦公室裡牆上掛鐘，都快七點了，老闆還在跟別的人別的事糾

纏著，還未輪到跟你檢查功課，實在餓得很，又不好意思叫外賣吃得誇張（那太像要主動留下來加班了），所以餅乾就大派用場，至少不會叫你餓暈這麼難看。

又或者剪接到更早些時日，Evelyn 一臉溫馨的回憶說，應付中五會考和預科高考的那些不眠不休的晚上，每到深宵一兩點，媽媽就會敲門進來，手中捧著一杯熱巧克力和幾塊麥維他消化餅，就因為這個畫面，努力讀書考試進入大學是必要的，要報答的是那幾塊餅乾。

再仔細想想，Evelyn 和我忽然發覺香港說不定全球可以吃到最多餅乾種類的地方，但我們都從來沒有嘗試努力去吃個夠。她說最近為了身體健康，已經戒吃 gluten 類食物了，所以在一段時日裡都要跟餅乾絕緣。繞了一圈，原來回到了一個緣份的關鍵。

各大超市及便利店零售

創業於1926年的本地麵包餅乾經典名牌，從當年的香蔥薄餅、雞片、麥芽餅，到今日的牛油曲奇waffles及巧克力脆皮威化條，都是正氣十足的蘇打餅以外的香甜選擇。

嘉頓餅乾

我平生的第一口雪糕，不是作為什麼餐後甜點，而是一種獎勵甚至是一種鎮痛的「藥」。

一　儘管坊間便利店廿四小時都有軟雪糕出售，但我和身邊一眾始終認為百分百本地品牌富豪雪糕的流動雪糕車是大哥大，出售的軟雪糕是最滑最香最有奶味的。

痛快勾引

060

雪糕是一種藥

心情好的時候要吃雪糕，心情差的時候更要吃雪糕。大伙兒歡天喜地伸手舉匙進攻同一盤超大碼香蕉船，又或者孤獨一人默默舔完一個在溶化邊緣的軟雪糕，雪糕不是雪糕，雪糕是一種心情一種狀態。

我平生的第一口雪糕，不是作為什麼餐後甜點，而是一種獎勵甚至是一種鎮痛的「藥」。看來只要牙醫科技一天還沒有到達「無痛拔牙」這個境界，雪糕永遠是鼓勵小朋友勇敢面對那拔牙過程中牙齒的痠軟痺痛和無名狀的心理恐懼，而在麻醉藥消失的一剎那，雪糕就負起了冰鎮止痛的責任。牙肉敏感如我，仍有能力跟父母糾纏出三個不同口味的蓮花杯來度過這個先痛後快的冰河時期，一不小心緊接牙痛的就是肚痛。

至於那個矮矮圓圓的分別盛載雲呢拿香草口味、草莓口味和巧克力口味的小紙杯裝雪糕

富豪流動雪糕車隊

停泊處：中環天星碼頭、港外線碼頭、銅鑼灣崇光門外、金紫荊廣場、尖沙咀文化中心　時間：1100am-1000pm
一人做事一人當，既是雪糕車司機亦是售「貨」員，按鈕播放〈藍色多瑙河〉的是他，在雪糕機前轉出兩圈半軟雪糕的是他，推介其他產品如果仁甜筒、珍寶橙冰和蓮花杯也是他。怎麼可以不說聲謝謝。

二、三、四

打從1969年開始出現的富豪雪糕車,迄今有十四部車奏著藍色多瑙河Blue Danube主題曲在港九來往經營。從當初的每杯五角到今天的六元有交易,依然吸引一代又一代的嗜甜嘴饞人。相信每個小朋友都希望可以親手操控車上這調好雪糕原料放進去就會自動製成雪糕的雪糕機,手持雪糕筒把手柄一拉,標準的兩圈半軟雪糕之外是否可以偷偷再多加一兩圈?

五

如果碰不上流動雪糕車,還可以等那種快要被淘汰的由綿羊仔摩托機車改裝的由上年紀老伯駕駛的雪糕車,否則在街頭就只能光顧一些販賣雪糕汽水的臨時攤販。

一 所有冰淇淋類在香港都稱為「雪糕」,裝在紙杯杯裡的稱「蓮花杯」;「軟雪糕」就是台灣的霜淇淋,「雪條」即為冰棒。

為什麼會被暱稱作蓮花杯,是那紙杯蓋邊內摺的凹凸紋(那頂多像荷葉吧)?又或者是紙蓋掀起後雪糕面的一些起伏花樣?還是牛奶公司早期雪糕紙杯上就有蓮花圖案(印象中倒更像皇冠!)?左問右問還是無從稽考。唯是吃到雪糕一點不剩,用木片小匙把紙杯上的蠟也一絲一絲刮下來的情景仍然歷歷在目。

一人份獨嚐的蓮花杯時代進化到三色雪糕磚的日子,突破性的膠盒版本之前還是紙盒裝,一撕就露出貪婪和野心。雪糕口味質感分明是一樣的,但放肆程度卻倍增,大口大口咬慣了,也就對那小家子氣的用兩片威化餅皮夾著一片雪糕的雪糕三明治沒有好感,不過癮。

至於那神出鬼沒的富豪流動雪糕車上的奶味香濃口感細滑的軟雪糕,那告知大家雪糕車來了的我響故我在的〈藍色多瑙河〉樂曲,竟又是另一種他主動出擊你無法抵抗的勾引。

九龍元朗錦田雷公田78號 電話:2832 9218

鮮奶售賣點╱City Super、UNY、吉之島超市 營業時間:0800am-0600pm

可算是本地僅存的小規模生產的鮮奶品牌,出品從不滲入任何水份奶粉等雜質,百分百無添加。奶味香純、奶質細滑,明顯比其他大規模生產的品牌奶品優勝。

農場鮮奶

<table>
</table>

六、七、八、九

說到一眾在本地發跡的牛奶品牌，從大嶼山神學院十字牌鮮奶、農場鮮奶、維記鮮奶到牛奶公司鮮奶及奶類產品都以新鮮、營養、健康作為經營及建立品牌形象的指標。近年更在傳統的優質牛奶中加入高鈣、低脂、脫脂、高纖等功能元素，甚至更加入螺旋藻。面對市場上進口奶類產品的劇烈競爭，研發健康牛奶產品看來是本地牛奶生產商必要發展方向。

十、十一、十二、十三、十四、十五

從蓮花杯到三色雪糕磚到雪糕三明治，從果汁荄條到鳳仙雪條到芋粒咋雪糕到楊枝甘露雪條，雪糕雪條其實是沒有季節沒有時段地討人歡心的恩物，走一趟超市和便利店把頭靠貼冰櫃，感應一下潮流線上最年輕最本地的口味與顏色。

曾經溝過

進念二十面體資深演員　何秀萍

當溝已經變成剮，你我大概也不得不承認這真的是個暴力世界。色不色情是其次，那是比較私人的事，但暴力，就會影響以至破壞損害人。

所以跟秀萍在茶餐廳坐下來，還算不太擠擁的傍晚時分，我們都忽地懷念起那個「溝」來「溝」去的年代。家裡一向比較謹慎我們幾兄妹的言語，「溝」這個字只用在廚房裡固體與固體、液體與固體、液體與液體的混雜交流，我從來不會說「溝女」「溝仔」這些俗語，認知裡面，人始終是人，不能就此物化，所以溝，最前衛最主動最越界，莫過於也只是香草蘇打汽水混鮮奶。

我善忘，已經忘了第一回喝香草蘇打汽水混

鮮奶是在什麼時空？她倒印象深刻的記得是當年在電視台當編劇的當兒，和同事在食堂一邊「腦震盪」一邊喝的。身為創作人，至少也得開放自己接受不同事物你溝我我溝你，而慶幸香草蘇打汽水混鮮奶總算是一個可口美味的互溝。

我們顯得有點天真地問茶餐廳伙計有沒有鮮奶他說當然有，然後問他有沒有香草蘇打汽水他說沒有。一意孤行決定要混的她和我已經欲罷不能，在問準了女掌櫃可否自攜飲料的情況下，走到對街便利店買了一罐易拉瓶裝香草蘇打汽水，回到座位中馬上混起來──味道始終未變，連感情也（很肉麻的）有增無減──畢竟是認識了超過二十年的老朋友了，早就沒有受不受這回事。

究竟維他奶有沒有一如廣告所說,令我「更高,更強,更健美!」就見仁見智,但肯定喝多了會⋯⋯一種癡情一份固執⋯⋯

維他綠寶情意結

一汽呵成

061

當我確定面前這位眉目清秀的朋友就是當年的那位精靈活潑的小模特兒,身穿光鮮筆挺小禮服還結了領帶,神氣活現地走在應該是半島酒店的大堂長廊中,然後坐下來向畢畢恭敬的服務生說了一聲「綠寶」——我幾乎衝口而出又禮貌地把說話吞回來:當年在電視機前的我以及一眾同學,是多麼的妒忌和討厭你啊——

現在的小朋友甚至不知道「綠寶」了,這種並沒有太多「汽」的瓶裝汽水其實是一種橙汁飲品,矮矮的玻璃瓶容量好像特別少,插了飲管幾乎可以一口氣喝光,所以也就格外的意猶未盡。當年看著這個綠寶電視廣告的時候,心想這個小傢伙肯定可以因利成便地喝完又喝,真幸福也真不公平。

相對於「汽」量充足的可口可樂和玉泉忌廉

作為港產代表經典飲品的代表,除了以荳奶為基礎的維他奶,產品多元化,包括果汁飲品、檸檬茶、牛奶蒸餾水、豆漿等等,產品亦行銷全球各地,更在美國、澳洲及中國內地自設廠房處理生產及分銷業務。

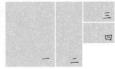

一

二

三
四

一　實在太深入民心的早已溶為一體的現實與廣告意像：寒冷冬日清晨，上班上學的街坊一眾在街角雜貨早餐店買來人手一瓶熱騰騰的維他奶，這個畫面肯定在香港人集體飲食回憶中佔一席位。這麼多年來，冬日熱維他奶已經成為一個願意早起的誘因。

二　喝的該是原味還是麥精口味？我倒是兩者皆可，但最重要的還是堅持喝瓶裝！雖然知道瓶裝跟紙盒裝的內容味道其實完全一樣，而且喝了都會「更高、更強、更健美」。

三、四
路經維他奶位於屯門的生產廠房，只見整幢黃白相間佔地幾乎整條街的廠房很有架勢，而且街上都泊滿了並往來著把各種包裝和口味運往零售的重型貨車，頓時明白什麼叫貨如輪轉。

蘇打，綠寶橙汁是比較溫柔的，不過更正「氣」的一定是維他奶。究竟維他奶有沒有一如廣告所說，令我「更高，更強，更健美！」就見仁見智，但肯定喝多了會令人有一種癡情一份固執——身邊的確認識幾位男女老友，從小到大都堅持只喝瓶裝維他奶，雖然她們他們都知道無論是瓶裝紙包裝拉罐裝的維他奶都是一樣的維他奶，但竟都一往情深地迷信瓶裝總是比較好滋味，無論是上完體育課一身臭汗喝的那一支冰凍的，還是冬日清晨穿得像裹蒸粽一樣地手捧一支燙手的熱的無論是原味還是麥精——恐怕對這些有點年紀的顧客來說，新推出的針對年輕族群的各種口味是無法打動她們他們的，一個本地品牌能夠培養出一群死心塌地的捧場客，需要的正是誠意和時間。

當年喝的高貴的綠寶橙汁和廉價的珠江牌汽水如今都不知到哪裡去了？維他奶倒是從1940年以來一直陪伴著香港好幾代人一直承傳同時更新，「點止汽水咁簡單」原來不止是一句廣告口號。

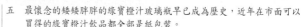

五　最懷念的矮矮胖胖的綠寶橙汁玻璃瓶早已成為歷史，近年在市面可以
買得的綠寶橙汁飲品都全部是紙包裝。

六・七
維他奶於1975年直接由瑞典引入紙包裝飲品技術，當年的紙包依舊在
瑞典生產，到港後才注入維他奶。到了84年生產第一代375毫升的維
他奶，紙包已經改由維他奶公司直接生產。

八　為了迎合新一代消費者的多元口味，維他奶在近年繼蜜瓜和巧克力口
味以後也推出了mocha咖啡巧克力口味，香芋口味和紅豆口味，打從
1940年就創立面世的經典品牌亦深懂與時並進的道理。

	六	
	七	八
五		

唯我以外

專業經理 宋軒麟

軒麟有個筆名叫阿拔，阿拔記性
好，擅長說故事，而且都是峰迴路
轉的真人真事，就連喝一瓶維他
奶，都喝出激流三部曲。

每一個在香港長大的都有資格說自
己喝維他奶長大，阿拔也是。但他
正式跟這飲料有第一次刻骨銘心的
碰擊，不是在冬日的小學校門口的
大班女班長遞過來暖手的一瓶，而
是在中七畢業後到了美國德薩斯候
斯頓升學，自覺英文不錯的他竟然
聽不明白周圍的人在說什麼，自信
心大受打擊。在那個連電郵還未流
行長途電話又太貴的年代，他很快
就「染」上了思鄉「病」。每次周四
十五分鐘車到了唐人聚居的地方，
買一份世界日報和一紙盒維他奶，
一看包裝後的工廠地址寫著香港屯門什麼什麼，他簡直就要馬
上掉淚。

第二回合是家人忽然移民加拿大，他也忽然地從
美國飛去重投家人懷抱，從一個窮學生一變而成
跟家人看大屋買貴車的富家子。他曾經努力地希
望融入當地社群，但身邊的香港人圈子勢力實在
太大，一切香港發生的都即時同步轉播，令他永

遠有種這麼遠那麼近這麼近那麼遠
的困惑。而他在超市買到的維他
奶，一看竟是美國生產的，原來打
從98年起，維他奶已經有在當地生
產？！喝來更叫阿拔神經錯亂。

心生去意的阿拔考完畢業試的最後
一科，頭也不回地就跑回香港，趕
得上他一直希望入職工作的航空公
司的最後一天面試。以他自小對飛
機的迷戀和驚人的航空知識，這個
職位當然非他莫屬，不到兩年，他
就成為了航空公司派駐柬埔寨的代
表，年方二十五就變成了特權階
級，有司機有豪宅宿舍還得代表公
司甚至特區政府出入當地上流社
會。阿拔很清楚這只是一個過渡，
他更關心的是當地的貧富懸殊。有一趟司機載他
到專為外賓服務的超市買麵包買維他奶，回程時
被一群在污水溝裡玩鬧的街童拍打車身騷擾，坐
在車裡的阿拔以當天空運到的明報作掩，淚流了
一臉。柬埔寨的維他奶雖然也是香港屯門的工廠
製造，但配方卻特別甜，後來有朋友告訴他，這
裡曾經長期戰亂，食物都不新鮮，都得以大量
料提味，鹹會很鹹，甜會很甜，大家都習慣了，
就連苦，也很苦。

一　說來話長，斷斷續續吃了這麼多年的啄啄糖，還是直到最近才親眼目睹啄啄糖的製作過程，多少有點開山劈石然後真相大白的感覺，堅硬有如小石子的糖塊幾乎不能咬，只能讓它在口裡慢慢融化。

每年秋冬，把衣櫥裡的禦寒毛衣大褸拿出來，總是會在口袋裡發現兩三顆去年拜年時敷衍接過來的糖果，狀態好的只是變軟變形，狀態差的溶得黏黏答答。

甜頭盡嘗

062

糖果猶豫

我實在不是一個嗜甜的人，舉三數個例子大抵可以說明證實——

一、　我喜歡喝番薯糖水，但每趟都要下很多很多的薑，越辣越好，所以身邊伴認為我其實是喜歡喝那暖胃薑湯。

二、　前年SARS猖狂，我的心情與大家一樣，苦悶沉鬱如墜深谷，眼見身邊平日最緊張體重升降的女友們都豁出去捧著桶裝雪糕大啖放肆，吃吃吃以解憂去愁，我選的是巧克力，但還是偏愛少糖少奶bitter苦澀原味。

三、　最怕看到中文硬譯Sweet Heart作「甜心」，每次都打冷顫，把Honey譯作「蜜糖兒」也好不了多少，但蜜糖始終比較天然，總比那些從甘蔗出發百煉精製的白砂糖好一點。

四、　每年秋冬，把衣櫥裡的禦寒毛衣大褸拿出來，總是會在口袋裡發現兩三顆去年拜年時敷衍接過來的糖果，狀態好的只是變軟變形，狀態差的溶得黏黏答答，分明就是控告我其實心不在焉志不在此——

缽仔王傳統小食

香港灣仔道160號地下（近英皇中心）　電話：6126 6988
營業時間：1030am-1030pm

啄啄糖其實跟潮州甜食糖蔥的原料做法類似，只是不只酥化爽脆更加添幾分硬朗，除了薑汁原味，更演化出薄荷、芒果、巧克力、椰子幾種新口味，以為式微消失怎知又推陳出新。

二	三	四	五
六	七	八	九
			十

二、三、四、五

尋根究底，用上麥芽糖、粟膠、白砂糖約煮半小時，並加上香精提味，煮成稠稠糖漿。灑進少許芝麻後轉放鋅盆中，連盆置於冷開水裡讓糖漿待涼凝固。把半凝固的糖塊置於金屬工作桌面，讓糖塊繼續冷卻也明顯轉成淺色。

六、七、八

最神奇又最有動感的一刻來臨：只見師傅把糖塊移掛於牆上鐵管，不斷拉扯拋盪，令大量空氣進入直至糖塊轉化成為乳白爽硬長條，再置於工作桌上最後定形。

九、十

只見女工們在圓形鐵盤中把糖條以錘鑿敲成小塊，啄啄有聲，因以得名。啄啄糖經人手包裝好運到街坊店舖寄賣，從前靠流動小販在街頭巷尾持盆現鑿現賣的方式已不復再。

也許那個能夠與糖果親近的悟性已經退化已經被收掉了，也再無能力因一顆糖而引起雀躍興奮，即使把糖果遞給你的是個陌生人。唯是最近我發現有個本地藥業品牌推出了一系列以純草木植物精華配裝、不含人工色素和防腐劑的軟糖。一口氣買了桂花蜂蜜、無花果百合、紅棗山楂等等口味，第一回嚐試入口是在長途客機半空中，那種軟那種天然果香，據說還會淨心開竅消煩解燥滋潤肌體解渴生津，超越了單純甜蜜蜜的境界，喚回一點對糖果的依戀與想像。

無論如何，糖果於我現在是種視覺刺激多於味覺經驗。我會留意到甄沾記椰子糖和瑞士糖的包裝紙都轉了顏色圖案，史密夫軟糖還是那幾十年不變的玻璃紙透明包裝，大白兔奶糖連商標也換了（雖然整體色調還堅持藍藍白白的），啄啄糖的幾乎沒有包裝的包裝十分無印良品，牛奶鳥結糖的藍白格包裝自成經典⋯⋯那可真是一種無可奈何的設計職業病，就像身邊一些廣告高人，在滔滔不絕跟那動輒億元營業額的糖果客戶大談商標呀包裝呀行銷策略的當兒，其實自己不吃糖。

因此由衷地羨慕那依然擁有sweet tooth而不是藍牙的得天獨厚的好甜一眾，不必斤斤計較那由政府批核出的八種代糖的攝取量，能夠在真正糖果裡得到如此單純直接的快樂，盡嚐甜頭，就是快樂。

九龍佐敦官涌街2號地下
曾經風光一時的潮式老店家，仍然堅持每日現造各式花生糖食，少量生產但還保持一貫口味——甜！

和發隆餅家

十一 作為皇后飯店的駐店王牌糖果產品，牛奶花生鳥結糖〈Nougat〉比一般果汁糖明顯高一個檔次，一直受廣大嘴饞食客捧場歡迎。

十二、十三、十四、十五、十六、十七、十八
先將粟膠煮溶後倒入蛋白，以專業攪拌機發打至起泡備用。再用砂糖、粟膠加水煮溶並加入花生，馬上將兩種糖漿材料混合搓好鋪成塊，待至糖塊完全凝固後再切長方小片，最後用米紙逐片獨立包裝入盒，一代糖果經典大功告成。

十九、二十、廿一、廿二
傳統潮式糖果花樣百出，但說來原材料也不外麥芽糖、花生、芝麻、椰絲糖幾種。先後配搭組合成湳糖、明糖、椰絲糖、鴨頸糖、花生酥、黑芝麻糖等等，偶爾亦會發展糖果以外的糖番薯乾，或者糖漬柚皮以饗念舊一眾。

糖山大兄

sales manager 武劍英

我跟Mann說我認識的另一個姓武的男人就是武松（當然還有武大郎），而認識的一個叫做劍英的男人就是開國元帥。

我在想的，其實是這些歷代男人們究竟是否都像Mann這樣愛吃糖。

從啄啄糖到椰子糖到史密夫橙花軟糖到話梅糖，還有太空糖爆炸糖汽水糖，加上高貴一點的盒裝花街巧克力和金杯巧克力，千奇百怪諸如此類，都是一個小朋友長大成為一個男人過程中的回憶能量。

Mann是北方人，高頭大馬，小時候應該也有一定斤兩。他是三兄弟裡的老三，在那個父母都得艱苦拚搏的六、七〇年代，三兄弟自出生就得分別託養在不同的親戚家，所以其時兩三歲的Mann說實話也不怎樣記得起大哥的模樣。只記

得有一次在他三歲（？！）的時候獨自一個人跑到住在附近的外公家，碰巧外公也拖著一個小男孩，外公跟他說這就是你的大哥了。作為大哥的也很大哥，央著外公掏出一兩毛錢給三弟買了一些一直在街角啄啄作響的啄啄糖，這是兩個兄弟深厚感情之始，因為糖。

Mann說他不怎麼喜歡大白兔糖那種牛奶味，也不太喜歡拖肥的黏黏結結，至於久違了的有如變魔術一樣的由砂糖變成的棉花糖，他告訴我該去九龍灣的商場或者牛頭角的屋邨那一帶找找看。

Mann現在該沒有那麼瘋狂地吃糖，因為這個糖山大兄現在迷戀熱衷的是Tango——一邊跳一邊吃糖，好像不太好。

皇后餅店

香港銅鑼灣白沙道15號　電話：2577 3157
營業時間：0800am-1030pm
除了同系同門飯店裡的招牌俄式西餐名菜，餅店裡的牛油曲奇，還有那叫人一試難忘的香脆軟韌共存的牛奶鳥結，喜歡嘗新的可一試咖啡米通口味或者藍莓口味。

說來無論是檸檬是欖，是甘草還是陳皮味道，在那些吃巧克力或者軟糖都總不對勁的大山大水當中，都是十分適合十分過癮的。

大漠救星

出生入死鹹檸檬

063

經常在書店裡碰上那些嘩眾取寵的書名，以死相迫，諸如《死前要去的五十個旅遊地方》、《死前要看的五十本經典名著》，看來那幾本《死前要吃的五十道世界名菜》或者《五十種街頭小吃》《五十種中國點心》以及《要喝的五十碗廣東老火湯》都正在趕工撰寫中，說不定已經編好印好即將發行。死前應該要做的事其實多的是，但無論如何經這些暢銷書當頭棒喝，我倒還真的認真起來計算準備一下。

常常有些媒體朋友半夜三更在電話那端突然希望我推薦最喜愛的旅遊熱點而且最好提供十張以上有到此一遊證據的生活照片。推介什麼好玩地方我願意，但自問東奔西跑卻從來沒有把自己和身邊伴連同背後十大風光名勝奇觀也拍進照片裡的習慣。唯一一次是在阿拉伯半島國家葉門的沙漠裡，讓陪伴橫越沙漠的嚮導給我們拍了一張筋疲力盡但仍然

查詢電話：8108 2708

大笪地欖王

工序繁多利潤微薄，傳承父業也只求「完成」一個心願。除了有口皆碑的甘草欖以外，還有自家製的檸檬王、冬薑王及貴妃梅、甘草梅等。

部分售賣點：
— 香港灣仔道160號地下（近英皇中心）／缽仔王傳統小食
— 筲箕灣道301號A／晶晶時裝－旺角油街六福珠寶對開報攤
— 大埔綜合市政大樓地下／7-11便利店

一 背負當年在上環大笪地擺攤賣欖的父親的口碑名聲，自少在甘草欖味包圍下長大的王耀璋儼如新一代欖王，特選來自潮州的爽脆無渣的嫩欖，在製欖前還得在幾百粒欖中親手別走不合格的貨色。

二、三、四、五、六、七、八、九、十
先將來自內蒙古的甘草自行研磨成粉末，加入丁香、肉桂、陳皮、茴香、薄荷等等香料，與已去皮及用糖水醃過的欖一道入罐，以人手用力搖約兩分鐘，取出倒入膠箱內醃製約四五天。醃好的甘草欖量重後簡便包裝，送往各區零售店舖。

一臉笑容的夕陽殘照，值得回味的是因為我的手裡拿著一袋鹹檸檬。

鹹檸檬當然不是當地特產，是我們出發上路前心血來潮刻意準備的。因為預知沙漠日間氣溫奇高，行走中人體出汗量大，恐怕會流失太多鹽份，既不能乾巴巴地光吃鹽，就想起這些可以救命的生津解渴醒胃提神的鹹檸檬。其實為食八寶袋中還有甘草檸檬、薄荷甘草檸檬、陳皮檸檬、薑汁檸檬和川貝檸檬，都是三十年老字號上環永吉街正牌檸檬王唐伯給我推介的，他還以一袋檸檬走過全球的豪氣姿態，要我多拍幾張手攜檸檬到此一遊的照片給他看。

說來無論是檸檬是欖，是甘草還是陳皮味道，在那些吃巧克力或者軟糖都總不對勁的大山大水當中，都是十分適合十分過癮的。尋常味道不尋常功能，在開始認識了解以至熱愛起異域風俗文化的同時，也繼續為自家源遠流長的飲食大智慧小聰明而自豪驕傲。

檸檬王

香港上環永吉街車仔檔 電話：9252 2658
營業時間：1030am-600pm（周日／公眾假期休息）
同樣是子承父業的營生，唐伯和兒子超哥父子拍檔，鎮店之寶當然是甘草檸檬，咬來軟硬適中，幽淡而不嗆濁。還有檸汁薑、化核梅也是熱賣，值得一試。

十一　正宗古法曬製涼果除了嚴選胚材，還得看天色靠太陽。加上涼果行業佔地多，香港本地的生產者大多在內地設廠加工，減輕成本。

十二、十三、十四
　由泰國進口的用鹽醃好的檸檬胚，篩選後放入清水裡漂洗約十四天，然後放入煮好的糖水中「餵糖」約一星期，每天必須翻動以保證入糖勻稱，最後還得日曬四至五天，色澤金黃通透才可剪碎去核。

十五、十六、十七
　縱觀整個曬製工序繁複嚴謹，一舉一動均直接影響成品質素。檸檬曬好後獨立人手包裝，並附上小包甘草粉讓客人自行調味食用。

忽然一槍

演藝學院電影電視學院錄像主任　林漢勳

飛機欖那麼一拋一撤，竟然和槍聲一響重疊，竟然影響了Stephen這一輩子。

中槍的不幸不是他，但更甚的是不知中槍是哪一個他，之後他一直追問家裡的大人，為什麼賣飛機欖的阿叔那天沒有來？為什麼有暴動為什麼要戒嚴？為什麼會有穿軍裝的印籍英軍開了那致命的一槍，無人可以也無人願意回答他。

大概是一九五六？五七年，九歲的Stephen和家人住在土瓜灣譚公道的三層唐樓，板間尾房連著大騎樓，Stephen每天下課玩累了就倚著那圍欄樽柱等賣飛機欖、茶果或者吆喝磨較剪鏟刀的阿叔阿伯出現，只是那天午後異常平靜，本來繁囂的街頭忽然死寂無人，照樣在騎樓憑欄的他目睹一批軍人罕有地出現在樓下，然後就是那一槍，一個途人應聲倒下——

事關重大的這一槍，永不磨滅的印記並開啟了一個少年對這世界對這社會的困惑好奇：中英港種種政治勢力的拉鋸，殖民地社會民生策略的因果伏線，在這個極敏感極反叛的家中老大的眼裡椿椿件件。從此他很明確的知道，所謂愛一個地方不只是多吃兩顆飛機欖兩件缽仔糕便算是支持本地街坊製作，而是要盡力關注仔細觀察社會事務，在自己的能力範圍裡發揮一個本地公民該盡的義務責任。

Stephen在學院裡教授錄像，將自家經驗觀點角度熱情傳遞，鼓勵學生積極主動去記錄身邊變動的一切人和事。不認識自己成長生活的地方就談不上有生命力談不上創造力。有根，才能長出枝葉花果，然後才有收成（才有欖才有甘草欖飛機欖，我插嘴說）。

最後其實忘了問Stephen，我特地買給他吃的甘草欖到底好不好吃？

香港灣仔軒尼詩道68-76號新禧大廈地下A舖　電話：2386 2068
營業時間：1000am-1100pm
曾幾何時還可以目睹肩揹欖形綠色鐵罐的叔伯手執飛機欖，準確由地面拋上幾層樓上，叫窗邊梯巷買欖的顧客崔躍叫好。如今此調不彈，唯有在明亮店堂裡買來包裝講究的飛機欖嘗嘗，聊勝於無。

冠華食品

身邊有在學院裡從事性別研究議題的博士男，明明愛吃話梅也放不下大男人身段，不太敢在大庭廣眾吃話梅。累得我每次給他買一小包高價特級話梅王，偷偷摸摸的竟像個毒販。

一　近距離細看一粒滿滿活像傳統國畫山岳紋理，又似飽歷風霜心事重重的話梅，不知誰會勇敢的對號入座，坦然自覺這就是自己。

越醜越美

064

傳統涼果再出發

你是我的星星月亮太陽都說過了，甚至是巧克力是起士蛋糕說來都沒有新意，如果說你是我的話梅或者陳皮梅或者嘉應子，你會有什麼反應？你會不會說我鹹濕？

鹹濕同時甘甜的是陳皮梅嘉應子，話梅又鹹又甜又酸，而且是乾的。如果要為話梅陳皮梅嘉應子拍一部前傳，看到那有如乒乓球一般大的飽滿光亮，皮嫩肉脆的來自福建或者潮汕的李子，很難想像經鹽漬再漂洗再生曬再泡浸再生曬的繁複過程後，李子面目全非成為深褐色的芳香稠濃的有核陳皮梅和化核嘉應子，而話梅也同樣經過鹽醃脫水再漂洗刺孔浸泡入味然後烘焙，長出一身皺紋附有糖鹽晶體的模樣。你很醜，但你很厲害。

曾經十分敏感這些傳統天然涼果一旦面對吃化工生產糖果長大的新一代，是否可以自持而且繼續爭取一個位置？加上時下採用的所

鄧海滿記

香港上環永樂街175號地下　電話：2544 6464
營業時間：0900am-0530pm
曾經對傳統涼果有懷疑有偏見的身邊友人，一起看過鄧海滿記作坊的生產過程，信心大增且明白優劣分別的細節關鍵，對發揚傳統力求創新的經營操作有了新的體會。

二	三	四
五	六	
七	八	

二、三、四

走進涼果和果仁批發商萬順昌的店堂，一列排開上百種自家製作和加工的產品中，先來認識最有江湖地位的話梅王，接著亦有各種級數的話梅、花旗參梅等等選擇，有空還得細聽東主陳氏兄弟細說梅子如何鹽醃做梅胚，再經刺孔，真空消毒殺菌，以儀器檢驗酸鹼度，再用真空煲以鹽糖甘草浸泡，最後用烘爐焗乾處理的新一代先進話梅製作法。

五、六、七、八

元梅、青竹梅、甘草梅、烏梅……一粒梅子經過各有千秋的調製處理，不同甜酸食味不同爽韌口感不同形體長相——

謂現代化的科學的衛生的標準，傳統涼果生產過程中的天然醃泡生曬，就變得危機四伏急需規管。當然涼果業界內也有不甘被淘汰而努力在生產技術和經營手法上鑽研領先的，破舊立新反史留得住傳統精華。

身邊有在學院裡從事性別研究議題的博士男，明明愛吃話梅也放不下大男人身段，不太敢在大庭廣眾吃話梅。累得我每次給他買一小包高價特級話梅王，偷偷摸摸的竟像個毒販，我只好賭氣地說失敗的不是他而是萬惡的封建舊社會和失敗的教育制度。博士如他，該爭取在下學期開一課「如何單獨或者與女朋友或者與男朋友一起公開吃完一粒話梅王」。

至於陳皮梅和嘉應子，還算光明正大一點。眼見中醫中藥傳統越來越被新一代接受，有苦茶苦藥就得有那藍白蠟紙包裹的生津去苦的救兵出現。

香港上環永樂西街199號萬順昌大廈 電話：2545 1190
營業時間：930am-530pm

生津止渴，消痰開胃，隨口說來容易，但要真正找到一粒如此高檔次的話梅王，還是該找對這家有信譽保證的老店。

九　幾十年不變的藍白紙三層包裝，鄧海滿記的陳皮梅和嘉應子除了穩佔海外市場第一把交椅，更是本地四成以上中醫藥局替客人煎苦茶時會附送的去苦良品。

十、十一、十二、十三、十四
反覆緊記有核的是陳皮梅，去了核的是嘉應子，此外還有陳皮檸檬、檸汁薑、甘草檸、杏脯各款自製涼果的選擇。

十五、十六、十七、十八、十九
有機會探訪鄧海滿記位於江門的廠房，目睹熟練工人有條不紊地將梅胚漂洗除鹹，然後再在曬棚曬乾，接著再以甘草、陳皮、丁香、桂皮及糖鹽煮泡，入味後再放曬場曬約一周，製作全程長達三個多月，叫人真正明白所謂九蒸九曬的說法也並不誇張。

先苦後甜
民間舊物收集者 吳文正

俗語說「久病成醫」，阿正結果沒有成為正式的醫生，但終於也長得壯壯粗粗的，看不出來他小時候曾經是體弱多病。

多病的小阿正被祖母牽著手去看中醫，喝過了不知多少劑草藥苦茶。相信天下間沒有幾個小朋友是會這麼先知先覺地愛上苦茶的。阿正也不例外。但對於喝了苦茶後作為鼓勵或者補償的陳皮梅和嘉應子，阿正倒是視之如甘如飴，又的確是酸酸甜甜，很像一種解藥——一切江湖恩怨鬱悶不快都會因為味蕾的良好新經驗而轉化消散。阿正相信，如果當年他吃的是那種轟你一拳就以為藥到病除的西藥，今時今日的他會完全是另一個人。

還慶幸我們是在這個中醫中藥以至中式零食的系統裡長大，身邊有老人家言傳身教，隨便扔

來一句「先苦後甜」，都是幾千年民間智慧濃縮精華。果然每趟喝過了幾劑苦茶吃了幾顆嘉應子陳皮梅，咳嗽就會漸漸消退。當一個小朋友可以這麼直接地面對吃苦這一回事，他肯定快高長大。

唸設計弄攝影長期在媒體工作的阿正，年前有過一個以一己之力搜集整理本地傳統中藥行醫局自製藥膏丸散包裝設計的私計劃，也將材料整理成書出有中英文版。這種不辭勞苦走遍街頭巷尾而且逐家逐戶敲門解釋，然後翻箱倒篋拍攝訪問的工作，跟那種九蒸九曬才煉製而成的入口回甘的涼果，竟也有一種異曲同工。身處濫竽充數弄虛作假充斥的今日，阿正堅持作為原裝正貨，相信並肯定先苦後甜的做人價值，就像一顆優質上乘的嘉應子陳皮梅那樣難得。

公鳳

九龍九龍城衙前圍道132-134號地下6號舖　電話：2382 2468
營業時間：1100am-1000pm
如何能夠一一仔細認識入口的各式零食？倒得有個專業知識豐富的老行尊指點。任職涼果行業過半世紀的波叔當然最有資格教你如何挑選一粒極品話梅。

人龍中眾目睽睽之下把蝦膏拿出來，
我突然真正明白什麼叫犯罪快感！
撲面而來是鹹香鮮美的大海味道，濃烈同時細緻。

大海滋味

065 大澳蝦膏放洋記

巴黎戴高樂機場新翼海關，清晨五時四十八分，睡眼惺忪的我跟看來也是剛穿好制服值班的關員面對面，他示意著令我打開隨身手提行李檢查，我的心一沉，這回糟糕了。

糟糕的不只是我，還有我隨身帶著的大澳鄭祥興蝦膏：整整六磚小心排好，還用防震泡泡膠結結實實再包圍。這是我專程在離港前一天跑了一趟大澳買的手信，準備以此分別引誘幾位賴死在巴黎暫不回家的老友，能夠動之以情曉之以大義逼迫這些海外精英回港建港救港，除了以真正道地的香港食物香港味道作餌，看來別無他法。

人龍中眾目睽睽之下把蝦膏拿出來，我突然真正明白什麼叫犯罪快感！撲面而來是鹹香鮮美的大海味道，濃烈同時細緻，我不曉得此刻此處來自五湖四海不同膚色不同高矮肥瘦的各式人等，有多少真正是來自湖邊海邊，這蝦膏的懾人滋味又會勾起他們她們多少往事回憶？

大嶼山大澳石仔步街10號地下　電話：2985 7330
營業時間：0900am-0630pm

順利號

美姑與王牛仔的老舖叫順利號，分明是困苦年代的美好願望。座落往日的大澳橫水渡旁，如今架起鐵橋照樣疏導當地居民和遊客，來來往往叫老舖從早到晚人氣鼎沸。舖內除了零售自家醃曬的鹹魚，亦兼賣蝦乾和蝦膏等等大澳特產。

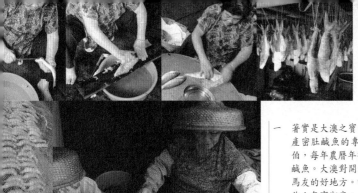

	二	三	四	五
		六		
一		七		八

一　著實是大澳之寶的七十高齡夫婦檔張美好和王新結，是醃曬特產密肚鹹魚的專家，人稱美姑的老婆婆與人稱王牛仔的老伯伯，每年農曆年後到九月初分別按造醃曬馬友、鱠白、牙鰔等鹹魚。大澳對開海面珠江口，正是捕取肥瘦適中的本地鱠白和馬友的好地方。唯是近年水質轉差，魚穫失收，加上老一輩製作人年事漸高，新一代又無心入行，盛極一時的密肚鹹魚製作技術恐怕有失傳一日。

二、三、四、五
製作一條密肚鹹魚，工序複雜不能錯漏：鮮魚不開肚，以鐵鈎從魚鰓伸入挖清魚腸，馬上再以鹽填滿魚肚及魚鰓，原條插鹽醃上幾天，準確拿捏時間配合天氣，待魚肉開始發酵的關鍵時刻，把鹽沖洗抹乾之後以玉扣紙或報紙包封魚頭魚鰓，才可以鋪在木排上曬製。期間得經常替鹹魚轉身，以作疏風透氣，曬得均勻結實。遇上天雨或者潮濕日子，還得把正在曬製的鹹魚轉入冷氣房繼續抽乾。

六、七、八
曬鹹魚固然是小舖的主打熱賣，但生曬蝦乾蝦米也甚受歡迎。用來加豉油清蒸、蒸蛋或者做粉絲煲，都格外鮮香甜美。

不出所料，全能的蝦膏已把周圍遊散的眼神吸引過來，大家都以詫異好奇的目光，聚焦在這一磚磚硃紅近紫的物體上，what is this？肯定大家心裡都在問。這當然也是關員開口向我提問的第一句。

我用最簡單直接的方法回答他，雖然忍住口沒有向他詳盡述說大澳鄭家四代人百年來掙扎奮鬥經營蝦膏廠的動人故事，但還是由衷加上一句：it's really really delicious！經驗豐富的海關叔叔依然有點酷地把蝦膏拿起聳聳高鼻用力嗅了一嗅，臉上首先展露一個有點奇怪有點迷惘的表情，然後我目睹一朵賞識的微笑之花在面前點頭綻開，ok，通行。

本來我還準備如有什麼「不測」，會繼續努力解釋蝦膏於我們這些在海邊長大的是如何如何重要，大抵就像在潮濕山洞中發酵變藍、法國老饕視為乳酪之王的Roquefort一樣，是香是臭爭議很大。又或者搬出法國名產鮮腥的生蠔、肥美的鵝肝、奇香的松露菌來借力打比方，而分明這個關員也是嘴饞一族，不用多說已經心知肚明，不加留難順利放行，叫我真想親手用蝦膏蒸一碟半肥瘦豬頰肉給他下飯好好一嚐。

鄭祥興香蝦製造廠

大嶼山大澳石仔埗街17號A　電話：2985 7347
營業時間：營業時間：0800am-0630pm

經歷四代人的百年老店，一直穩守港產蝦膏蝦醬的領導地位。遊人往大澳也專程到老舖買回當手信。

<table>
<tr><td></td><td>十</td><td>十一</td><td>十二</td><td>十三</td></tr>
<tr><td>九</td><td>十四</td><td>十五</td><td>十六</td><td>十七</td></tr>
</table>

九　硃紅泛紫的蝦膏，鮮甜鹹香味集一身，從來都是炒菜蒸肉的極品。撒鹽撈勻攪碎的銀蝦蓉經日曬後入桶繼續發酵，熟成後才用人手壓至塊狀成塊狀蝦膏包裝出售。

十、十一、十二、十三

無論是蝦膏還是蝦醬，原料其實是簡單不過的銀蝦和鹽。特選蝦身無泥的「晚頭蝦」用磨機攪碎後將蝦蓉放於竹篩上，撒鹽撈勻在日光下曬上八小時，乾爽後便可壓成蝦膏，至於蝦醬則須在陰涼處再發酵約五小時，反覆曬歇數次才可入樽。其實未壓成塊的蝦膏或未入樽成蝦醬的原材料都可儲存，大澳老舖鄭祥興的曬蝦膏工廠內有一高四呎半直徑六呎的大木桶，每次可容納近三噸蝦膏。

十四、十五、十六、十七

無論外間醬園如何擴充規模如何發展不同產品類型，地處沒落漁村邊陲的專營蝦膏蝦醬的百年老舖還是以自家步伐速度葡匐前行，近年的蝦膏蝦醬已經追上健康潮流標準，明顯減少鹽份，也棄用了令產品成色紅潤的花紅粉，為求忠於原色，穩定保持優質水準。

鹹魚震憾

飲食旅遊作家 紀曉華

還未跟這些小朋友說到雞蛋的一千幾百種烹調法，單就看著她們當中有幾位拿起雞蛋要敲破之前的那種不尋常的陌生和猶豫表情，Walter就已經知道這些十二三歲的女孩了的確從來都沒有親手打開過一顆雞蛋。而接著啪的一聲，蛋白蛋黃硬生生落地，搶救也來不及。沒關係，Walter跟她們說，有的是雞蛋，一顆兩顆三顆，用到熟練為止。

因公因私到處吃到處玩的他，最近的遊戲是有了一個可以讓大家邊學邊做邊吃的空間，既是一個廚房又是一個課堂。當中有些活動特別針對年輕小朋友，接觸下來Walter發覺其實從她們身上可以知道很多學到很多。這些來自中上家庭的小朋友從小沒有看過母親親手燒菜做飯，吃的都是家裡菲傭做的飯菜，可以斷言她們一定沒有在家裡吃過煎鹹魚。

作為在香港出生的「外省人」，Walter的鹹魚經驗來自小時候住過的板間房，本來不在自家餐桌上出現的這個香港味道，先從別的房間裡飄過來，有機會親嘗口，更認定這既鹹且香的滋味先蒸後煎得外脆內軟的屬害本領不得了。八十年前、三十年前和去年煎的一塊鹹魚，也只能用同樣的方法去慢慢煎好，食味也不會偏差多少，說不定鹹魚就是在這個一味求新求變的現實環境裡最能夠長久保持南方沿海飲食文化原味真味的少數。如果要這些連打蛋也有難度的小朋友去煎一塊鹹魚，又會是怎麼一個震憾？

從打一顆雞蛋到煎一條鹹魚，兩個關乎飲食又超乎飲食的事實，都是Walter關心的身邊現象，有關無關，原來都有觸動都涉痛癢。

一　始終堅持全天然古法釀製的豉油，是真正食家用家一致推崇尊敬，也是九龍醬園最值得驕傲的產品之一。

拜宣傳廣告和飲食文字影像大家忽然耳濡目染看來都有興趣做豉油專家，像品紅酒品橄欖油和陳醋一樣，空口細嚐豉油。

豉油等級戰

不識鹹滋味古味

066

究竟一瓶豉油（醬油）可以用多久？對於不怎麼在家裡做菜的模範無飯夫婦來說，搞不好從新婚新居入伙到第一個小生命呱呱墜地，歷時一年半載至三五七年，那瓶用來鎮宅看門口的豉油都還未用完。

至於豉油為什麼又分生抽和老抽？近年為什麼又流行熱賣頭抽？然後又再有標榜古法的雙璜生抽，用福建廈門傳統製法的翁仔清，更有迎合新一代健康要求的低鹽豉油、蒸魚豉油等等等等，拜宣傳廣告和飲食文字影像大家忽然耳濡目染看來都有興趣做豉油專家，像品紅酒品橄欖油和陳醋一樣，空口細嚐面前等級價錢和食味都相差甚遠的豉油一眾。

身為半個福建人的我當然不忘從前家裡外公外婆「私藏」的那兩小瓶翁仔清，那甚

九龍醬園　香港中環嘉咸街9號　電話：2544 3695
營業時間：0900am-0600pm
堅持古法天然生曬優質豉油，求質而非求量，走進整潔的小小店堂裡，從豉油開始品嚐的每一種醬料和漬物，背後都有學問有故事。

二、三、四

佔地超過三萬呎的美珍醬油菓子廠（九龍醬園的母公司），遠遠就看見一排排曬豉油用的醬缸，已經用上幾十年的醬缸防水透氣，銅蓋子一掀便可進行日曬。

五、六、七

傳統古法釀製豉油歷時至少三個月，先將黃豆焗熟，待涼後加入麵粉拌勻，然後平放於笪箕上放入行內稱作「黃房」的發酵房作天然發酵，維持在濕度90度、溫度攝氏28度上下，讓黃豆在一星期內長出霉菌。發酵好後的黃豆放入醬缸內，加進鹽水，於太陽下生曬並定時翻動，讓太陽熱力分解黃豆的蛋白質和氨基酸，太陽愈猛豉油色澤越深香味也越濃。曬期至少三個月之後便可隔走豆渣，留下黑漆液體便是原汁原味「頭抽」豉油。

八、九、十

九龍醬園的醬料主要行銷海外，在港只剩下唯一的自家門市專賣，店堂陳列架上當然有一整列金牌生抽皇。

二	三	四
五	六	七
八	九	十

一 頭抽是釀製豉油熟成的第一輪「生抽」，而稱作「雙璜」的豉油便是將頭抽再加入新豆再浸，香味更加濃，也聽說過有醬園自製「三璜」自用。相對於生抽，老抽是用頭抽拌進二抽三抽再加糖和焦糖漿煮成，食味較甜成色較深，烹調菜式時一般用來調校色澤。

至於近年重新大熱的「廈仔清」，是源自福建的一種製豉油古法。用上高蛋白質黃豆，嚴格先後進行乾發酵製麴和濕發酵注鹽水日曬的過程，保證成品香濃味鮮色絕。

至不是一般市面可以買得到的貨色，據說是某位在著名醬園工作的廈門親戚盡用人事關係才得到手的極品。少年不識鹹滋味，只覺這貼著紅色包裝紙上書廈仔清三個娟秀小楷的瓶裡的豉油，比家裡平日常用的珠江橋牌生抽王老抽王以至草菇豉油，都要來得稠來得鹹，至於何謂豆香，五六歲的我又真的沒有能力去比較去形容。時空交錯到最近買來一瓶看來是全港豉油中售價最貴的同樣是小瓶裝的廈仔清，些微進口就知這鹹這香完全是時間是耐心是專心的沉澱蒸曬結果。我犯賤，那天我竟然用廈仔清加上頂級麻油和辣油調好，用來點即食魚肉燒賣，也因為碰擊衝突太大，口腔裡留香回味的，完完全全真真正正的就是豉油好滋味。

香港中環威靈頓街75號 電話：2545 6700
營業時間：1000am-0730pm
以甜醋聞名的老字號，自釀醬油也是出味出色過人，
家裡有一支八珍70周年紀念濃縮生抽，遲遲不捨未肯吃完。

八珍醬園

十一 冠和酒莊還保持著散賣散買豉油的傳統習慣，客人自攜豉油瓶決定要多少份量。

十二、十三
不妨參考品酒方法品嚐豉油，試試豉油在碟內有否像紅酒掛杯一樣「掛碟」，亦可分別嘗試比較生曬時間長短不同的頭抽，此間代理的草菇生抽可會是鮮上鮮的美味？

豉油優勢
資深傳媒人黃源順

每回給Peter打電話，開場第一句一定問，你在香港嗎？

作為一個活躍大中華地區的媒體集團的高層要員，友儕問一致公認的這位No. 1好好先生近年成了小飛俠，一覺醒來要定一定神才知道自己身處的究竟是北京上海廣州巴黎米蘭東京還是香港家裡。有一陣子見他奔波勞勞消耗得有點過份，但最近見面又明顯的恢復元氣神采，趕忙交換心得，發覺除了工作合理分配調度以外，關鍵不在什麼護膚保養或者中醫中藥秘方，而在一瓶港產頭抽豉油。

因公因私對國際奢華品牌十分熟悉的Peter，近年迷上的是更具體實在更貼身窩心、而且可以親嚐入口的豉油。當中沒有故弄玄虛什麼意想不到的特效，只是周末爭取回港回家簡單用瓦煲煲好靚飯，煎好兩顆一級農場走地雞蛋，飯面澆上些許千挑萬選後

決定採用的頭抽豉油，放肆的話間或會加點豬油拌飯，加上一碟青菜一碟煎魚，兩口子的一餐住家飯，幸福滿溢。

回到基本回到細節回到生活實在，我們在香港長大的這一代其實還是有條件更應該對自己有要求。儘管周邊匆忙混亂浮躁，我們還是自信精緻得起——不在表面衣裝穿戴，不求全球目光焦點注視，卻在早晚吃得安心的一瓶港產豉油、一樽港產腐乳甚至一瓶從小吃大的港產辣椒醬。如果連我們這些土生土長的也不尊重本地的堅持自家的優勢，那就不必討論什麼融合什麼機遇什麼被人家邊緣化了。

特地帶Peter走一趟經典醬園老字號，只見他十分投入地跟店員詢問豉油產品的種種，我就知道下回跟他相約就可以用這個密碼：老地方見！

頤和園醬油

新界元朗頤和園醬油 查詢電話：2334 7228（富記食品公司）

港產豉油中的低調傳奇，頤和園的禽仔清用上九成黃豆拌上少許麵粉作材料（一般會用五成黃豆五成麵粉）經過一年半的時間發酵，限量供應，釀製打造成極品中的極品。

售賣點：
— 沙田西田百貨 — 北角華豐國貨
— 中環有食緣 — 佐敦裕華百貨
— 將軍澳新都城華潤堂 — 觀塘富記食品公司（總代理）

不要忘了這麼遠那麼近，走入本地身邊傳統菜市場，碩果僅存還是有好些醬園的門市，依然在售賣自家精製的醬料、豉油和調料。

混世好醬

不可一日無醬

067

花個上萬元來一趟東瀛豪華飲食精華遊，據說是吃盡山珍海錯還可以親自進果園現採現吃水蜜桃或者巨峰葡萄，還可以去參觀清酒釀造和手工味噌製作，回來還嘖嘖稱奇大喊值回票價——有錢有閒心到處看到處吃固然是好事，但其實不要忘了這麼遠那麼近，走入本地身邊傳統菜市場，碩果僅存還是有好些醬園的門市，依然在售賣自家精製的醬料、豉油和調料。

當我們習慣了乾手淨腳地在超市裡執藥一般地把調味瓶瓶罐罐隨手拈來，就再也不光顧那些由上年紀老闆老伙計一守就守住半個世紀的醬園。其實只要多花一點時間和心思先在家裡準備好了貯藏醬料的瓶罐，甚至把這些可以循環再用的盛器帶到醬園去好讓老伙計可以把這些「散裝」的豆豉醬、磨豉醬、

香港中環嘉咸街9號 電話：2544 3695
營業時間：0900am-0600pm

九龍醬園

走進九龍醬園位於嘉咸街斜坡菜市場一隅的整潔店堂，左右排開瓶瓶罐罐都是花人手時間，動細密心思精製的各式調醬和漬物，儼如粵式醬料博物館。

<table>
<tr><td></td><td></td><td></td><td>八</td></tr>
<tr><td>二</td><td>六</td><td>七</td><td></td></tr>
<tr><td>三</td><td></td><td></td><td></td></tr>
<tr><td>四</td><td>九</td><td>十</td><td></td></tr>
<tr><td>一</td><td>五</td><td></td><td></td></tr>
</table>

一、二、三、四、五

從磨豉醬到原錦豉到古勞豉到香豆豉，從海鮮醬到柱侯醬到蘇梅醬到芝麻醬，還有蜆介醬、仁㮌醬，形形式式都是飲食生活中的豐富調味從傳統口味，一直延伸到今日演繹——

六、七、八、九、十

就連一粒豆豉也發出異於坊間一般貨色的濃香，先將黃豆浸泡蒸煮待涼，放進黃房發酵製豉，沖洗後加薑及適當調味讓它再次發酵，再晾乾便成豆豉。

麻醬、麻油，以及春夏之交當造的仁木面醃製處理後的仁木面醬——為你裝好，當然那些又高又厚的玻璃瓶裡還有的是柱侯醬、沙嗲醬、豆瓣醬、海鮮醬，你也可以買到鹹檸檬、酸蕎頭、酸子薑、酸梅、鹹金桔等等久經醃製、令傳統菜式調出真味的絕好幫手，「醬，將也，製飲食之毒，如將之平禍亂也」，老祖宗在《爾雅·釋名》中的說法，果然直到現在依然很「豪」而且很「潮」。

雖然不是每種醬料都經過九蒸九曬的複雜過程，但強調天然發酵、生曬，而且諸多規矩手續禁忌，全天候專人侍候，都叫大家對這一元幾角的幕後英雄不禁刮目相看。在人人都爭做主角的今天，你有沒有下定決心知輕重有分，做一匙不多不少恰到好處的好醬？

— 九龍醬園店堂主理鄧姑娘不厭其煩向我解釋每種醬料漬物的製作和應用。鮮脆的蕎頭，用糖醋和鹽醃製，一吃知高下。

— 仁㮌醬用六月當造仁㮌加入子薑、辣椒、酸糖水和糖煮成，最宜配搭蒸豬。酸梅子用上原粒梅子加鹽水浸醃，蒸排骨最正點。

— 磨豉醬也就是麵醬，用醃浸豉油的黃豆磨細做成。

— 海鮮醬就是以磨豉醬做基礎加上五香粉、紅麴米和砂糖調成，成色深紅，香氣撲鼻。

— 用以炆煮肉類的柱侯醬亦用磨豉加上蔥、蒜及芝麻磨成，濃厚芳香。

冠和酒行

九龍九龍城侯王道93號 電話：2382 3993
營業時間：0730am-0630pm

單單為了見識這裡最著名熱賣的柱侯醬，就值得特意跑一趟這舊區街坊老店。用上南乳、芝麻醬、磨豉醬、五香粉等七八種醬料，即日在上水工廠現製再運到鋪裡販賣，需求大流量大，自然不會存積亦不必像坊間樽裝加進防腐劑保鮮。

十一 如何將傳統美味承傳保留？愛吃會吃的蘇三在她經營的小小茶室裡身體力行實踐發揚，一份蒸蛋配上仁稦醬，讓傳統的下飯餸變成精緻前菜。

十二、十三、十四、十五

　　動員家裡長輩重出江湖擔當茶室的飲食顧問，作為媳婦的蘇三名正言順的偷師學藝。每年仁稦當造的五六月間，便是煮製仁稦醬的時期，仁稦取肉並拍開仁稦殼，用廖孖記的甜麵醬和冰糖先煮過，然後把浸好的冬菇蝦米親手細切，再配上瘦肉粒和紅椒黃椒綠椒粒，炒香配料後把麵豉醬和仁稦放下，用文火熱煮且不斷翻動。做好的仁稦醬待涼入樽，早已有一群嘴饞的親友和顧客在等候這個一年一度的為食時光。

十六 老牌醬料專家九龍醬園也有自家製的仁稦醬和豉油仁稦出售，用上新鮮仁稦、子薑粒、辣椒、糖和酸梅水煮成的仁稦醬清香酸甜，是夏日蒸煮各式食材的最佳搭檔。

仁稦殺手
殷實商人甄偉豪

同檯吃飯，千萬要注意那些起先不怎麼張揚表態，卻從一開始就靜悄悄在仔細吃，偶爾眉頭一皺，然後又舒展笑靨的朋友。幾道菜下來，如果你趨前問他一切可好，他緩緩放下手中碗筷，喝一口面前還未涼掉的茶，開始逐一跟你分析評點之前吃過的，從材料新鮮程度配搭方法烹調技巧以至整盤佈置服務態度裝潢環境，原來都有精闢獨特見解──我面前的初相識的Howard，肯定就是這種人。

一個從小在加拿大唸書然後工作多年的男子，會跑進香港一家老字號醬園買一瓶仁稦醬去孝敬未來丈母娘，這除了為他自己增添一些勝算分數之外，也反映了他實在對廣東傳統飲食調味有其堅持和關注。如果碰上新鮮仁稦果當造，他肯定會買來自家醃製存藏、

方便日後烹調菜式，又或者按照傳統方法，做一批極好下飯的仁稦椒醬肉，好好存在冰箱裡吃它半年。

原來我們身邊的確有不少像Howard一樣嘴刁的人，可以一口氣跟我解釋仁稦這種清澀「瘦物」如何跟味濃肥膩的肉類作配。話題一轉又開始評價那一家雲吞麵那一家牛腩粉還保持怎樣的水準，至於某家名牌餐館在某一遊客出沒區的分店的味精用量明顯昇級，看來是因為要迎合北方自由行來客的口味……凡此種種，竟都是兩個男人之間的為食話題。

叫我有點驚訝的是，他竟然知道順德鄉下會把蒜頭和辣椒釀進仁稦裡漬醃作涼果，佩服佩服。

九龍土瓜灣美善同道1號美嘉大廈地下10號舖 電話：2714 3299
營業時間：1230pm - 1030pm
從飲食雜誌資深記者進階成為茶室掌門人，不斷研發配搭季節美味的同時，刻意保留傳統飲食精華。

蘇三茶室

一 走進廖孖記腐乳店堂
　後的小小加工廠，女
　工輕手輕腳地把一塊
　塊已經發酵醃製完成
　的腐乳小心移裝小
　瓶，撲鼻豆香，迫不
　及待想像入口一刻的
　柔滑乳化。

父親這時從冰箱中拿出一瓶腐乳，
撳出兩塊，隨手塗在一塊薄切白麵包中，
還撒上一匙白砂糖。

發酵年月

腐乳小插曲

068

相對於家裡其他貪吃愛吃瘋吃的人，我的爸
爸算是吃得最不講究的了。

七十過外，昂藏六呎，一日三餐，基本上是
面前有什麼就吃什麼，尤其是可以飽肚的絕
不花巧的粥粉麵飯麵包之類，是他的必需。
準時隨便吃過，他就全天候埋首在他的書畫
擁擠堆疊的畫室裡畫案前揮筆寫畫，或者風
塵僕僕大江南北街頭巷尾帶著學生寫生取
景，一出門就是半個月——也不知他外出時候
更隨便更簡單的吃什麼？

所以當他聽著我弟我媽和我一坐下就興高采
烈眉飛色舞地交換最新飲食情報，他通常只
在旁邊陪陪笑，可能心裡正在納悶疑惑為什
麼勞碌了大半輩子結果拉扯大了這一幫這麼
嘴饞的傢伙，可能暗暗認定這一切吃食其實
都是那麼膚淺表面，跟從前鄉下的真材實料
相差太遠——根據爸爸口述，祖父在戰前從鄉

廖孖記　九龍佐敦官涌閒街1號地下（官涌街市附近）電話：2730 2968
營業時間：0900am - 0600pm（周一至周六）/ 1200pm - 0500pm（周日）
和身邊叫我真正佩服的老饕聊起她們他們推崇的本地腐乳品牌，
眾口不約而同的推舉廖孖記。要準確的形容腐乳的極其濃縮強烈的口感
和食味，恐怕要借用一下形容乳酪的詞彙。

二、三
　　深為中外食家追捧的低調老店，並沒有
　　急進擴充的打算，只是嚴格把關，堅持
　　古法秘製人人稱頌的頂級腐乳。即使推
　　出腐乳醬也沒有大張旗鼓，研發豉油也
　　是默默行動，深信慢工出細活。

四　用芋頭加入鹽、糖、紅椒、酒料製成的
　　色澤深紅的南乳，是腐乳以外用來燜煮
　　菜餚的上佳調料。

— 一般腐乳製作的作坊都不太願意公開
製作過程，大抵怕的是那個放菌發酵
的過程嚇怕了街坊，其實腐乳的製胚
調程和製作豆腐差不多，豆腐不怕
「老」「實」一些，凝固後切成小方
塊，腐乳胚經過晾乾後就可以放上菌
種自然發霉，不同省份地區上的霉
種不一樣，所以也就生產出不同口味
和質感的腐乳。發酵後的腐乳胚跟
鹽、黃酒、米酒和糖等作料一起醃
製，進入熟成狀態後便可小心夾起裝
瓶出售。

— 從營養角度分析，腐乳富含植物蛋白
質，經過發酵後蛋白質分解為各種氨
基酸，亦產生酵母物質，說來也是一
種營養豐富的健康食品。

下來港，經營的是酒莊，舖址就在灣仔。戰
後經營雜貨舖以及鮮魚檔，我的二伯父也就
承繼了祖父的魚檔，一直經營到晚年退休為
止。可是父親早就「背叛」了家族生意，一
頭闖進了書畫世界，有了新的食糧。

記性依然很好的爸爸肯定還記得從小生活在
酒莊雜貨舖店堂裡的點點滴滴，只是他並不
特別愛吃（還是都吃過了吃夠了？），所以憶
述起來並沒有加鹽加醋——究竟當年賣的鹽從
哪裡來醋又是誰家釀製的，當年店裡有賣腐
乳嗎？我一直好奇地問問問。

父親這時從冰箱中拿出一瓶腐乳，撿出兩
塊，隨手塗在一塊薄切白麵包中，還撒上一
匙白砂糖，好，要聽故事，就等我慢慢一邊
吃一邊說——

香港灣仔鵝頸橋堅拿道東1號A地下（即登龍街口）電話：2891 0211
營業時間：0930am-0800pm
街坊老舖在大型超市的強烈競爭下還能得保持一種認真的老派的經營，
自家製的腐乳豆味香濃，伴粥伴飯吃出真滋味。

有利腐乳王

五、六、七、八、九
對自家研製生產的貨色有多自豪驕傲，絕對可以從走進有利腐乳店堂的一刻強烈感受到。有如裝置藝術的陳列，原味腐乳與辣椒腐乳瓶瓶連接相互輝映。

無辜腐乳

廣告創作人Lawrence Yu

先來一個關於吃飯的心理測驗——

a. 先把面前的菜都一一吃掉，到最後才再吃那碗一直都未動過的白飯。

b. 一邊吃白飯一邊吃菜。

c. 先把白飯吃掉，然後才慢慢細嚐每一道菜。

abc對號入座究竟你是哪一種人？其實說來這個測驗也並沒有什麼顛覆性的啟示，也就是分別是先甜後苦、平衡穩妥以及先苦後甜幾種取向。可是年少時期的Lawrence對這個分析倒是深信不疑，所以他便認定父親是那種寧願先甜後苦的享樂主義的人，加上那個時候家裡環境很不好，而父親偏偏在把飯桌上把並不豐富的菜餚吃完後，才獨自慢慢吃一碗白飯，還優優悠悠地配兩磚腐乳——腐乳也因此被Lawrence看成某種既代表貧窮愁苦但同時也放縱享樂的象徵，十分矛盾也十分自然地對腐乳味道有了偏見有了抗拒，在往後很長的一段日子裡，Lawrence都不吃腐乳，甚至把鹹菜、梅菜等等都牽連進去——

直至長大成人，得知成人世界的種種無奈與限制，Lawrence才放下早年的情意結，才有能力發現這些所謂心理測驗的空洞單薄可笑。也不曉得從哪一天開始味蕾就開放地接受了腐乳的獨特的口感與滋味——一啖入口或者椒絲腐乳通菜都不再抗拒，對父親的誤解也煙消雲散。

腐乳終於被證實是無辜的，雖然過份的讚美也顯得有點造作，反正先甜後苦先苦後甜都一一經歷過了，Lawrence更進一步明瞭什麼叫甘苦與共，當然還有鹹。

大孖醬料

九龍官塘崇仁街33號地舖（瑞和街街市後面）電話：2342 6378
營業時間：0800am - 0700pm
三代相傳的一家低調老舖，老區一隅座落邊邊全不起眼，但卻得到不止是同區的顧客口碑相傳，除了腐乳最是熱賣，各種傳統醬料也有很高評價。

出現在我們面前的叫XO醬。道聽途說Extra Old
自然就是好貨色，借用到辣椒醬中，
又會是怎麼一回事？

天兵天將醬

跳級突圍XO醬

069

正如吃魚是為了吃混了魚汁的鮮甜豉油，吃豬腸粉是為了吃那甜醬辣椒醬麻醬和豉油混起來的醬，吃火鍋也當然不能沒有我最愛的腐乳加辣椒搗成醬，就連吃即食麵的時候，下了兩片檸檬葉在湯中扭轉乾坤之際，也心思思下一匙日本麻醬再打開新局面，有醬沒醬，是態度和原則問題。

三級五級跳，忽然出現在我們面前的叫XO醬。家裡人從來不怎麼喝酒，所以客廳中並沒有專櫃供奉這種陳年佳釀XO白蘭地，更沒有機會偷偷喝個醺醺大醉。道聽途說Extra Old自然就是好貨色，借用到辣椒醬中，又會是怎麼一回事？

當然借來的也只是個名字而已，XO辣椒醬中是完全沒有XO白蘭地的成分的，倒是真材實料地用上北海道宗谷元貝、金華火腿、金勾蝦米、蝦子、紅䓤頭、蒜頭、鹽糖豉油……

香港中環國際金融中心二期3008-3011室 電話：2295 0238
營業時間：1130am-0230pm／0600pm-1000pm
在各大酒樓和酒店中餐廳都推出自家廚房精製的XO醬的今時今日，
作為傳說中XO醬發明者之一，利苑的大廚們當然責無旁貸，
親手推好一盤鮮濃香軟的極品XO醬。

利苑酒家

一　約定俗成，相信沒有多少人會再花力氣去把XO
　　醬正名為瑤柱火腿蝦米辣椒醬，XO兩個字母一
　　出，就似乎有了一種江湖霸氣地位。

二、三、四、五、六、七、八
　　花再多的氣力時間去追查誰是XO醬的創始人也
　　沒有太大意義，倒不如留心留神看師傅如何親
　　手「推」出一盤XO醬，好好偷師——用上日本瑤
　　柱、金華火腿、指天椒、大尖椒、蝦米、蝦膏、
　　蒜頭、紅慈頭等等材料，切得極幼細後先後下鍋
　　用油炒透。由於材料眾多，得以文火慢慢推炒，
　　瑤柱必須後下，否則會變韌變硬，提鮮的蝦籽也
　　得在瑤柱炒好後才放進。最後出場的是指天椒，
　　放入鍋中炒至一轉色便是醬成時刻。

九　當然不少人空口就吃掉半瓶XO醬，但作為高檔
　　調料，也的確是常被用作配炒海鮮海產，一口香
　　辣鮮脆。

當然不能少了指天椒、大尖椒。即使有辣
椒，這種非一般的辣椒醬其實也不能算是辣
椒醬，因為主角根本就是元貝，倒是叫作元
貝醬比較合適。

至於XO醬是哪位食家哪家餐館發明，坊間眾
說紛紜，也各有口味偏好各有捧場客。從三
四十元一瓶的超市貨色到大酒店中餐廳巧製
專賣的二百八十元一小瓶，XO尊貴得起是因
為你我都懂得寵愛自己也讓自己偶爾放縱。
自問口味飄忽善變的我未至於死忠哪個名牌
的XO醬，倒是對摯友秀萍當年旅居三藩市時
最愛的而且專程攜回來相贈的那一瓶當地羊
城茶室精製的豆豉XO醬十分有好感。一般自
備光環的高貴XO醬絕不會加進豆豉這種平價
材料，我就是愛它的雅俗共存，就像早年遠
赴舊金山闖天下討活的老華僑，嘿，有什麼
沒有吃過！

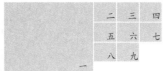

余均益

香港西營盤第三街84號 電話：2568 8007
始終保留一點神秘的余均益辣椒醬，幾十年來其實早已滲透大小酒樓餐
館，嘴刁食客在外一試便知這一碟豬腸粉那一碟乾炒牛河是否用上她們
他們喜愛的余均益。

<table>
<tr><td></td><td></td><td></td><td></td><td>十四</td><td>十五</td><td>十六</td><td>十七</td></tr>
</table>

| | 十 |
| 十一 | 十二 | 十三 |

十 不識廬山真面目，只緣身在此山中。位處西環老區半山的余均益食廠，主力出品辣椒醬，曾幾何時是街知巷聞的厲害牌子。近年低調經營，鮮有在媒體曝光，漸次成為嘴饞老饕之間的一則民間傳奇。

十一、十二、十三 炒製鮮辣酸香的辣椒醬，先用上已經鹽水浸製的一根根辣椒胚攪碎成蓉，跟糖、醋、蒜片等材料加水一同熬煮，最後加入粟粉使醬汁變稠，再以磨機把辣椒醬磨滑才入瓶包裝。除了傳統的一高一矮玻璃瓶裝，也有方便饋送親友的大紅禮盒裝。

十四、十五、十六、十七 一直保留沿用至今的商標貼紙，艷麗用色完全是戰前風味。檔案夾裡更有碩果僅存的印有寶號字樣的手提紙抽袋，設計成霓虹光管照明的古典亭台攤位是當年工展會裡的矚目熱點。承先啟後，為食一眾當然期待余家新一代再為經典品牌注入經營管理新思維。

XO情意

大學講師、攝影師Theresa Mikuria

還記得十六年前當Theresa還在米蘭唸意大利文的時候我們跑去探望她，還在菜市場買了洋蔥蒜頭芫荽買了雞，大膽放手地做了一鍋還算不錯的洋蔥雞，叫那個細來的小房間裡香氣徹夜不散。現在身處倫敦一家中午未開門營業就排滿中外食客的酒樓內，說起這許多許多年前的為食事件，我忽然笑說如果當年懂得做XO醬，說不定就會走遍米蘭華人聚居地方，買齊材料炒一鍋可以給她吃上半年的XO醬。

既是專業攝影師又是大學講師又是博士生的她，自幼在一個條件很好很開放的家庭環境中長大，也很早就有機會到處遊學經歷，當然跑得多看得多吃得多，練就挑別習鑽

的世界級飲食標準，但每趟一回到台北老家，就不折不扣地變回一條地頭蛇，在大街小巷夜市地攤鑽來鑽去，誓要吃過夠吃回童年真滋味。跟她要好的一個中學同學的父親最拿手自製XO醬，肯用材料願花時間精神去炒醬，炒好入瓶存放滿滿一冰箱。Theresa每次在台北探望老同學，都會被送贈兩大瓶私家XO醬，還是勁辣等級。

我忍不住口把她從台北帶回倫敦的XO醬舀了一勺一嚐，果然是真材實料好手藝，絕對值得萬水千山自攜上機。有見及此我毛遂自薦，下回到台北我可以充當送貨帶貨的，不過途經香港其中部份貨物會先被扣留。

九龍佐敦閩街1號地下（官涌街市附近）電話：2730 2968
營業時間：0900am - 0600pm（周一至周六）/ 1200pm - 0500pm（周日）
一向以製作腐乳聞名的老舖也有XO新嘗試，值得捧捧場給給意見。

廖孖記

一

從一棵一棵綠油油的芥菜「進化」到面前堆疊的香氣獨特色澤光亮啡黃的梅菜，當中經歷的旅程都飽含活脫脫的民間智慧和店家經營誠意。產自惠州梁化及橫瀝的爽甜芥菜，加鹽醃約半個月，再在天然日照下曬過，再經鹽醃、沖水、糖醃、日曬等等繁複程序製成，這種沿用古法製成的優質梅菜在食用前以冷水浸二十分鐘，沖洗去表面鹽份，入口只覺菜莖脆爽，菜葉軟嫩無渣，與坊間次等一比較，立分高下。加上經營梅菜批發零售大半世紀的利昌號店東誠信滿分，除了嚴選來貨，更在惠州先行把梅菜的老葉和硬梗先行除去，到港出售前又再進行第二回揀剪。一棵醃好時候約五、六斤的梅菜經過大刀闊斧只剩下四、五兩左右，叫最嘴刁的顧客也無法挑剔，心悅誠服。

有人又搬出那有位叫梅姑的仙女把醃菜秘方傳授給救她一命的年輕小伙的民間傳奇。我倒是一邊聽一邊繼續努力地用梅菜加魚汁加肉汁拌白。

鄉土自助

(070)

我是一箸梅菜

一大群新朋舊友從四方八面飛來香港，出席一個為期兩周的工作坊，創作人一旦碰擊，自然火花四濺，談到各自理念原則，都堅守捍衛毫不閃縮，身為當事人的我一方面熱情投入為求淋漓痛快，一方面也爭取冷靜旁觀，遠距離細看這些不同年齡不同國籍不同喜惡習慣的朋友怎樣拿捏人事輕重如何進退交流。輕鬆稍息時候當然大家都嘻嘻哈哈，但嚴肅討論起來也可以是針鋒相對一室火藥味。

一盡地主之誼我當然負責建議大家早午晚該縱橫哪條大街鑽進哪條小巷去吃個開心飽滿。有個晚上神推鬼使的一行十多人去吃客家菜，面對一桌的客家經典名菜諸如梅菜扣肉、梅菜蒸鯇魚、鹽焗雞和炸豬大腸，忽然想起該撥個電話急

利昌號

香港德輔道西164號　　電話：2547 3686
營業時間：0730am-0530pm（星期日休息）
夏天時分利昌號的店堂裡有點熱，原因是店東堅持不裝空調冷氣以免把梅菜味困在店裡跟其他醃菜味互混，這等細心苦心，見微知著。

二、三、四、五、六、七
　　走進利昌號老舖店堂，逐一認
識鹹梅菜、甜梅菜、天津冬
菜、江南大頭菜、上海雪菜、
台灣榨菜等等鹹料，細聽店東
潘先生潘太太逐說這些久經醃
曬的傳統食材的前世今生。

請在學院裡研究客家文化的教授老友來向各位客
人解釋一下梅菜在客家飲食文化中的重要性和象
徵意義。

不知怎的大家的話題焦點果然落在那鹹甜互補得
天衣無縫的梅菜身上。有人開始很努力地笑著跟
老外朋友解釋說梅菜說不定就是霉菜，是漬醃過
程中發出的那一股氣味，但有人又搬出那有位叫
梅姑的仙女把醃菜秘方傳授給救她一命的年輕小
伙的民間傳奇。我倒是一邊聽一邊繼續努力地用
梅菜加魚汁加肉汁拌白飯，連下二碗。大家意猶
未盡地談起各人家鄉的醃菜：廣東惠州人士自然
以用芥菜鹽醃再天然生曬的梅菜為驕傲，台灣來
客多謝大家對榨菜和花瓜的捧場，天津朋友不忘
冬菜，美國朋友和英國朋友分別推介醃小青瓜和
醋漬小洋蔥，上海朋友用家鄉話教大家說雪裡
紅，轉了一圈回到香港，嗯，我因為太忙沒什麼
時間熨恤衫，所以連衫連人都皺皺得似一箸梅
菜，算不算香港土特產？

新界大埔墟運頭街20-26號廣安大廈G,H&I地舖　　電話：2638 4546
營業時間：1130am-1030pm
跑到大埔老遠就是為了一嚐吳師傅和他的徒弟的心機客鄉菜，
梅菜扣肉是當然首選，一邊吃一邊告訴自己明天努力把扣肉「跑」掉。

和暢之風

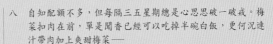

	九	十	十一
	十二	十三	十四
八			

八　自知配額不多，但每隔三五星期總是心思思破一破戒。梅菜扣肉在前，單是聞香已經可以吃掉半碗白飯，更何況連汁帶肉加上爽甜梅菜——

九、十、十一、十二、十三、十四
梅菜扣肉的製作過程看來並不複雜，因此就更看重如何精挑梅菜和五花腩肉。梅菜洗淨浸過後切細，五花腩切方炸好，再放碗中加入豉油、冰糖和梅菜，蒸上大半小時即成口腹誘惑。

梅菜梅菜我愛你

創作總監 朱偉昇

君在街頭我在街尾，甚至日間Jim和我匆匆在路中央都會碰巧遇上，但如果要相約吃一頓正式的飯，我們努力過，但說來說去快半年了，仍還在努力協調當中。

因此我們都想像有這樣一個可以放下手頭繁重工作的晚上，找一個很安靜舒服很雅緻的餐廳（其實很熱鬧嘈雜很街坊的地方也可以）。一口梅菜，半碗白飯，其實這個時候魚呀肉呀菜心呀豆腐呀都是配角，梅菜才是正印，一如Jim有點不好意思地說，無論在哪裡吃到有梅菜作料的飯餐，都覺得是媽媽做的菜。

Jim很清楚的說榨菜太有攻擊性，雪菜太年輕，冬菜太招搖……我笑說這樣的形容都很感情用事，但也都很貼切，唯是說到梅菜（當然要是上好的品種）卻是有一種難以形容的毫不罵張的老練，即使是主角，也會懂得讓其他食材有一個舒服得體的位置，互相照應，為求讓大家有個美味經歷。

一如所有反叛青年，Jim說他也有過那一段向梅菜say no的固執日子，但隨著年紀漸長，一回頭又再重新發覺梅菜的獨特滋味——既然我們真的敲不到時間，其實也不大願意在外面吃晚飯，索性就回家自作業，心滿意足來一頓全情投入的梅菜宴。

東寶小館

香港北角渣華道熟食中心2樓　電話：2880 9399
營業時間：0530pm-1230am

晚晚熱鬧喧天的東寶，大菜小菜碟碟創意滿分。眾多下飯菜中梅茶蒸豆腐和味正氣。

P.239

怎樣也不明白同伴中總有好端端男生一個會十分熱衷
地挑那些冰鎮木瓜還有李子還有芒果，面不改容地放
進口中又咬又吮……

酸濕嗆鼻

玻璃盅裡的絕活

071

雖然自認嘴饞貪吃，但芸芸幾近絕跡的街頭
小吃當中就是有這麼一種，即使重新「解凍」
放在我面前，我也再沒有膽量去試。這並不
是看米鶩嚇如和味龍等昆蟲類別，而是那用
人工色素加上醋精糖精把木瓜染得格外橙紅
而且醃得勁酸勁甜，再冰鎮成硬物放在塑膠
袋中從貯存雪糕冰棒的冰箱中拿出來塞進你
手中，那種放入口連牙齒都會酸軟凍掉連眼
睛都會眼得不見了的經驗，沒齒難忘，現在
即使想起來也連打三個大冷顫。

其實當年在電影院門口入場前可以選擇買進
黑暗中邊看戲邊吃的零食多的是，我挑我的
香傳千里的烤魷魚，肥美鹹香的鹽焗雞腿，
另附紙包淮鹽的鹽焗蛋，同樣染成橙紅的生
腸豬肝雞腎雞腳等等滷味加上芥末辣醬，還
有那神乎其技般手削的天津鴨梨和早已削好
成串浸在水裡的鮮馬蹄，還未包括那三扒兩

香港中環嘉咸街9號　電話：2544 3695
營業時間：0900am-0600pm

新鮮蔬果當然是不時不食，醃漬製作也很著重原材料的當造期：
端午前後製作蕎頭，清明前後醃梅，薑是霜降前一個月最爽嫩……坐鎮店
堂的鄧姑娘最樂意為顧客解答疑問。

九龍醬園

一　說我政治不正確也無妨，常常懷疑這是貪吃愛吃
的女性主義者別有用心散播的謠言，目的企圖是
把這麼好吃的蕎頭酸薑貼上陰性標籤，其實縱觀
身邊一眾男生，嗜吃酸濕漬醃物的大有人在。

二、三、四、五、六、七
裝在乾淨整潔的高身厚重玻璃缸裡，九龍醬園的
醃菜漬物是飲食行內公認的極品。從五柳醬菜
（蕎頭、子薑、紅薑、瓜英和錦菜）、茶瓜、酸
梅、酸薑、蕎頭，以至鹹檸檬、鹹柑橘、豉油仁
稛等等，都是值得逐一嘗試配搭，應用於日常
飯菜中，說不定由你推陳出新，把傳統食材來一
個fusion新演繹。

撥吃完的碗仔翅和生菜魚肉，越燙越過癮的
油炸小魚蛋串沾豉油和甜醬……所以怎樣也
不明白同伴中總有好端端男生一個會十分熱
衷地挑那些冰鎮木瓜還有李子還有芒果，面
不改容地放進口中又咬又吮，唯一留痕被一
眾嘲笑的是電影散場重獲光明時看到這位同
窗的嘴舌都染得又橙又黃的，這恐怕是自小
對人工色素厭惡反感的原因。

不吃這些冰鎮的木瓜和李子，卻不代表完全
抗拒其他「口立濕」。印象特別深刻的是總有
這麼一檔攤販在售賣那些醃放在高身玻璃盅
裡的芥菜、紅蘿蔔白蘿蔔、蕎頭、椰菜甚至
沙葛蓮藕等等蔬菜和根莖，最喜歡的是那十
分有性格的醃得入口就嗆鼻掉淚的芥菜，吃
時還得撒點炒香的芝麻，簡直天下一絕！就
那麼幾毛錢的貨色，已足夠令人有發明時空
穿梭機的衝動。

有利腐乳王

香港灣仔鵝頸橋堅拿道東1號A地下（即登龍街口）　電話：2891 0211
營業時間：0930am-0800pm
除了腐乳是這裡的熱賣主打，泡菜醃菜如芥菜蘿蔔等等也很受街坊歡迎。

八、九、十、十一

酒莊醬園老舖冠和的醃漬物也為街坊口碑載道，老伙計潤叔數十年如一日，把店堂裡三十多個裝滿醃漬物和醬料的玻璃缸打理得俐落分明，店裡零售包裝還是用傳統的鹹水草，一紮一拉結實方便。

鹹酸甜嚐透

生態旅遊策劃 萬大偉

如果我是羊，大偉就是那個牧羊人，當年的我應該不是隻小肥羊，這位牧羊人也很瘦，幾十年來都很瘦。

和他一起吃過太多早午晚餐，但想起來也沒有什麼印象吃什麼，原因之一可能是他並不太愛吃，他比較愛說話，一說起來就天南地北手舞足蹈翻江倒海，永遠扮演一個先知啟蒙的角色，叫我們這些其實不很乖的羊也跟著他走，走呀走的走出別人不太願意不太敢走的路，路上行雷閃電翻風落雨，苦樂自知，十分過癮。

大偉經常飛來飛去，在世界的不同角落都勾留生活過。記得有幾年他留在韓國，每趟回來都跟我聊上半天，把他生活在韓國這個極重視保留傳統文化的國家民族裡遇上的種種新舊文化矛盾衝突，繪影繪聲一一闡述。從課室到辦公室到澡堂到廚房，每一句交往對答，每一個規矩儀式，每一種烹調方法，都是文化的累積和演繹

有一回他跟我坐在一家韓國料理店內吃烤肉，拿起面前的一碟泡菜就說了半天。

相對於泡菜在韓國生活文化裡扮演的甜酸苦辣重要角色，我們日常飲食裡的酸薑蕎頭茶瓜醬菜似乎已經退位到一個可有可無的角色，又或者說，其實早已看透世情，不必強爭一個台前主角的位置，倒是坦然安份地作為幕後工作人員，起著一個生津開胃調和提味的作用。放在你面前卻毫不起眼，一旦絕跡卻好生懷念——我把剛買來的一袋老牌醬園自家醃製的酸薑和蕎頭交給大偉，報答他多年來教曉我辨別好壞，導引我嚐透鹹酸甜滋味。

九龍九龍城候王道93號　電話：2382 3993
營業時間：0730am-0630pm

雖然只是十元八塊的小買賣，
每回到九龍城都要借意找個藉口來這老舖買上一兩種醃漬物，
留一點鹹鹹酸酸甜甜的記憶。

冠和酒行

P.242

如果把我們這一代人籠統地稱作戰後嬰兒潮的「產品」，這批嬰兒也是吃罐頭長大的。

一 店堂外食絕對方便的今時今日，罐頭的應急作用已經幾乎等於零，但早已深種味覺記憶裡對罐頭食物的依戀，還是會趁機會跑出來放肆一番。

罐頭的封存滋味

全賴有你

072

流行說食療，春夏秋冬四時不同食材不同配搭，一大堆十分正氣的中醫術語忽然琅琅上口：陰陽、五行、精、氣、神、津、液、性味、歸經、臟腑諸如此類，變成街坊日常對話——

有正道當然也有旁門，我倒一直相信食療亦有另類，為食起來滿足的是心理和口痕需要大於生理和健康需要。比方說，一餐飯已有正經鮮菜鮮肉在面前，還要心思思開一罐豆豉鯪魚——

在那個還未有嚴格標籤賞味期限的六、七〇年代，罐頭是「永恆」的，一直放它十年八年，直至包裝紙脫落罐面生鏽罐身膨脹，相信你我都有這樣的在家裡神奇角落撿出史前罐頭的經驗。在那個經濟起飛的年代，父母長輩付出了更多的時間去多掙一點錢，在大魚大肉捧上家裡餐檯之前，反是有更多的機會一餐又餐的罐頭宴。如果把我們這一代人籠統地稱作戰後嬰兒潮的「產品」，這批嬰兒也是吃罐頭長大的。壽星公煉奶、梅林牌午餐肉、回鍋肉和紅燒扣

極之好 九龍旺角豉油街21號C地下　　電話：2780 2629
營業時間：0700am-0500am
店家刻意標明用來炒出前一丁即食麵的一定用上長城牌火腿午餐肉，香噴噴一人獨吃清光一整碟，滿足到極點！

二 | 三
四 | 五

二、三、四、五

既然吃罐頭的機會和次數已經大減，嘴饞如你我就應當更珍惜這些配額。火腿午餐肉當然要挑長城牌「白豬仔」，回鍋肉還是梅林牌的味道有點保證（但豬肉與筍的比例卻不穩定），五香肉丁不同品牌誰優誰劣得更新一下資料，一分為二自行合體的榨菜豬肉始終有不嫌麻煩的捧場客。

一 還沒有機會參觀到罐頭食物的製作過程，所以對罐頭在封存時候或加熱排氣或機械抽真空的方法還是很好奇，然後還有那據說十分嚴密的滅菌處理，也很想多知道一點。

一 相對於美國人每年每人平均吃掉九十公斤罐頭，香港人實在追不上（也不必追），因為一般罐頭用鋁合金或鍍鋅鐵皮作罐，始終有金屬污染的可能。而罐頭中毒事件偶有曝光，如魚類罐頭的組胺中毒和肉類罐頭的肉毒桿菌中毒，也叫大家不得不多加警惕。所以食品業界近年再度研製玻璃瓶裝罐頭，起碼增加透明度，其實罐頭食物發明之初，法國廚師Nicolas Appert也是以玻璃瓶螺封瓶口方法，解決戰時食物的保存問題。

肉、珠江橋牌豆豉鯪魚、水仙花牌五香肉丁和香菇肉醬、長城牌火腿豬肉、梅林牌榨菜肉絲、Del Monte地捫沙甸魚、Smedley's是蜜味金牌鮮茄汁焗豆、Libby厘比鹹牛肉，一一熟悉有如多年老友，一廂情願天變地變味道不變，總想回味那浸在回鍋肉紅油中千挑萬揀的幾片筍，那肥到不能再肥鹹到不能再鹹的扣肉，那已經其實與魚肉質感無關的炸得酥香的鯪魚和一粒也不能少的豆豉。至於那現在鮮有露面的曾經最愛的罐頭油炆筍，那一度驚艷的扁平碟狀罐裝炒米粉，那不知罐頭也可以這麼高檔的雲腿，哪種該冷吃哪種最好熱吃，都是可以說上一整晚的話題。

那些十號風球高懸的不眠颱風夜晚，那邊睡房窗縫嚴重滲水動員兄弟搶灘那邊廚房瑞婆正在用九牛二虎之力斷幾次匙開一罐午餐肉然後煎出一盤焦香夾白麵包做宵夜。還有那秋高氣爽學校大旅行的好日子，出發前一天一眾男女同學巡遊雜貨舖（天啊！那時還未有超市！），一罐二罐的挑自己最愛的罐頭，配上千篇一律的生命麵包，刁鑽的多帶幾個熟雞蛋和番茄切片，荒山野嶺幕天席地，在拔河大風吹擲手巾跳大繩之前先來祭肚，吃飽別忘了還有罐頭菠蘿罐頭蜜桃做甜品──

九龍何文田窩打老道65A-65D（培正中學斜對面）　電話：2656 8222
營業時間：0700am - 1130pm
以懷舊經典菜吸引一群長期捧場客的紫荊閣，
把一碟簡單無難度的豆豉鯪魚炒油麥菜也做得絕不馬虎。

紫荊閣海鮮酒家

六　如果要進行全民投票評選最受歡迎
　　罐頭，午餐肉與豆豉鯪魚與回鍋肉
　　的得票率受歡迎度應該不相伯仲。
　　鹹香酥透的豆豉鯪魚本來已經是獨
　　當一面的惹味下飯菜，近年坊間發
　　展出的豆豉鯪魚炒油麥菜更是熱賣
　　新經典。

七、八、九、十、十一、十二
　　不止街坊大牌檔樂此不疲，連大酒
　　樓也照顧群眾口味的來趁趁熱鬧。
　　油麥菜洗淨切段下鑊川燙撈起，再
　　以原罐豆豉鯪魚起鑊餘爆香，加入
　　菜料炒勻便可趁熱上碟。

罐裝鄉愁

產品設計師 利志榮

思鄉未必是種病，但如果鄉愁及其解藥可以裝罐販賣，Wing和我都該有興趣買來試一試。

在我們的敏感知覺開始遲緩冷漠的今天，是喜是愁都珍貴都有價，舉目四望，不懂得笑的人很多，不懂得哭的人更多。

鄉愁及其解藥又該是怎樣一種味道？淡淡的？濃濃的？像豆豉鯪魚一樣鹹？還是像五香肉丁或者回鍋肉一般辣？Wing很肯定地跟我說其實他並不喜歡罐頭，因為新鮮是他的標準——對食物、對事、對人。但當你獨自在萬里之外，肚餓的時候幾乎連一個雞蛋也不懂得煎，走進華人聚居的社區雜貨店，貨架上那一排一排熟悉的國產罐頭在向你招手：午餐肉、回鍋肉、豆豉鯪魚、鳳尾魚、五香肉丁、雪菜肉絲……平日在家眼尾不

瞄的，當下竟然像寶，而且包裝上應該額外大字聲明，內附一帖解鄉愁靈藥。國產罐頭就有這樣的雙重身份：首先負責勾起你對家鄉的惦念，又替你暫時解決那因為想得太多太消耗而導致的肚餓——開那麼一小罐配白飯或者公仔麵上海麵，是Wing當年在巴黎留學初期的午餐晚餐指定動作。一旦習慣養成，也旁通其他國家地區的罐頭食品，而身為產品設計師的他當然也很被罐頭的包裝造型吸引，開始收集儲藏罐頭，而開過的罐，也被巧手改成襟章或者上鏈走動的機械獸。

首選至愛是罐頭豆豉鯪魚的他從巴黎回港之後，雖然回復了種種新鮮選擇，但還是念念鍾情此味，當他發現坊間餐館竟然「發明」出豆豉鯪魚炒油麥菜這個鹹苦香甜味覺複雜的組合，Wing開始真正明白鄉愁是什麼味道。

吃，力。 後記

每當我看到廚房裡作坊中流理台後那一批大廚、師傅、公公婆婆爸爸媽媽，在認真仔細地，或氣定神閒或滿頭大汗地為你我的食事而忙碌操勞，我無話可說，只心存感激。

從她們他們的專注眼神，時緊張時放鬆的面容，我感受到一種生產製作過程中的膽色、自信、疑惑、嘗試──當中肯定也有各人分別對過去的種種眷戀，對現狀的不滿以及對未來的不確定，她們他們做的，我們吃的，也是一種情緒。

面對眼前這眾多源遠流長變化多端的香港道地特色大菜街頭小吃，固然由你放肆狂啖，但更應該謙虛禮貌地聆聽每種食物每道菜背後豐富多彩的故事。你會發覺，吃，原來不只是為了飽。

完成了這一個有點龐大有點吃力的項目的第一個階段，究竟體重是增了還是減了還來不及去計算度量，但先要感謝的是負責遣兵調將統籌整個項目的M，如果沒有這位一直站在身邊的既是前鋒又是後衛亦兼任守門的伙伴，我就只會吃個不停而已。還要感謝的是被我折騰得夠厲害的攝影師W，希望他休息過後可以回復好胃口。還有是負責版面設計

的我的助手S，很高興他在這場馬拉松中快高長大越跑越勇，至於由J和A領軍的LOL設計團隊，見義勇為擔當堅強後盾，我答應大家繼續去吃好的。

感謝身邊一群屬害朋友答應接受我的邀請，同檯吃喝和大家分享她們他們對食物對味道對香港的看法，成為書中最有趣生動的章節，下一回該到我家來吃飯。

當然還要深深感謝一直放手讓我肆意發揮、給予出版機會發行宣傳支援的大塊文化的編輯和市場推廣團隊，更包括所有為這個系列的拍攝工作和資料內容提供菜式、場地以及寶貴專業建議的茶樓酒家和相關單位。站在最前線的飲食經營者從業員是令香港味道得以承先啟後繼往開來的最大動能，他們的靈活進取承傳創新，是香港的驕傲——香港在吃，即使比從前吃力，也得吃，好好地吃，才有力。

謹以此一套兩冊獻給《香港味道》的第一個讀者，也是成書付印前最後把關的一位資深校對：比我嘴饞十倍的我的母親。

應霽

零七年四月

延伸閱讀：

珠璣小館（1-4冊）
作者：江獻珠
萬里機構・飲食天地出版社
2006年7月

傳統粵菜精華錄
撰譜：江獻珠
萬里機構・飲食天地出版社
2001年2月

古法粵菜新譜
撰譜：江獻珠
萬里機構・飲食天地出版社
2001年2月

中國點心
作者：江獻珠
萬里機構・飲食天地出版社
1994年10月

津津有味譚——葷食卷
作者：陳存仁
廣西師範大學出版社
2006年2月

津津有味譚——葷食卷
作者：陳存仁
廣西師範大學出版社
2006年2月

唯靈食趣
作者：唯靈
三聯書店
2002年

鏞樓甘饌錄
作者：甘建成
經濟日報出版社
2006年

走過六十年——鏞記
總編輯：甘健成
同文會
2002年9月

家常便飯蛇王芬
作者：吳翠寶
明報周刊
2006年7月

韜韜食經
作者：梁文韜
皇冠出版社
2002年12月

香港甜品
主編：陳照炎
香港長城出版社
2005年3月

香港點心
主編：陳照炎
香港長城出版社
2006年1月

粵菜烹調原理
作者：趙丕揚
利源書報社
2004年12月

飲食趣談
作者：陳詔
上海古籍出版社
2003年8月

追憶甜蜜時光；中國糕點話舊
作者：由國慶
百花文藝出版社
2005年7月

廣州名小吃
編著：沈為林，嚴金明
中原農民出版社
2003年4月

食在廣州
「嶺南飲食文化經典」
主編：王曉玲
廣東旅遊出版社
2006年

南方絳雪
作者：蔡珠兒
聯合文學
2002年9月

雲吞城市
作者：蔡珠兒
聯合文學
2003年12月

紅燜廚娘
作者：蔡珠兒
聯合文學
2005年10月

沒有粉絲的碗仔翅
作者：梁家權
CUP
2005年12月

食蛋撻的路線圖
作者：梁家權
上書局
2006年7月

另類食的藝術
作者：杜杜
皇冠出版社
1996年4月

非常飲食藝術
杜杜
皇冠叢書
1997年10月

吃喝玩樂
作者：吳靄儀
明報出版社
1997年5月

也斯的香港
作者：也斯
三聯書店
2005年2月

後殖民食物與愛情
主編：許子東
上海文藝出版社
2003年6月

「女子組」飲食故事
編輯：李鳳儀
進一步多媒體有限公司
97年7月

從三斤半菜開始
採訪／整理：江瓊珠
進一步多媒體有限公司
2006年1月

食品文字
作者：三三
明報周刊出版
2004年7月

三餐
作者：蘇三
皇冠出版社
2006年7月

蔡瀾談吃
作者：蔡瀾
山東畫報出版社
2005年8月

寫食主義
作者：沈宏非
四川文藝出版社
2000年10月

食相報告
作者：沈宏非
四川文藝出版社
2003年4月

飲食男女
作者：沈宏非
江蘇文藝出版社
2004年8月

我思故我在——
香港的風俗與文化
作者：陳雲
花千樹出版有限公司
2005年7月

五星級香港——
文化狂熱與民俗心靈
作者：陳雲
花千樹出版有限公司
2005年11月

舊時風光——
香港往事回味
作者：陳雲
花千樹出版有限公司
2006年3月

吃的啟示錄：不是食經
作者：吳昊
博益出版社
1987年

香港三部曲
作者：陳冠中
牛津大學出版社
2004年

我這一代香港人
作者：陳冠中
牛津大學出版社
2005年

香港風格(1，2)
主編：胡恩威
進念·二十面體
2006年

香港故事
作者：盧瑋鑾
牛津大學出版社
1996年

香港·文化·研究
編：吳俊雄，馬傑偉，呂大樂
香港大學出版社
2006年

香江舊語
作者：魯金
次文化堂
1999年7月

香港古今建築
作者：龍炳頤
三聯書店
1992年8月

香江知味：
香港的早期飲食場所
作者：鄭寶鴻
香港大學美術博物館
2003年3月

國家圖書館出版品預行編目資料

香港味道2：街頭巷尾民間滋味／歐陽應霽著；
— 初版． — 臺北市：大塊文化，2007〔民96〕
面： 公分． —（home：8）
ISBN 978-986-7059-65-9 (平裝)

1. 飲食 － 文集

427.07　　　　　　　　　　　　　95025903